PROCESSING AND UTILIZATION OF FISH RESOURCES

周绪霞 丁玉庭 相兴伟 等 编著

鱼类资源：加工与利用

化学工业出版社

·北京·

内容简介

本书对鱼类资源食品加工与综合利用现有理论与技术进行了系统总结，同时对该领域国际学术研究现状、理论发展前沿和未来技术导向进行了深刻解析和探讨，旨在为我国鱼类资源相关科技领域的研究人员提供重要的资料参考，并推动我国未来鱼类资源的深度挖掘、绿色加工、高效利用和科技创新。

本书可供高等院校食品科学与工程、水产品加工等专业教师和学生使用，也可为水产品相关生产企业在新技术、新工艺和新产品的开发方面提供参考与借鉴。

图书在版编目（CIP）数据

鱼类资源：加工与利用 / 周绪霞等编著. —北京：化学工业出版社，2022. 4

ISBN 978-7-122-40802-0

Ⅰ. ①鱼… Ⅱ. ①周… Ⅲ. ①鱼类资源-中国 Ⅳ. ①S922.9

中国版本图书馆 CIP 数据核字（2022）第 027723 号

责任编辑：李建丽　　装帧设计：李子姮

责任校对：边　涛

出版发行：化学工业出版社（北京市东城区青年湖南街 13 号　邮政编码 100011）

印　　装：大厂聚鑫印刷有限责任公司

710mm×1000mm　1/16　印张 16¾　字数 305 千字　2022 年 7 月北京第 1 版第 1 次印刷

购书咨询：010-64518888　　售后服务：010-64518899

网　　址：http://www.cip.com.cn

凡购买本书，如有缺损质量问题，本社销售中心负责调换。

定　　价：89.00 元

《鱼类资源：加工与利用》编委会

前言

世界上丰富的鱼类资源为人类提供了大量的优质动物蛋白质。联合国粮农组织公开的数据显示，全球人均鱼类消费量已达每年20.5公斤，鱼类资源已在全球粮食和营养安全中扮演着“中坚的角色”。报道称，2018年全球鱼类总产量已达1.79亿吨，其中水产养殖鱼类占总产量的46%，占人类鱼类食用量的52%，而我国的鱼类产量稳居世界第一。《世界渔业和水产养殖状况》报告称，预计到2030年，全球鱼类总产量将增至2.04亿吨，较2018年约增长14%。鱼类和渔业产品是全球公认的健康食物，随着“蓝色粮仓”和“健康中国”战略的全面深入实施，为更好地满足我国人民日益增长的美好生活需要，持续推进鱼类资源的食品加工与综合利用具有重要的现实意义。

我国鱼类资源的食品加工与综合利用研究起步较晚，但发展迅速。鱼类资源的食品加工产业呈现出多元化态势，主要体现在：加工设备的机械化与智能化程度的不断提高以及现代生物技术的融合应用，促使了鱼类资源的食品加工业从传统生产模式向工业化生产模式的快速转变，保证了鱼类资源产品的品质和生产效率；鱼类资源科学高效的综合利用逐渐成为解决粮食危机问题和拓展生存与发展空间的必然趋势，鱼类蛋白质、脂肪和加工副产物的综合利用科技水平和市场竞争力也得到了显著提升，丰富了产品的种类。

鉴于此，笔者将团队前期积累的研究成果，结合本领域最新科技进展，围绕鱼类资源的食品加工与综合利用中的热点问题，从世界和我国鱼类资源概况、鱼类资源原料的化学组成、鱼类资源的食品加工、鱼类资源的综合利用、未来鱼类资源食品的发展趋势等方面，系统地阐述了鱼类资源食品加工与综合利用的新理论与新技术，旨在创新基础理论，突破共性关键核心技术，切实保障我国鱼类资源的可持续供给，为实现“健康中国2030”提供有力支撑。

本书的出版，既是对鱼类资源食品加工与综合利用现有理论与技术的系统总结，也是对该领域国际学术研究现状、理论发展前沿和未来技术导向的深刻解析与探讨，旨在为我国鱼类资源相关科技领域的研究人员提供重要的资料参考，并积极推动我国未来鱼类资源的深度挖掘、绿色加工、高效利用以及科技创新。

本书为鱼类资源的食品加工与综合利用方面的专著，内容上既注重深度与先进性，又注重与实际紧密结合，结构安排合理，内容与时俱进。全书共分五章，第一章由丁玉庭、徐霞和贾世亮编写；第二章由周绪霞、陈慧和陈玉峰编写；第三章由丁玉庭、柯志刚和顾赛麒编写；第四章由周绪霞、朱士臣和崔蓬勃编写；第五章由相兴伟、刘书来和王文洁编写。全书由丁玉庭、周绪霞和相兴伟负责统稿。丁信琪、丁娇娇、冯媛、杨月、张琦、陈小草、俞杰航、徐铮、戴王力等参与了本书的文字校对工作。

本书得到了国家重点研发计划“蓝色粮仓科技创新”重点专项“水产品陆海联动保鲜保活与冷链物流技术”（编号：2019YFD0901600）和“干腌制品贮运流通过程中品质的变化规律与调控途径”（编号：2018YFD0901006）等的支持。

鱼类资源的食品加工与综合利用所涉及的内容和领域广泛，限于编者水平，本书内容中难免存在疏漏和不妥之处，恳请读者批评指正。

编者

2022 年 1 月

目录

第一章 鱼类资源概况

第二章 鱼肉加工原料的化学组成

第四章 鱼类资源的综合利用

第五章 未来鱼类资源食品的发展趋势

第一章

鱼类资源概况

第一节　世界鱼类资源概况

鱼类是现存脊椎动物里年代最古老、数量最庞大、种类最多样的一个类群。世界现存鱼类的分布极广，它们几乎栖居于地球上所有的水生环境中，从淡水的湖泊、河流到咸水的大海和大洋。鱼类不仅可以为人类提供经济、安全的优质蛋白质，而且也是人类健康饮食所需基本微量营养素的重要来源之一。

一、世界鱼类资源的开发

鱼类，是最古老的脊椎动物，其共同的特征是属于有鳃的水生动物，缺乏四肢及肢末端的指，大多数皮肤表层含有鳞片。目前全球已命名的鱼种约 32100 种，其中约 31000 种是硬骨鱼，另有 970 种左右的软骨鱼和大概 108 种的盲鳗和七鳃鳗。三分之一的鱼类物种包含在九个科内，由大至小，分别为鲤科、虾虎鱼科、慈鲷科、脂鲤科、骨甲鲶科、平鳍鳅科、鮨科、隆头鱼科和鲉科。

根据栖息环境的不同，鱼类可大致分为淡水鱼、海水鱼和介于两者之间的河口鱼类。约有 80%的海水鱼分布在浅海大陆架区，特别是印度洋-太平洋的热带、亚热带海区。在寒带与亚寒带海区分布的主要经济鱼类有鲱鱼、鳕鱼、鲑鱼、鲽鱼和鲭鱼等；在亚热带海区分布的主要是沙丁鱼、鲹鱼和鲐鱼；在热带、亚热带海区则分布金枪鱼等。淡水鱼是常见的淡水生物，它们是栖息于湖泊、溪流、河川等淡水环境的鱼类，主要以水产养殖的方式获取。淡水鱼通常分为原生和次生两大类，前者如鲤形目等鱼类，后者如丽鱼科等其他由海洋进入淡水生活的鱼类，其特点是比较能耐受半咸水的环境。常见的淡水鱼类包括青鱼、草鱼、鲢鱼、罗非鱼、鲤鱼、鳙鱼和鲫鱼等。

鱼类一直是人类重要的蛋白质来源之一，同时含有大量不饱和脂肪酸、多种维生素和矿物质，对调节和改善人类的食物结构，供应人体健康所必需的营养素有着重要的作用。据联合国粮农组织（FAO）统计，2018 年全球鱼类总产量约为 1.79 亿吨（图 1-1），其中包括海洋水域、内陆水域的捕捞以及水产养殖产量。水产养殖产量约占全球总产量的 46%，并且提供了人类消费鱼类总量的 52%。我国是鱼类生产大国之一，统计数据显示，2018 年，我国鱼类产量占全球鱼类产量的 35%。除我国之外，2018 年全球鱼类产量中还有很大一部分出自亚洲其他国家（34%），随后是美洲（13%）、欧洲（10%）、非洲（7%）和大洋洲（1%）。鱼类总产量中约有 1.57 亿吨供人类消费，相当于人均每年供应约 20.5kg，其余 2200 万吨为非食品用途，主要用于生产鱼粉和鱼油。

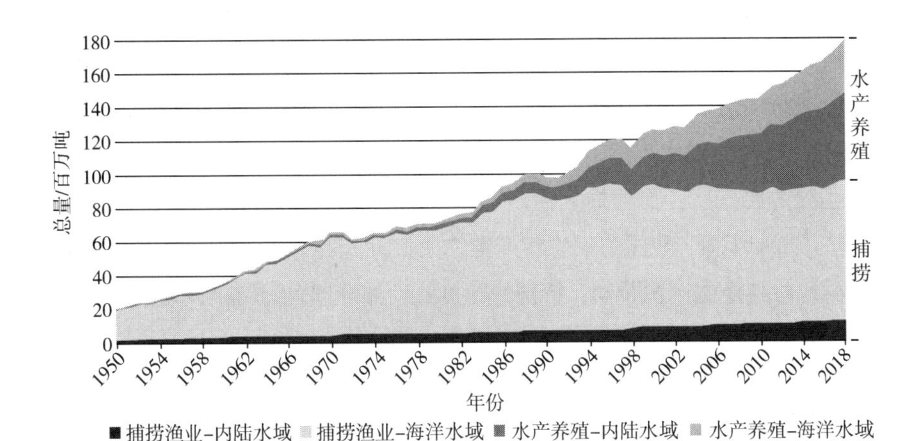

图 1-1　世界捕捞渔业和水产养殖总量

注：资料来源，联合国粮农组织。不含水生哺乳动物、鳄、短吻鳄和凯门鳄、海藻和其他水生植物。

（一）全球鱼类捕捞

自 20 世纪 80 年代末至 2017 年，全球捕捞渔业总产量一直保持相对稳定，年渔获量在 8600 万吨 ~ 9300 万吨之间波动。2018 年，全球捕捞渔业产量创下 9640 万吨的纪录，较前三年平均产量增长了 5.4%。海洋捕捞渔业产量从 2017 年的 8120 万吨增至 2018 年的 8440 万吨，但仍低于 1996 年 8640 万吨的历史最高水平；内陆渔业渔获量 2018 年达到有史以来最高的 1200 万吨。2018 年，全球海洋捕捞有鳍鱼类总产量为 7192.6 万吨，海洋渔获量增加的主要原因是秘鲁和智利的秘鲁鳀（*Engraulis ringens*）渔获量增加，而前几年这一物种渔获量一直处于低位，秘鲁鳀在 2018 年的总产量中所占比例达到了 10%。黄线狭鳕（*Theragra chalcogramma*）渔获量为 340 万吨，排名第二。鲣鱼（*Katsuwonus pelamis*）为 320 万吨，连续九年排名第三。金枪鱼和类金枪鱼的渔获量继续保持逐年增加的趋势，2018 年超过 790 万吨，为历史最高点，其中鲣鱼和黄鳍金枪鱼（*Thunnus albacares*）在 2018 年该物种组渔获总量中占比约 58%。捕捞量超过 100 万吨的其他海洋鱼类还包括大西洋鲱（*Clupea harengus*）、蓝鳕（*Micromesistius poutassou*）、欧洲沙丁鱼（*Sardina pilchardus*）、太平洋白腹鲭（*Scomber japonicas*）、白带鱼（*Trichiurus lepturus*）和大西洋鲭（*Scomber scombrus*）等。

全球捕捞渔业前七大生产国几乎占据了捕捞总量的50%，其中我国占15%，其次是印度尼西亚（7%）、秘鲁（7%）、印度（6%）、俄罗斯（5%）、美国（5%）和越南（3%）。全球最大的二十个生产国捕捞量约占捕捞渔业总产量的74%。与海洋捕捞相比，内陆水域捕捞更集中于拥有大型水域或河流流域的主要生产国。2018年，16个国家的产量在内陆捕捞总量中合计占比超过80%，而对海洋捕捞量而言，25个国家产量合计占比超过80%。内陆水域捕捞大国在地理位置上也更为集中，尤其在亚洲占比最高。作为最大生产国，我国的内陆水域渔获量一直保持相对稳定，在过去二十年里，我国的平均年产量约为210万吨。全球内陆水域渔获量的增加主要由一些其他生产国带动，特别是印度、孟加拉国、缅甸和柬埔寨。亚洲内陆水域捕捞为很多当地居民提供了重要的食物来源。

（二）全球鱼类水产养殖

2018年，全球水产养殖鱼类产量达到8210万吨，主要来自有鳍鱼类（5430万吨，1397亿美元），其中包括内陆水产养殖（4700万吨，1043亿美元）以及海水养殖和沿海养殖（730万吨，354亿美元）。四个主要物种组在内陆水域渔获量中占比约为85%。第一组鲤鱼、鲃属鱼和其他鲤科鱼渔获量持续增长，从2000~2010年中期的每年约60万吨增至2018年的180万吨以上，是近年内陆水域渔获量增长的主要原因。第二组罗非鱼和其他慈鲷科鱼的渔获量每年稳定在70万吨~85万吨之间。2018年全球有鳍鱼类养殖产量超过100万吨的有草鱼（*Ctenopharyngodon idellus*）、鲢鱼（*Hypophthalmichthys molitrix*）、尼罗罗非鱼（*Oreochromis niloticus*）、鲤鱼（*Cyprinus carpio*）、鳙鱼（*Hypophthalmichthys nobilis*）、卡特拉鲃（*Catla catla*）、鲫鱼类（*Carassius* spp.）、大西洋鲑（*Salmo salar*）、低眼无齿巨鲶（*Pangasianodon hypophthalmus*）、南亚野鲮（*Labeo rohita*）、遮目鱼（*Chanos chanos*）和胡鲶属鱼类（*Clarias* spp.）等。

水产养殖对全球鱼类总产量的贡献率一直在持续上升，占比已从2000年的25.7%升至2016—2018年间的46.0%。鱼类养殖由亚洲主导，在过去二十年中，亚洲鱼类产量占全球总产量的89%。鱼类水产养殖的全球总产量在2001—2018年间年均增长5.3%，而2017年仅增长4%，2018年增长3.2%。造成近年增速下降的原因可能是作为最大水产养殖生产国的我国增速放缓，2017年和2018年我国的水产养殖产量仅分别增长了2.2%和1.6%，而世界其他国家和地区的总产量仍然保持中速增长，同期分别为6.7%和5.5%。自1991年起，我国的养殖食用鱼类产量就已超过世界其他国家和地区的总量。2016 年开始实施的现行政策旨在改革水产养殖部门，采用更加环保的措施，提升产品质量，提高资源利用效率和成效，加强水产养殖在农村经济发展和目标地区扶贫过程中所发挥的作用。政策实施后，我国水产养殖产量在世界水产养殖总产量中的占比从 1995 年的 59.9%降至 2018 年的 57.9%，预计在未来几年还将进一步下降。除我国外，一些水产养殖生产大国（孟加拉国、智利、埃及、印度、印度尼西亚、挪威和越南）在过去二十年中均不同程度地巩固了本国在世界水产养殖产量中的占比。

二、世界鱼类的消费现状

过去六十多年间，全球食用鱼类表观消费量的增长率一直显著高于人口增长率。1961~2017 年，食用鱼类消费总量年均增长率为 3.1%，高于人口增长率（1.6%）。同期，食用鱼类消费总量（即总供应量）年均增长率超出了其他所有动物蛋白质（肉、蛋、奶等）2.1%的年均增长率，也超出了除禽类（4.7%）以外的所有陆生动物总和的年均增长率（2.7%）或单组（牛肉、羊肉、猪肉）的年均增长率。食用鱼类人均消费量由 1961 年的 9.0kg（鲜重当量）增至 2017 年的 20.3kg，年均增长率约为 1.5%，而同期肉类人均消费量的年均增长率为 1.1%。初步测算结果表明，2018 年鱼类人均消费量为 20.5kg。鱼类总产量 1.79 亿吨中约 88%（超过 1.57 亿吨）供人类直接消费，其余 12%（约 2200 万吨）用于非食品用途（图 1-2），后者中的 80%（约 1800 万吨）通常被加工成鱼粉和鱼油，其余部分（400 万吨）则主要为观赏鱼养殖（如鱼苗、鱼种或大规格鱼种），可制成钓饵、宠物食品，作为制药材料或者水产养殖、畜牧和毛皮动物的饲喂原材料。随着鱼类加工、冷链、运输和配送方面技术的不断进步，鱼类资源的损失和浪费现象的减少，全球居民收入水平的不断提高，消费者对于鱼类健康益处的认识也随之提高，这使得全球鱼类消费需求不断增加，进而带动了鱼类产量的增加。

鱼和鱼产品并非热量密集型产品，因富含优质蛋白质和必需氨基酸、多不饱和脂肪酸以及维生素和矿物质等微量营养素而广受青睐。供人类直接消费的鱼类比例较 20 世纪 60 年代的 67%有了显著提升。2018 年，鲜活或冷藏鱼品在供人类直接消费的鱼类中占比最高（44%），且往往是最受欢迎和价格最高的鱼类产品。随后是冷冻鱼（35%）、预制和冷藏鱼（11%）以及干制、腌制、卤制、发酵和熏制等加工处理鱼品（10%）。冷冻是保藏食用鱼的主要方法，占供人类消费的加工鱼类总量的 62%（不包括鲜活或冷藏鱼）。鱼类加工和利用方法在不同地区、国家之间甚至一国之内都存在着巨大差异。被加工成为鱼粉和鱼油的鱼品在拉丁美洲占比最高，其次为亚洲和欧洲。而非洲加工处理的鱼类占比高于世界平均水平。在欧洲和北美洲，冷冻、预制和保藏处理的鱼类产品占供人类消费鱼类的三分之二以上。在亚洲，大部分鱼类以鲜活形式售卖给消费者。

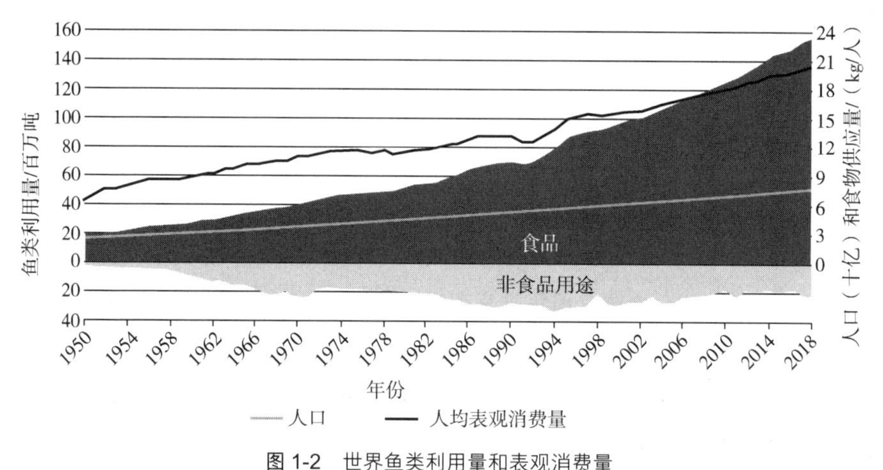

图 1-2 世界鱼类利用量和表观消费量

资料来源，粮农组织

不含水生哺乳动物、鳄、短吻鳄和凯门鳄、海藻和其他水生植物

从历史来看，全球鱼类消费的主力是日本、美国和欧洲的国家。1961 年，这三大市场的消费量合计约占全球食用鱼类供应量的一半（47%）。2017 年，全球食用鱼类消费总量为 1.53 亿吨，上述三大市场消费量合计在总量中占比接近五分之一（19%），亚洲占比为 71%（高于 1961 年的 48%）。值得一提的是，中国的占比由 1961 年的 10%增至 2017 年的 36%。2017 年，美洲消费量占食用鱼类供应总量的 10%，其后为非洲的 8%和大洋洲的不到 1%。发达国家市场份额的显著下滑是各国行业结构性调整的结果，这些调整包括亚洲国家在鱼类生产（特别是水产养殖）中的地位不断提升，城市化进程，新兴经济体人口大幅增加，收入水平较高的中产阶级不断壮大，在亚洲尤为如此。

三、世界主要海洋经济鱼类

（一）鳀鱼

鳀鱼是鲱形目，鳀科部分鱼类统称，又名鰛抽条、海蜒、离水烂、鲅鱼食等。鱼

图 1-3 日本鳀

体细长，吻部突出，背部呈亮蓝色或绿色，腹部为银白色；吻钝圆，下颌短于上颌，体被薄圆鳞，极易脱落，无侧线，腹部圆，无棱鳞，尾鳍叉形；一般体长不超过 15cm。鳀鱼为暖温性集群中上层小型鱼类，昼夜垂直移动显著。世界范围内捕捞量较大的主要有秘鲁鳀（学名：*Engraulis ringens*）和日本鳀（学名：*Engraulis japonicus*）两种。秘鲁鳀分布于东南太平洋区的智利、秘鲁海域，是世界上最重要的经济鱼类之一，每年起捕量达到 500 万吨~1000 万吨。大部分捕捞的秘鲁鳀都被制成了鱼粉和鱼油。日本鳀（图 1-3）广泛分布于太平洋西北部的日本、中国、韩国、朝鲜沿海等地，可用于加工煮干品、鱼露、熏制品及鱼粉等，鱼油可提取二十碳五烯酸（EPA）、二十二碳六烯酸（DHA）。

（二）鳕鱼类

鳕鱼类是鳕形目鱼的总称，其中黄线狭鳕、太平洋鳕和大西洋鳕（图 1-4）最为有名，全球海洋捕捞产量较高。

1. 黄线狭鳕

黄线狭鳕（学名：*Theragra chalcogramma*）属于鳕形目，鳕科，鳕属鱼类，又名阿拉斯加狭鳕，俗称明太鱼。体细长，呈梭状，稍侧扁；头中等大，吻稍突出；口大，上颌稍长于下颌；体背部有深色斑点。狭鳕为冷水性中下层鱼类，分布于北太平洋海域，年产量仅次于秘鲁鳀鱼，位居全球第二，俄罗斯和美国是主要捕捞国，捕捞量占 80%以上。黄线狭鳕主要加工产品包括去头去内脏去皮（或不去皮）块冻品、冻鱼片、冷冻鱼糜、干制品、腌渍鱼子等。

2. 太平洋鳕

太平洋鳕（学名：*Gadus macrocephalus*）属于鳕形目，鳕科，鳕属鱼类，又名大头鳕、大口鱼。体长形，稍侧扁；尾部向后渐细，尾柄细且侧扁；头大，吻前端圆钝；口大，微斜，唇厚；体呈灰褐色，具有不规则的暗褐色斑点和斑纹。大头鳕为冷水性底层鱼类，主要分布在北太平洋，包括白令海峡，朝鲜半岛、中国、日本沿海，阿拉斯加湾，南至美国洛杉矶沿海。除鲜销外，太平洋鳕可加工成鱼片、鱼糜制品、咸干鱼、罐头制品等。其肝含油量为 20% ~ 40%，并富含维生素 A 和维生素 D，是制作鱼肝油的原料。鳕鱼加工的下脚料是白鱼粉的重要原料。

3. 大西洋鳕

大西洋鳕（学名：*Gadus morhua*）属于鳕形目，鳕科，鳕属鱼类。其上颌隆突，下颌具显著触须；侧线在胸鳍处弯曲，体宽为体长的 1/5；体色多变，背侧及体上部的色彩由褐色渐变为绿色或灰色，腹部淡化呈灰白色，腹膜银色。大西洋鳕鱼为高经济价值的食用鱼，大洋底栖性鱼类，分布于大西洋东北和西北海域，北冰洋、印度洋以及南极海域也有分布。

图 1-4　黄线狭鳕（A）、太平洋鳕（B）和大西洋鳕（C）

（三）大西洋鲱

大西洋鲱（学名：*Clupea harengus*）属于鲱形目，鲱科，鲱属鱼类。体延长，侧扁；口小而斜，前上位；上颌及腭骨无牙，下颌、犁骨及舌上均有细牙；体被圆鳞，易脱落，无侧线（图 1-5）。大西洋鲱是地球上资源最为丰富的鱼类之一，它们以小型甲壳类动物、磷虾和小鱼为食，也是海豹、鲸和其他大型肉食鱼类等天然掠食者的食物。大西洋鲱广泛分布于大西洋北部沿岸海域，是世界上最重要的经济鱼类之一，主

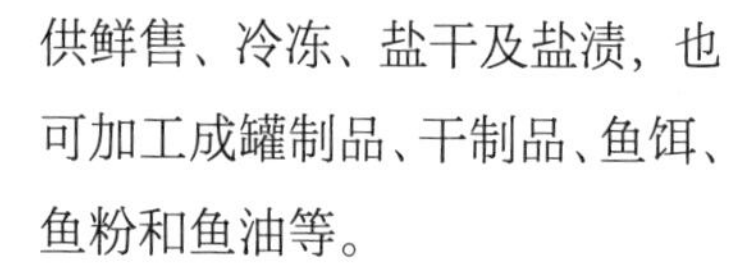
供鲜售、冷冻、盐干及盐渍，也可加工成罐制品、干制品、鱼饵、鱼粉和鱼油等。

图 1-5　大西洋鲱

（四）鲭鱼

鲭鱼属于鲈形目，鲭科，鲭属鱼类。鱼体呈典型的纺锤形，粗壮偏扁，口吻呈圆锤形；背面有青黑色形状复杂的斑纹，腹部呈银白色，微带黄色。鲭鱼主要包括大西洋鲭、花腹鲭、科利鲭、白腹鲭和印度鲭

图 1-6　大西洋鲭

等五种，其中大西洋鲭和白腹鲭是鲭科中捕捞产量最高的鱼类。大西洋鲭（学名：*Scomber scombrus*）为产于北美洲和欧洲的大西洋沿岸的鲭属鱼种，也被称为波士顿鲭、挪威鲭、挪威青花鱼（图1-6）。大西洋鲭为重要的中上层经济鱼类之一，该种鱼类分布广、生长快、产量高。太平洋白腹鲭（学名：*Scomber japonicus*），又名日本鲭、太平洋鲭、正鲭，中国称之为鲐鱼，分布于朝鲜半岛、日本沿海、大西洋地中海边缘。鲭鱼肉质坚实，味良好，除鲜食外还可腌制或制作罐头，其肝可提炼鱼肝油。鲭鱼富含EPA、DHA等ω-3脂肪酸，有助于增强记忆力。鲭鱼与其他青皮红肉鱼类一样，肌肉中组氨酸含量高，受到细菌污染时，分解产生有毒的组胺，引起过敏性的食物中毒。

（五）竹筴鱼

竹筴鱼（学名：*Trachurus trachurus*）属于鲈形目，鲹科，竹筴鱼属鱼类，又称真鲹，俗名巴浪、刺鲅、山鲐鱼、大目鲲等。鱼体呈纺锤形，稍侧扁，一般体长20～35cm、体重100～300g；脂眼睑发达；体被小圆鳞，侧线上全被高而强的棱鳞，所有棱鳞各具一向后的锐棘，形成一条锋利的隆起脊，体背部青绿色（图1-7）。成鱼栖息于沿海沙底质海域，成群活动，属肉食性，以鱼类、甲壳类动物和头足类动物为食。竹筴鱼为暖温性中上层洄游性鱼类，分布于西北太平洋区，包括我国的东海、黄海和台湾海域，以及韩国、日本等海域。竹筴鱼为高经济价值的食用鱼，可供鲜食，亦可加工成罐头或咸干品。

图1-7 竹筴鱼

（六）金枪鱼类

金枪鱼属于鲈形目，鲭科，金枪鱼属鱼类，又名鲔鱼、吞拿鱼。金枪鱼鱼体为纺锤形，肥壮，稍侧扁；尾柄细，平扁，每侧具1个中央隆起嵴及2个小的侧隆起嵴，吻尖圆。体被细小圆鳞，胸部鳞较大，形成胸甲。背鳍2个，相距近；第2背鳍及臀鳍形状相似，其后各有小鳍6～9个；尾鳍新月形。金枪鱼为热带-亚热带大洋性鱼类，主要分布在印度洋、太平洋与大西洋中部海域，全球有2个亚科，9个属，21个种。经济价值较大的金枪鱼种类包括黄鳍金枪鱼、蓝鳍金枪鱼、大眼金枪鱼、马苏金枪鱼、长鳍金枪鱼以及鲣鱼等。

金枪鱼具有很高的营养价值，国际营养组织把金枪鱼推荐为世界三大营养鱼类之一，其营养成分包括蛋白质、脂类、糖类、钙、磷、铁、钠、钾、镁、锌、铜、维生素A、维生素E、维生素D、胆固醇等。与一般鱼类和肉类相比，金枪鱼具有低脂肪、低热量和高蛋白的特点。金枪鱼鱼肉中的蛋白质所含氨基酸种类齐全，其中人体必需的8种氨基酸含量丰富。因此，食用金枪鱼不仅可以提供能量，还可以补充氨基酸，有助于身体健康。金枪鱼鱼肉中DHA、EPA等不饱和脂肪酸的含量很高，同时甲硫氨酸、牛磺酸、矿物质和维生素的含量丰富，是国际营养协会推荐的绿色无污染健康美食。

1. 黄鳍金枪鱼

黄鳍金枪鱼（学名：*Thunnus albacores*）身体纺锤形，体背呈蓝青色，最大特征是背鳍和腹鳍带有黄色，体侧也略带黄色，体长1～3m，体重一般为40～60kg，如图1-8（A），是金枪鱼群体中最多的一种，产量约占全球金枪鱼总产量的35%。黄鳍金枪鱼具有生长速度快和大洋性分布等特点，经济价值高、资源量相对丰富。其背部肌肉粗蛋白含量为26.2%、脂肪含量仅0.2%，为高蛋白、低脂肪健康食品，深受广大消费者喜爱。

2. 蓝鳍金枪鱼

蓝鳍金枪鱼（学名：*Thunnus thynnus*）身体纺锤形，背部两侧深蓝色，体长可达3m以上，体重可达500kg，如图1-8（B），是金枪鱼类中最大型的鱼种。其肉质细腻，油脂丰富，肉色淡红，口味极佳，价格也十分昂贵。蓝鳍金枪鱼的捕捞量不到全球金枪鱼捕捞总量的1%，主要用于制作高档生鱼片，消费市场几乎全部在日本。

3. 大眼金枪鱼

大眼金枪鱼（学名：*Thunnus obesus*）的身体呈纺锤形，背部为蓝青色，侧面及腹部为银白色，眼较大，胸鳍很长很尖，如图1-8（C），是金枪鱼类中的壮实型金枪鱼，栖息水深在200～300m，体长1.5～2m，体重可达100多公斤。近几年，在世界金枪鱼的捕捞总产量中，大眼金枪鱼的捕捞产量一直稳居第三位。大眼金枪鱼可制作生鱼片，其冷冻鱼大多用于制作罐头，如油浸金枪鱼罐头、盐水金枪鱼罐头等。

4. 马苏金枪鱼

马苏金枪鱼（学名：*Thunnus maccoyii*）也称南方蓝鳍、南方黑鲔，体呈纺锤形，下侧与腹面银白色，上面有无色点排列的无色横切线，如图1-8（D）。第一背鳍是黄色或蓝色的；臀鳍与离鳍是暗黄色，边缘黑色；成鱼时，中央的尾部龙骨脊为黄色。马苏金枪鱼是一种生活在海洋中上层水域中的鱼类，分布在大西洋、印度洋与太平洋的温带与寒冷海域，属大洋性高度洄游鱼类。其鱼体一般长 160cm，最长可以达到 245cm，体重最高达 260kg，是一种经济价值高的大型金枪鱼，也是日本市场高级生鱼片用鱼之一。

5. 长鳍金枪鱼

长鳍金枪鱼（学名：*Thunnus alalunga*）是典型的大洋性高度洄游鱼类，喜集群，广泛分布于太平洋、印度洋、大西洋中纬度的近海、外海、大洋，是金枪鱼渔业的主要捕捞种类之一。该鱼主要特征为，第一背鳍深黄色、第二背鳍浅黄色，两侧胸鳍极长、新月形的尾鳍深叉有助于高速游动，背部泛着深蓝色的金属光泽，边缘及腹部银白色［如图 1-8（E）］。常见的金枪鱼罐头所使用的主要原料即长鳍金枪鱼。

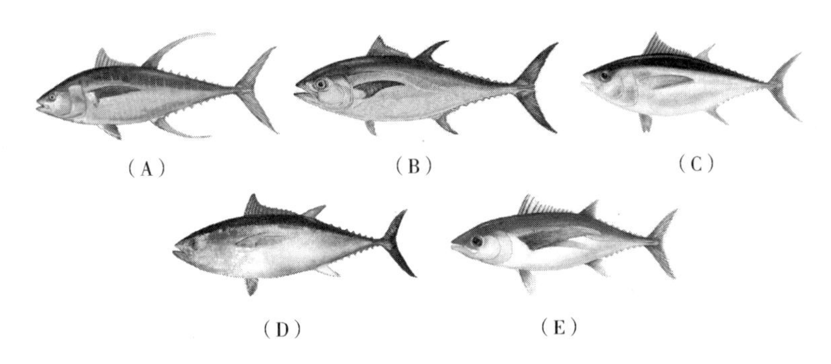

图 1-8　黄鳍金枪鱼（A）、蓝鳍金枪鱼（B）、大眼金枪鱼（C）、马苏金枪鱼（D）和长鳍金枪鱼（E）

6. 鲣鱼

鲣鱼（学名：*Katsuwonus pelamis*）属于鲈形目，鲭科，鲣属鱼类，俗称炸弹鱼。鱼体呈纺锤形，横断面几近于圆形，头稍大，尾柄细强，尾鳍分叉；除胸甲与侧线有鳞外，全身均光滑无鳞；背部暗青色，腹部银白色，腹侧有 4 ~ 6 条明显黑色纵带，如图 1-9。鲣鱼为暖水性中上层洄游性鱼类，分布于太平洋、印度洋、大西洋等热带和亚热带海域，中国的南海和台湾海域。鲣鱼捕食沙丁鱼及其他鱼的幼鱼、乌贼、软体动物及小型甲壳类，是相当重要的经济鱼类。鲣鱼产量高，低脂肪，蛋白质含量丰富，最高可达 26.14%，可供鲜食或制成咸干品，还可加工成罐头制品。但与其他金枪鱼相比，鲣鱼肉质较酸，腥味重，口感差，红肉含量高，属低值金枪鱼。

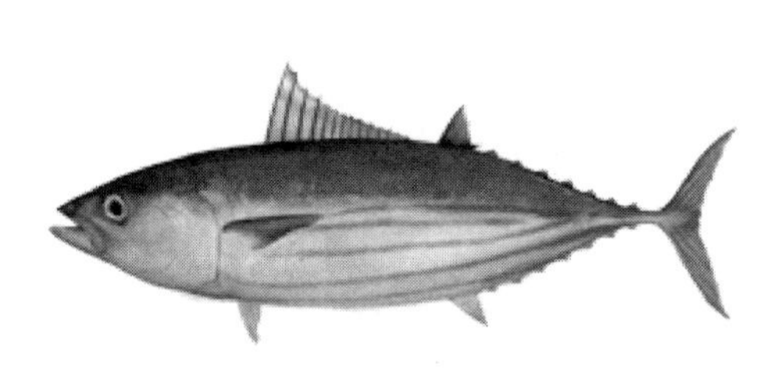

图 1-9　鲣鱼

（七）白带鱼

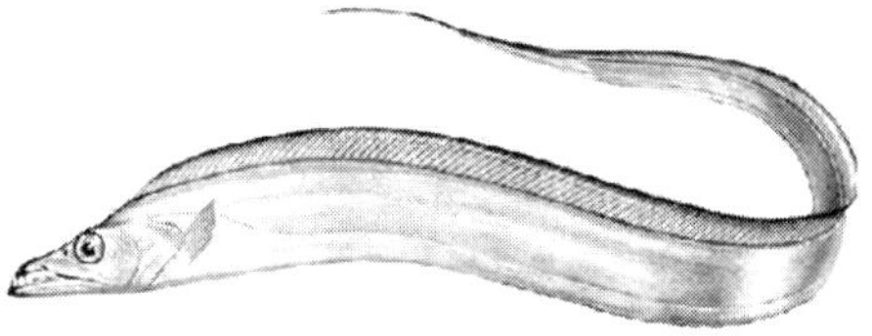

图 1-10　白带鱼

白带鱼（学名：*Trichiurus lepturus*）属于鲈形目，带鱼科，带鱼属鱼类，又名刀鱼、肥带、油带、牙带鱼等。体甚延长，侧扁，呈带状；尾略长，向后渐变细，末端成细长鞭状，尾柄与肛前长的比例达40%左右；头窄长，头背面斜直或略突起，前端尖锐，吻尖长；左右额骨分开（图 1-10）。白带鱼为温热带海区的中、下层食用经济鱼类，属洄游性鱼类，分布于全球各个大洋及河口、近海沿岸，其中分布于日本附近海域的白带鱼有时被单独分类为日本带鱼（*Trichiurus japonicus*），而中国东海的白带鱼则会被称为东海带鱼（*Trichiurus haumela*）。白带鱼为多脂鱼类，肉味鲜美，经济价值很高，捕捞产量大。除鲜销外，白带鱼还可加工成罐头、鱼糜制品、腌制品和冷冻制品等。

（八）大西洋鲑

大西洋鲑（学名：*Salmo salar*）属于鲑形目，鲑科，鲑属鱼类，又名三文鱼、智利鲑鱼。鲑鱼出生在淡水里，根据它的成长速度，会有 1 ~ 4 年的时间在海里度过，之后回到它的出生地产卵。大西洋鲑是鲑鱼的一种，体长而侧扁，呈流线型，头部无鳞；明显特征为两侧鳃盖骨上各有一圆斑点；体背部呈灰色或黑黄色，有浅黑色斑点，腹部银白色（图 1-11）。鲑鱼主要分布于北半球的温带与北极区域，是一种营养价值极高的冷水性养殖鱼类，其肉质细嫩鲜美，既可直接生食，又能烹制菜肴，主要加工产品形式有鲜品、去皮或带皮去骨鱼片、冷冻品、烟熏以及罐装等制品。鲑鱼卵通常腌渍后用玻璃罐包装。

图 1-11　大西洋鲑

（九）沙丁鱼

沙丁鱼（学名：*Sardina pilchardus*）属于鲱形目，鲱科，沙丁鱼属鱼类，别称沙鲻、沙脑鰛、大肚鰛、真鰛等。沙丁鱼为细长的银色小鱼，背鳍短且仅有一条，无侧线，头部无鳞，体长 15 ~ 30cm（图 1-12），密集群息，沿岸洄游，以大量的浮游生物为食。沙丁鱼为近海暖水性鱼类，一般少见于外海和大洋。它们行动迅速，通常栖息于中上层，当秋、冬两季表层水温较低时，则栖息于较深海区。沙丁鱼属仅沙丁鱼 1 种，又分成欧洲沙丁鱼（主要分布于欧洲沿海和非洲西北岸）和地中海沙丁鱼（主要分布于地中海）2 个亚种。沙丁鱼具有生长快、繁殖力强的优点，且肉质鲜嫩，富含 DHA，可加工成鱼糕、鱼丸、鱼卷、鱼香肠等多种方便食品，还可提炼鱼油，制作鱼粉。

图 1-12　沙丁鱼

（十）蓝点马鲛

蓝点马鲛（学名：*Scomberomorus niphonius*）属于鲈形目，鲭科，马鲛属鱼类，又名鲅鱼、马鲛、条燕、板鲅、青箭等。马鲛鱼体延长，侧扁；尾柄细，每侧有 3 隆起嵴，中央嵴长而高；背鳍具 19 ~ 20 鳍棘，15 ~ 16 鳍条；体背蓝黑色，腹部银灰色，体侧中央有数列黑斑（图 1-13）。马鲛鱼为暖温性中上层鱼类，有洄游习性，广泛分布于北太平洋西部，其肌肉结实，含脂丰富，主要鲜食，也可腌制和加工成罐头；鱼肝中维生素 A、维生素 D 含量较高，是制造鱼肝油制品的原料。

图 1-13　蓝点马鲛

第二节　我国鱼类资源概况

我国疆域辽阔，北起黑龙江，南至南沙群岛，东临太平洋，横跨温带、亚热带及热带三个气候带地区，海岸线长达 18000km，内陆较大江河共 5000 余条。在经度、纬度及海拔三个维度上，我国具有世界上少有的独特生态地理环境，孕育了极其丰富的鱼类资源。

一、我国内陆水域鱼类资源与分布

我国是世界上内陆水域面积最大的国家之一。在我国广阔的土地上，分布着众多的江河、湖泊、水库、池塘等内陆水域，总面积约 20 万余平方千米，占国土总面积的 2.8%。其中江河面积约 12 万平方千米，湖泊面积 7.52 万平方千米，800 万余座水库面积约 2.3 万平方千米，池塘总面积 1.92 万平方千米。这些水域既是渔业捕捞场所，又是水生经济动植物的增殖、养殖基地。此外，通过适当改造可用于养鱼的沼泽地、废旧河道、低洼易涝地和滨河、滨湖的滩涂等地面积颇大，是我国内陆发展渔业的潜在水域资源。

我国的淡水鱼类主要以养殖方式获取，内陆水域定居繁殖的鱼类粗略统计有 770 余种，其中不入海的纯淡水鱼 709 种，入海洄游性淡水鱼 64 种，主要的经济鱼类 140 余种。由于我国大部分国土位于北温带，其中内陆水域中的鱼类以温水性种类为主，鲤科鱼类约占我国淡水鱼的 1/2，鲶科和鳅科合占 1/4，其他各种淡水鱼占 1/4。在我国淡水渔业中占比相当大的有鲢鱼、鳙鱼、青鱼、草鱼、鲤鱼、鲫鱼、鳊鱼等，其中青鱼、草鱼、鲢鱼、鳙鱼是中国传统的养殖鱼类，被称为“四大家鱼”；在部分地区占比较大的有江西的铜鱼、珠江的鲮鱼、黄河的花斑裸鲤、黑龙江的大马哈鱼、乌苏里江的白鲑等。也有些鱼类个体虽小，但群体数量大或经济价值高，如长江中下游河湖名产银鱼，黑龙江、图们江、鸭绿江名产池沼公鱼。有的鱼类虽群体小，但个体大，而且都是名特产品和珍稀鱼类，例如长江中下游的中华鲟、白鲟、胭脂鱼等。从国外引进、推广并养殖较多的鱼类有非鲫、尼罗非鲫、淡水白鲳、加州鲈鱼等，这些鱼种主要在长江中下游及广东、广西等省区养殖，虹鳟、德国镜鲤等主要在东北、西北等地区养殖。

二、我国海洋鱼类资源与分布

我国海域辽阔，位于西太平洋，环列于陆地东南面，有渤海、黄海、东海和南海四大海域，地处热带、亚热带和温带 3 个气候带，鱼类资源丰富，包括冷水性、温水性、暖水性鱼类以及大洋性长距离洄游鱼类、定居短距离鱼类等许多种类。据统计，我国的海洋鱼类约 1700 余种，其中经济鱼类 300 种，产量较高的约有 70 种。

（一）渤海

渤海是中国的内海，三面环陆，面积约 8 万平方公里，最大深度 70m，平均深度 18m。渤海海域的鱼类区系是黄海区的组成部分，鱼类多达 150 种，其中半数以上属暖温带种，其次为暖水种，主要经济鱼类有带鱼、小黄鱼、黄姑鱼、真鲷、鳓鱼和鲅鱼等。

（二）黄海

黄海是太平洋西部最大的边缘海，平均水深 90m，海底比较平坦，大部分水深超过 60m。黄海海域鱼类区系属北太平洋区东亚亚区系，是暖温带性，又以温带性优势，主要经济鱼类有带鱼、小黄鱼、鲐鱼、鲅鱼、鳓鱼、黄姑鱼、太平洋鲱鱼、鳕鱼、鲳鱼、叫姑鱼、白姑鱼、牙鲆等。

（三）东海

东海面积约 77 万平方公里，多为 200m 以下的大陆架，平均水深 370m，最深处达 2719m。广阔的东海大陆棚海底平坦，水质优良，又有多种水团交汇，为各种鱼类提供了良好的繁殖、索饵和越冬条件。东海海域的传统经济鱼类主要为带鱼、大黄鱼和小黄鱼，年捕获量曾经创下 15 万吨 ~ 50 万吨的记录，另外鲐鱼、马面鲀、蓝圆鲹、沙丁鱼的产量也非常高，其中舟山渔场是我国最大的渔场。

（四）南海

南海是我国最深、最大的海，面积约 350 万平方公里。除大陆架区外，有面积约占 30%的深海，平均水深 1212m，最大深度为 5559m。南海海域的鱼类资源非常丰富，西南中沙群岛海域鱼类约有 2000 种，其中经济鱼类约 800 种，居中国四大海区之首。南海北部海区鱼类以暖水性为主，暖温带种类比较少，属于印度洋-西太平洋热带区系的中-日亚区，南部鱼类均为暖水性，属于印度洋-西太平洋热带区系的印-马亚区，该海域的主要经济鱼类有鲱鲤、蛇鲻、红鳍笛鲷、短尾大眼鲷、蓝圆鲹、马面鲀、金线鱼、沙丁鱼、带鱼、石斑鱼、大黄鱼、海鳗、金枪鱼等。

三、我国鱼类的生产和消费

2018 年，我国鱼类产量达 3557.09 万吨。其中养殖鱼类 2693.78 万吨，以淡水鱼为主，占我国鱼类总产量的 75.7%，同比增长 0.41%；捕捞鱼类 863.31 万吨，以海水鱼为主，占总产量的 24.3%，同比下降 6.85%。养殖淡水鱼中，产量超过 100 万吨的有草鱼、鲢鱼、鳙鱼、鲤鱼、鲫鱼和罗非鱼；其他产量较高的养殖品种有青鱼、鳊鱼、泥鳅、鲇鱼、鮰鱼、黄颡鱼、黄鳝、鳜鱼、乌鳢、鲈鱼、鳗鲡等。养殖海水鱼中，产量超过 10 万吨的仅有鲈鱼、鲆鱼、大黄鱼及石斑鱼。捕捞海水鱼中，带鱼单品种产量最高，超过 100 万吨；其他超过 10 万吨的有鳀鱼、蓝圆鲹、鲐鱼、鲅鱼、金线鱼、小黄鱼、鲳鱼、梅童鱼、马面鲀、梭鱼、大黄鱼、白姑鱼、石斑鱼、沙丁鱼、鲷鱼等。

我国是鱼类生产大国，占 2018 年全球鱼类产量的 35%，自 2002 年起一直保持着鱼和鱼产品主要出口国的地位，自 2011 年起又成为以贸易额计算的第三大进口国。近年来，我国鱼类进口量持续增长，一方面是因为我国承担了其他国家的加工外包，另一方面也反映出我国对非本土鱼类产品国内消费量的逐渐增加。

四、我国常见的经济鱼类

（一）淡水鱼类

1. 草鱼

草鱼（学名：*Ctenopharyngodon idellus*）属于鲤形目，鲤科，草鱼属鱼类，俗称鲩、鲩鱼、草鲩、白鲩等。体较长，略成圆筒形，腹部无棱；头部平扁，尾部侧扁；口端位，呈弧形，无须，下咽齿二行，侧扁，呈梳状，齿侧具横沟纹；背鳍和尾鳍均无硬刺，背鳍和腹鳍相对；体呈茶黄色，背部青灰略带草绿，偶鳍微黄色（图 1-14）。草鱼是典型的草食性鱼类，栖息于平原地区的江河湖泊，一般喜居于水的中下层和近岸多水草区域。其性活泼，游动迅速，常成群觅食；分布广，在中国黑龙江至云南元江地区均有分布（西藏、新疆

图 1-14 草鱼

地区除外）。

2. 鲢鱼

鲢鱼（学名：*Hypophthaimichthys molitrex*）属于鲤形目，鲤科，鲢属鱼类，俗称白鲢、跳鲢、鲢子、水鲢。体形侧扁、稍高，呈纺锤形。背部呈青灰色，两侧及腹部呈白色。头较大，眼睛位置较低。鳞片细小，腹部正中角质棱自胸鳍下方直延到肛门，胸鳍不超过腹鳍基部，各鳍色灰白。其形态似鳙鱼，背鳍硬棘 1 ~ 3 枚，背鳍软条 6 ~ 7 枚；臀鳍硬棘 1 ~ 3 枚，臀鳍软条 10 ~ 14 枚；体长可达 105cm，有一条十分长的触须（图 1-15）。鲢鱼栖息于江河干流及附属水体的上层，是一种典型的浮游生物食性鱼类，主要分布于中国、蒙古、俄罗斯等国。鲢鱼以鲜食为主，也可加工成罐头、熏制品或咸干品等。

图 1-15　鲢鱼

3. 鳙鱼

鳙鱼（学名：*Hypophthalmichthys nobilis*）属于鲤形目，鲤科，鲢属鱼类，俗称花鲢、黑鲢、胖头鱼、大头鲢、大头鱼。鳙鱼体侧扁，头极肥大，眼在头的下半部；口大，端位，下颌稍向上倾斜；背部暗黑色，有不规则的深色斑块，腹部灰白色且呈圆滑状（图 1-16）。鳙鱼栖息于江河干流、平缓的河湾、湖泊和水库的中上层，为温水性鱼类，是典型的浮游生物食性的鱼类。鳙鱼原产于我国，且在我国分布极广，南起海南岛，北至黑龙江流域的东部各地的江河、湖泊、水库均有分布，但在黄河以北各水体的数量较少，东北和西部地区均为人工迁入的养殖种类。鳙鱼主要以鲜食为主，特别是鱼头，大而肥美，可烹调成美味佳肴；也可加工成罐头、熏制品或咸干品。

图 1-16　鳙鱼

4. 青鱼

青鱼（学名：*Mylopharyngodon piceus*）属于鲤形目，鲤科，青鱼属唯一的物种，俗称青鲩、螺蛳青、黑鲩、乌鲩等。体较大，长筒形，腹部圆，无腹棱。背鳍位于腹鳍的上方，无硬刺，外缘平直。体呈青灰色，背部较深，腹部灰白色，鳍

图 1-17　青鱼

均呈黑色（图 1-17）。青鱼最大可达 70 余千克，通常栖息在水的中下层，生性不活泼。其主要的食物来源为螺蛳、蚌、蚬、蛤等，偶尔也捕食虾和昆虫幼虫。青鱼主要分布于我国长江以南的平原地区，长江以北则较为稀少。青鱼肉厚刺少，富含脂肪，味鲜美，除鲜食外，也可加工成糟醉品、熏制品和罐头食品。

5. 鲤鱼

鲤鱼（学名：*Cyprinus carpio*）属于鲤形目，鲤科，鲤属鱼类，俗名鲤拐子、毛子等。身体侧扁而腹部圆，口呈马蹄形，须 2 对。背鳍基部较长，背鳍和臀鳍均有一根粗壮带锯齿的硬棘。体侧金黄色，尾鳍下叶橙红色（图 1-18）。鲤鱼平时多栖息于江河、湖泊、水库、池沼等水草丛生的水体底层，主要以底栖动物为食。鲤鱼是原产于亚洲的温带性淡水鱼，喜欢生活在平原上的温暖湖泊，或水流缓慢的河川里，分布在除澳大利亚和南美洲之外的世界各地。鲤鱼很早便被我国和日本百姓当做观赏或食用鱼，在德国等欧洲国家也作为食用鱼被养殖，其可鲜食，也可制成鱼干。

图 1-18　鲤鱼

6. 鲫鱼

鲫鱼（学名：*Carassius auratus*）属于鲤形目，鲤科，鲫属鱼类，俗名鲫瓜子、月鲫仔、土鲫、细头、鲋鱼、寒鲋。鱼体侧扁，头略短，吻钝圆，无须。鳞片大；鱼体呈银灰、黄色或红色，背部颜色较深，腹部银白色，各鳍灰色；尾鳍浅叉形，背鳍硬棘 3 ~ 4 枚，背鳍软条 14 ~ 20 枚，臀鳍硬棘 2 ~ 3 枚，臀鳍软条 4 ~ 7 枚；脊椎骨 30 个，体长约 50cm（图 1-19）。鲫鱼是杂食性鱼类，成鱼主要以植物性食料为主，属底层鱼类。鲫鱼在全

图 1-19　鲫鱼

国各地（除西部高原）广泛分布，栖息在湖泊、江河、河渠、沼泽中，尤以水草茂盛的浅水湖和池塘较多，是我国一种优良的养殖鱼类和经济鱼类。鲫鱼一般都以鲜食为主，可煮汤，也可红烧、烤等烹调加工。

7. 尼罗罗非鱼

尼罗罗非鱼（学名：*Oreochromis niloticus*）属于丽鱼科，罗非鱼属，又名非洲鲫鱼、南鲫、福寿鱼等。体侧高，背鳍具10余条鳍棘，尾鳍平截或圆，体侧及尾鳍上具多条纵；网列斑纹（图1-20）。罗非鱼栖息在水体中下层，是以植物性饵料为主的杂食性鱼类；通常生活于淡水中，可以存活于在湖、河、池塘的浅水中，也能生活于出海口、近岸沿海等不同盐分含量的咸水中。罗非鱼在世界范围内被广泛养殖，据FAO估计，其年产量约为150万吨。罗非鱼在我国的养殖主要集中在广东、广西、海南等温度较高的地区，以池塘精养为主。其肉质鲜美，少刺，蛋白质含量高，富含人体所需的8种必需氨基酸，其中谷氨酸和甘氨酸含量特别高，近年来已成为养殖、加工、出口的热点鱼种之一。此外，罗非鱼加工形式主要有冷冻全鱼（去鳞、去内脏、去鳃）、冷冻罗非鱼鱼片和冰冻鲜鱼片，深受欧美消费者的青睐，也可作为生产冷冻鱼糜的原料。

图1-20　罗非鱼

8. 乌鳢

乌鳢（学名：*Channa argus*）属于鳢科，鳢属鱼类，别称黑鱼、乌鱼、乌棒等。身体前部呈圆筒形，后部侧扁。体色呈灰黑色，体背和头顶色较暗黑，腹部淡白，体侧各有不规则黑色斑块，头侧有黑色斑纹；奇鳍有黑白相间的斑点，偶鳍为灰黄色，间有不规则斑点。头长，吻短圆钝，口大，牙细小。眼小，鼻孔两对（图1-21）。乌鳢是营底栖性鱼类，通常栖息于水草丛生、底泥细软的静水或微流水中，遍布于湖泊、江河、水库、池塘等水域内，时常潜于水底层，以摆动其胸鳍来维持身体平衡。乌鳢分布于我国各大小水系（新疆、西藏未报道）、朝鲜、日本、东南亚、印度和俄罗斯西伯利亚地区。

图1-21　乌鳢

9. 鳜鱼

鳜鱼（学名：*Siniperca chuatsi*）属于鲈形目，真鲈科，鳜属鱼类，俗称桂鱼、花鲫鱼、桂花鱼、季花鱼等。体侧上部呈青黄色或橄褐色，有许多不规则暗棕色或黑色斑点和斑块，腹部灰白，背部隆起，口较大，下颌突出，前鳃盖骨后缘有锯齿状突出，下缘有4～5个大锯齿，背鳍1个，硬棘12枚，软条13～15枚，鱼鳞细小、呈圆形（图1-22）。鳜鱼体长可达70cm，属于完全淡水生活的鱼类，以鱼类和其他水生动物为食，广泛分布于以海南岛南渡江为最南限的我国淡水水域，大部分为海拔300m以下平原区的河流与湖泊。

图1-22　鳜鱼

10. 鳗鲡

鳗鲡（学名：*Anguilla japonica*）属于鳗鲡目，鳗鲡科，鳗鲡属鱼类，俗名河鳗、鳝鱼、日本鳗鲡等。鱼体延长呈圆柱形，头部呈锥形，但肛门后的尾部则稍侧扁。鳞片细小，背鳍及臀鳍均与尾鳍相连。胸鳍位于鳃盖后方，略呈圆形。鱼体背部深灰绿或黑色，腹部白色，无任何斑纹，体表无任何花纹（图1-23）。成年鳗鲡体长可达40～90cm，目前已知最大的日本鳗鲡长达150cm。鳗鲡为暖温性降河性洄游鱼类，广泛分布于日本北海道至菲律宾间的西太平洋淡水域，在我国大陆主要分布于渤海、黄海、东海、南海及其江河水域，在我国台湾各河口区与其中下游水系皆有分布。

图1-23　鳗鲡

（二）海洋鱼类

1. 日本真鲈

日本真鲈（学名：*Lateolabrax japonicus*）属于鲈形目，鮨科，花鲈属，又称花鲈、七星鲈鱼、鲁花、寨花。本鱼体延长，背部稍隆起，口端位，下颌稍突出于上颌，上下颌及犁骨皆长有绒毛状齿带，前鳃盖骨后缘具有锯齿；体被小栉鳞；体背部青灰色，两侧及腹部银白色，体侧上部有不规则的黑斑，背鳍、臀鳍鳍条及尾鳍边缘为灰黑色，体长可达102cm（图1-24）。日本真鲈属冷温性海淡水洄游鱼类，主要分布于太平洋西部。我国沿海及通海的淡水水体中均产之，以黄海、渤海较多。鲈鱼的品种较多，常见的鲈鱼主要包括四种，分别是海鲈鱼（日本真鲈）、松江鲈鱼、生活在淡水中的大口黑鲈（加州鲈鱼）和河鲈。

图 1-24 日本真鲈

2. 大黄鱼

大黄鱼（学名：*Pseudosciaena crocea*）属于鲈形目，石首鱼科，黄鱼属鱼类，俗称黄鱼、大黄花鱼、大鲜等。体长椭圆形，侧扁，体长 30 ~ 40cm。尾柄细长，其长为高的 3 倍多。头大而侧扁，背侧中央枕骨脊不明显。骸部有 4 个不明显的小孔。背鳍和臀鳍的鳍条基部三分之二以上被小圆鳞，背鳍起点在胸鳍起点的上方（图 1-25）。大黄鱼主要栖息于沿岸及近海沙泥底质水域，大多栖息于中底层水域，会进入河口区，主要以小鱼及虾蟹等甲壳类为食。当繁殖季节到来时，大黄鱼会群聚洄游至河口附近或岛屿以及内湾的近岸浅水域。大黄鱼广泛分布于西北太平洋水域，包括中国、日本、韩国、越南沿海，其在我国主要分布于黄海南部及东海水域。大黄鱼肉质鲜嫩，富含蛋白质，是鲜食佳品，不仅可供鲜销，还可制罐及加工成黄鱼鲞。大黄鱼鱼鳔可以干制成名贵食品——鱼肚。

图 1-25 大黄鱼

3. 小黄鱼

小黄鱼（学名：*Pseudosciaena polyactis*）属于鲈形目，石首鱼科，黄鱼属鱼类，俗称小黄花、小鲜、黄花鱼、花鱼等。本鱼体侧扁，口大，唇橘色。鱼体背部色较深，为黄褐色，腹部金黄色。尾柄细长，尾鳍楔形，与大黄鱼极为相似，背鳍硬棘 10 ~ 11 枚；背鳍软条 31 ~ 36 枚；臀鳍硬棘 2 枚；臀鳍软条 9 ~ 10 枚；脊椎骨 28 ~ 30 个，体长可达 40cm（图 1-26）。小黄鱼为暖温性底层结群洄游鱼类，主要食物为浮游甲壳类，也捕食十足类和其他幼鱼。小黄鱼分布于西北太平洋水域，包

图 1-26 小黄鱼

括中国、朝鲜及韩国沿海。在我国主要分布于渤海、东海及黄海南部。小黄鱼系中国4大海产经济鱼类之一，素为黄渤海和东海群众渔业和机轮拖网的主要捕捞对象，也是我国、韩国和日本共同利用的渔业资源。小黄鱼肉味鲜美，可供鲜食或腌制。

4. 鲆鱼类

我国鲆鱼的生产主要以养殖为主，包括褐牙鲆、大菱鲆、大西洋牙鲆和漠斑牙鲆等，其中养殖量最高的是褐牙鲆和大菱鲆。褐牙鲆（学名：*Paralichthys olivaceus*）是牙鲆科，牙鲆属鱼类，又名偏口、比目鱼等。体长椭圆形，很侧扁，背腹缘凸度相似。褐牙鲆为冷温性底层鱼类，分布于中国、朝鲜半岛、日本及俄罗斯库页岛等海区。在我国大陆自珠江口到鸭绿江口外附近海域均产，以黄渤海最常见；在我国台湾产于西南部、北部及澎湖海域。大菱鲆（学名：*Scophthalmus maximus*）是菱鲆科，菱鲆属鱼类，又名蝴蝶鱼、多宝鱼。身体扁平，体形略呈菱形。两眼位于头部左侧，右眼侧呈灰褐色、深褐色，有黑色和咖啡色的花纹隐约可见（图1-27）。大菱鲆主要分布于大西洋东侧的欧洲沿岸，我国山东地区养殖量最大。

图1-27 大菱鲆

5. 石斑鱼类

石斑鱼是石斑鱼亚科（Epinephelinae）鱼类的总称，世界上约有100种，我国有46种，可分为点带石斑鱼、赤点石斑鱼、青石斑鱼、斜带石斑鱼等，不同种类的石斑鱼体型差异较大（图1-28）。由于石斑鱼具有营养丰富、肉质鲜美、低脂肪、高蛋白等特点，在港澳地区被认为是我国四大名鱼之一，是高档筵席必备之上等食用鱼。其价格昂贵，具有很高的经济价值，是我国沿海地区重要的养殖鱼类之一。石斑鱼为重要的世界性海洋经济鱼类，主要分布于印度洋和太平洋的热带和亚热带海域，少数在温带水域，我国主要分布于南海和东海南部水域。

图1-28 石斑鱼

6. 海鳗

海鳗（学名：*Muraenesox cinereus*）属于鳗鲡目，海鳗科，海鳗属鱼类，俗名虎鳗、狼牙鳝等。体延长，躯干部近圆筒状，尾部侧扁。头大，锥状（图1-29）。海鳗为凶猛的底层鱼类，以虾、蟹、鱼类、乌贼、章鱼等为食，主要分布于印度洋至西太平洋水域，在我国广泛分布于各海区。海鳗肉细嫩鲜美，营养丰富，是经济价值很高的鱼类。除鲜销外，其干制品鳗鱼鲞是美味佳品，海鳗鳔可作鱼肚。海鳗还可加工成罐头或加工成烤鳗片，畅销国内外市场。由鳗鱼制成的鳗鱼鱼糜制品色白、弹性好、口味鲜美。

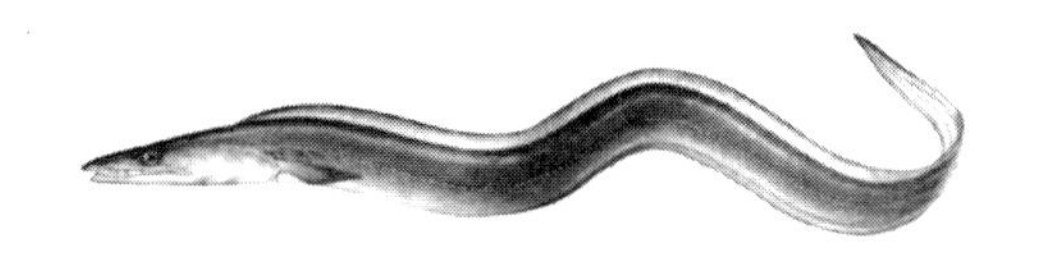

图 1-29 海鳗

7. 绿鳍马面鲀

绿鳍马面鲀（学名：*Thamnaconus septentrionalis*）属于鲀形目，单角鲀科，马面鲀属鱼类，俗名橡皮鱼、剥皮鱼、猪鱼、皮匠鱼。体较侧扁，呈长椭圆形，短，口小，牙门齿状。眼小、位高、近背缘。鳃孔小，大部分或几乎全部在口裂水平线之下。鳞细小，绒毛状。体呈蓝灰色，无侧线，体侧具不规则暗色斑块（图 1-30）。绿鳍马面鲀属于外海近底层鱼类，分布于我国东海、黄海、渤海、上海地区见于长江口等海域，也在朝鲜、日本、印度洋非洲东岸沿海有分布，为我国重要的海产经济鱼类之一。马面鲀肉质结实，除鲜销外，主要加工成调味干制品，也可加工成罐头食品、软罐头和鱼糜制品。鱼肝占体重 4% ~ 10%，含油率较高且出油率高，可作为鱼肝油制品的油脂来源之一。

图 1-30 绿鳍马面鲀

8. 蓝圆鲹

蓝圆鲹（学名：*Decapterus maruadsi*）属于鲈形目，鲹科，圆鲹属鱼类，也被称为红背圆鲹、刺巴鱼、棍子鱼、池鱼等。体纺锤形，稍侧扁，脂眼睑发达，仅瞳孔中央露一长缝。肩带下有屾沟。体被小圆鳞。侧线前部稍弯曲，直线部始于第 2 背鳍第 11 ~ 14 鳍条下方，侧线、直线部的全部或绝大部分具棱鳞。背部蓝灰色，鳃盖后上角与肩部共有一黑色小圆点，第 2 背鳍前部有一白斑（图 1-31）。蓝圆鲹为暖水性中上层鱼类，常栖息于沿岸或内湾沙泥地海域，吃一些浮游动物，如磷虾等。蓝圆鲹分布于我国

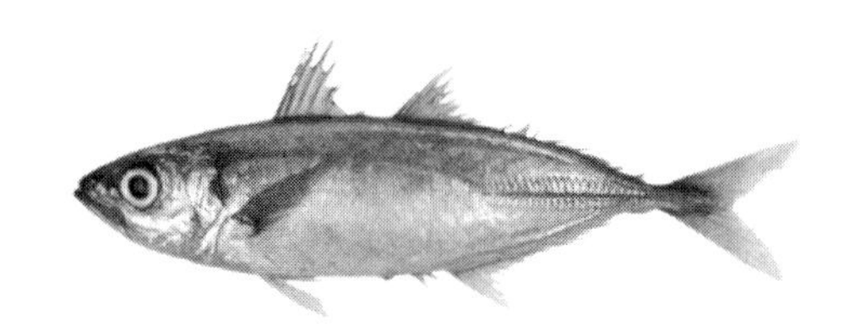

图 1-31 蓝圆鲹

图 1-32　金线鱼

沿海，东海和南海较多，为南海经济鱼类之一，主要产品形式为鲜品、冷冻品及盐干品。

9. 金线鱼

金线鱼（学名：*Nemipterus virgatus*）属于鲈形目，金线鱼科，金线鱼属鱼类，又名金线鲢、黄线、红三、红衫等。躯体椭圆稍延长，背腹缘皆钝圆。吻钝尖，口稍倾斜，体被小型栉鳞；全体背深红色，腹部较淡，体两侧各有6条明显的黄色纵带（图1-32）。金线鱼分布于北太平洋西部，我国产于南海、东海和黄海南部，其中南海产量较大。金线鱼肉质细嫩，可供鲜食或制成冷冻品、咸干品，也是鱼糜制品的主要原料。

10. 鳓鱼

鳓鱼（学名：*Ilisha elongata*）属于鲱形目，鲱科，鳓属鱼类，又名曹白鱼、鲞鱼、力鱼。鱼体侧扁，背窄，头中大，吻短钝；体被圆鳞，鳞片前部密布横沟线，后部边缘光滑；背鳍与臀鳍基部具鳞鞘；身体银白色，体背、吻端、背鳍和尾鳍呈淡黄色，其他各鳍白色（图1-33）。鳓鱼属暖水性中上层鱼类，分布于印度洋和太平洋西部，我国南海、东海、黄海和渤海均产之。鳓鱼肉质肥美，除鲜销外，大都加工成咸干品，如广东的“曹白鱼鲞”和浙江的“酒糟鲞”都久负盛名，少数也加工成罐头远销国外。

图 1-33　鳓鱼

参考文献

[1] 联合国粮食及农业组织. 2020世界渔业和水产养殖状况：可持续发展在行动[M]. 罗马，2020.

[2] 农业农村部渔业渔政管理局. 2019中国渔业统计年鉴[J]. 北京：中国农业出版社，2019.

[3] 章超桦，薛长湖. 水产食品学[M]. 3版. 北京：中国农业出版社，2018.

[4] 李明德. 鱼类分类学[M]. 天津：南开大学出版社，2013.

[5] 李里特. 食品原料学[M]. 2版. 北京：中国农业出版社，2012.

[6] 王卉. 海洋功能食品[M]. 青岛：中国海洋大学出版社，2019.

[7] FAO. Consumption of fish and fishery products[OL]. 2020. www.fao.org/fishery/statistics/globalconsumption/en.

[8] FAO. The State of World Fisheries and Aquaculture 2018–Meeting the Sustainable Development Goals. Rome[J]. 2018：224.

第二章

鱼肉加工原料的化学组成

第一节　蛋白质

蛋白质是一类复杂的大分子有机物质，分子量通常为 10^4 ~ 10^5，有时可达 10^6。蛋白质是细胞的主要成分，占细胞干重的 50% 以上，是生命生长或维持所必需的营养物质。某些蛋白质还可以作为生物催化剂（酶和激素），调节机体的生长、消化、代谢、分泌及能量转移等过程，如胰岛素、血红蛋白和生长激素。蛋白质还是机体内生物免疫作用所必需的物质（如免疫球蛋白）。此外，一些蛋白质也具有抗营养性质，如胰蛋白酶抑制剂。在食品加工过程中，蛋白质对食品的色、香、味及质构等方面有着重要的作用。为了满足人类对蛋白质的需要，不仅要寻找新蛋白质资源、利用新技术开发蛋白质，而且要充分利用现有的蛋白质资源。因此，我们需要了解蛋白质的物理、化学和生物学性质以及加工贮藏处理对蛋白质性质的影响。

一、蛋白质的化学组成

蛋白质在生命活动中的重要功能有赖于它的化学组成、结构和性质。

（一）蛋白质的元素组成

根据元素分析，蛋白质中含碳 50% ~ 55%、氢 6% ~ 8%、氧 19% ~ 24%、氮 3% ~ 19%。除上述四种元素外，大部分蛋白质还含有少量的硫元素，有些蛋白质还含有少量的磷、碘以及金属元素（如铁、铜、锰、锌等）。

所有蛋白质都含有氮，而且大部分蛋白质的氮含量接近且不变，平均为 16%。氮是蛋白质元素组成的重要特征，也是各种定氮法测定蛋白质含量的计算依据。因为动植物组织中的氮素主要来源于蛋白质，所以用定氮法测定的含氮量乘以 6.25 就是样品中蛋白质含量。

（二）蛋白质结构的基本单位

蛋白质是高分子有机化合物，结构复杂，种类繁多，但其水解的最终产物都是氨基酸，因此把氨基酸（amino acids）称为蛋白质结构的基本单位。

1. 氨基酸的结构

天然存在的氨基酸约 180 种，但组成蛋白质的氨基酸有 20 余种，称为基本氨基酸。其化学结构可用下列通式表示:

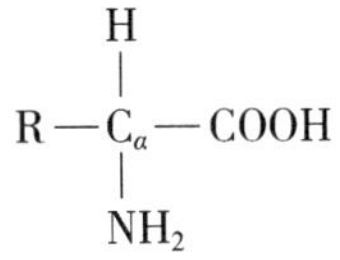

$$
\begin{array}{c}
\mathrm{H} \\
| \\
\mathrm{R} - \mathrm{C}_{\alpha} - \mathrm{COOH} \\
| \\
\mathrm{NH_2}
\end{array}
$$

由通式分析，各种基本氨基酸在结构上有下列共同特点。

① 组成蛋白质的基本氨基酸一般为 α-氨基酸，脯氨酸例外，为 X-亚氨基酸。

② 不同的 α-氨基酸，其 R 侧链不同。它对蛋白质的空间结构和理化性质有重要的影响。

③ 除 R 侧链为氢原子的甘氨酸外，其他氨基酸的 α-碳原子都是不对称碳原子（手性碳原子），可形成不同的构型，具有旋光性质。天然蛋白质中基本氨基酸皆为 L 型，故称为 L-α-氨基酸。为表示蛋白质或多肽的氨基酸组成结构，其中氨基酸的名称常用三字母或一个字母代号表示，见表 2-1。

表 2-1　20 种常见氨基酸的名称和结构式

中英文名称		英文缩写		结构式	等电点
非极性氨基酸	丙氨酸 Alanine	Ala	A	$CH_3-CH(^{+}NH_3)-COO^-$	6.02
	缬氨酸 * Valine	Val	V	$(CH_3)_2CH-CH(^{+}NH_3)COO^-$	5.97
	亮氨酸 * Leucine	Leu	L	$(CH_3)_2CHCH_2-CH(^{+}NH_3)COO^-$	5.98
	异亮氨酸 * Isoleucine	Ile	I	$CH_3CH_2CH(CH_3)-CH(^{+}NH_3)COO^-$	6.02
	苯丙氨酸 * Phenylalanine	Phe	F	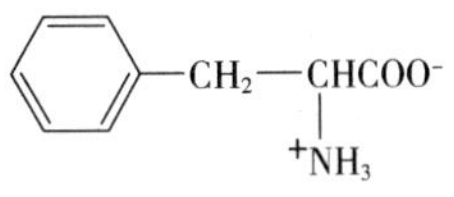 $C_6H_5-CH_2-CH(^{+}NH_3)COO^-$	5.48

续表

中英文名称		英文缩写		结构式	等电点
非极性氨基酸	色氨酸 * Tryptophan	Trp	W	(吲哚环)$—CH_2CH—COO^-$ $^+NH_3$ N—H	5.89
	甲硫氨酸 * Methionine	Met	M	$CH_3SCH_2CH_2—CHCOO^-$ $^+NH_3$	5.75
	脯氨酸 Proline	Pro	P	(吡咯烷环)$—COO^-$ $\overset{+}{N}$ H　H	6.30
非电离的极性氨基酸	甘氨酸 Glycine	Gly	G	$CH_2—COO^-$ $^+NH_3$	5.97
	丝氨酸 Serine	Ser	S	$HOCH_2—CHCOO^-$ $^+NH_3$	5.68
	苏氨酸 * Threonine	Thr	T	$CH_3CH—CHCOO^-$ OH　$^+NH_3$	6.53
	半胱氨酸 Cysteine	Cys	C	$HSCH_2—CHCOO^-$ $^+NH_3$	5.02
	酪氨酸 Tyrosine	Tyr	Y	HO—(苯环)$—CH_2—CHCOO^-$ $^+NH_3$	5.66
	天冬酰胺 Asparagine	Asn	N	O ‖ $H_2N—C—CH_2CHCOO^-$ $^+NH_3$	5.41
	谷氨酰胺 Glutamine	Gln	Q	O ‖ $H_2N—C—CH_2CH_2CHCOO^-$ $^+NH_3$	5.65

续表

中英文名称		英文缩写		结构式	等电点
碱性氨基酸	组氨酸 Histidine	His	H	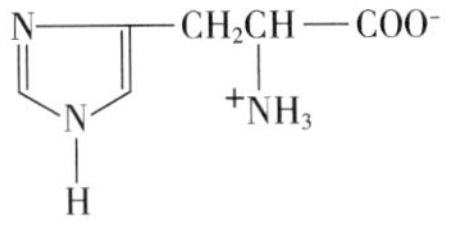 $(C_3H_2N_2H)-CH_2CH(^{+}NH_3)-COO^-$	7.59
	赖氨酸 * Lysine	Lys	K	$^{+}NH_3CH_2CH_2CH_2CH_2CH(NH_2)COO^-$	9.74
	精氨酸 Arginine	Arg	R	$H_2N-C(=^{+}NH_2)-NHCH_2CH_2CH_2CH(NH_2)COO^-$	10.76
酸性氨基酸	天冬氨酸 Aspartic acid	Asp	D	$HOOCCH_2CH(^{+}NH_3)COO^-$	2.97
	谷氨酸 Glutamic acid	Glu	E	$HOOCCH_2CH_2CH(^{+}NH_3)COO^-$	3.22

注：带“*”为必需氨基酸。

2. 氨基酸的分类

蛋白质的许多性质、结构和功能等都与氨基酸的侧链R基团密切相关，因此，目前常以侧链R基团的结构和性质作为氨基酸分类的基础。

（1）非极性R基氨基酸

这类氨基酸共八种，包括脂肪族氨基酸（丙氨酸、缬氨酸、亮氨酸、异亮氨酸和甲硫氨酸），芳香族氨基酸（苯丙氨酸），杂环氨基酸（脯氨酸和色氨酸）。非极性氨基酸的R基具有疏水性，所以这类氨基酸在水中的溶解度比极性R基氨基酸小。

（2）极性不带电荷R基氨基酸

这类氨基酸的特点是比非极性不带电荷的R基氨基酸容易溶解。此类氨基酸共有7种，包括3种含羟基氨基酸（丝氨酸、苏氨酸和酪氨酸），2种含酰胺类氨基酸（天冬酰胺和谷氨酰胺）以及含有巯基的半胱氨酸与甘氨酸。

（3）带负电荷的R基氨基酸

这类氨基酸都含有两个羧基，在生理条件下分子带负电，是一类酸性氨基酸。

此类氨基酸共有两种，即谷氨酸和天冬氨酸。

（4）带正电荷的 R 基氨基酸

这类氨基酸的特征是在生理条件下带正电荷，是一类碱性氨基酸。此类氨基酸共有三种，即赖氨酸、精氨酸和组氨酸。

除上述 20 种基本氨基酸外，蛋白质组成中还存在少数特殊氨基酸，这些特殊氨基酸在蛋白质生物合成中没有译码，是由相应的氨基酸残基经过加工修饰而成，如羟脯氨酸、羟赖氨酸和胱氨酸等。生物界中还发现了超过 150 种的非蛋白质氨基酸，它们通常以游离或结合的形式而非以蛋白质的形式存在。它们中的一些氨基酸在代谢过程中起着重要的前体或中间体作用。例如，苯丙氨酸是构成维生素泛酸的成分；D-型苯丙氨酸与抗生素短杆菌肽 S 的合成有关；同型半胱氨酸是甲硫氨酸代谢的产物。目前有一些非蛋白质氨基酸已应用于临床治疗。

（三）蛋白质的分类

蛋白质的种类繁多，功能复杂，为了方便研究和掌握，在蛋白质研究的不同历史时期，出现了多种分类方法。不管是根据其分子结构、化学成分和溶解性不同等特点进行的分类，还是根据其功能的不同而进行的粗略分类，这些分类方法都反映了当时的研究重点和水平。蛋白质主要分类方式如下。

1. 根据分子形状分类

① 球蛋白（globular protein）是一种长、短轴比小于 10 的蛋白质分子。生物学中，大多数蛋白质都是球状蛋白，通常可溶于水，具有特定的生物活性，如酶、免疫球蛋白等。

② 纤维状蛋白（fibrous protein）是指长、短轴比为 10 以上的蛋白质分子。这种蛋白质通常不溶于水，多为有机体组织的结构物质，如头发中的角蛋白、结缔组织中的胶原蛋白、弹力蛋白和丝心蛋白等。

2. 根据化学组成分类

① 单纯蛋白（simple protein）的完全水解产物仅为氨基酸，如清蛋白、球蛋白、组蛋白、精蛋白、硬蛋白和植物谷蛋白等。

② 结合蛋白（conjugated protein）由单纯蛋白与非蛋白部分组成。非蛋白部分称为辅基（prosthetic group），根据辅基不同可分为核蛋白、糖蛋白、色蛋白、脂蛋白、磷蛋白和金属蛋白等。

3. 根据溶解度分类

① 可溶性蛋白是指可溶于水、稀中性盐和稀酸溶液的蛋白质。如清蛋白、球蛋白、组蛋白和精蛋白等。

② 醇溶性蛋白，如醇溶谷蛋白，它不溶于水、稀盐，而溶于70%~80%的乙醇。

③ 不溶性蛋白是指不溶于水、中性盐、稀酸、碱和一般有机溶剂的蛋白质。如角蛋白、胶原蛋白、弹性蛋白等。

4. 根据功能分类

近年来，对蛋白质的研究已发展到深入探索蛋白质的功能与结构的关系，以及蛋白质—蛋白质（或其他生物大分子）相互关系的阶段，因此出现了根据蛋白质的功能进行分类的方法。

① 活性蛋白质（active protein），此类蛋白大多为球状蛋白，其特征在于具有识别功能（即它们具有与其他分子结合的功能），包括生命活动过程中所有活性蛋白及其前体蛋白中的大部分。

② 非活性蛋白质（passive protein），指的是一大类起保护和支持作用的蛋白质，包括按分子形状分类中的纤维状蛋白和按溶解度分类中的不溶性蛋白。

二、蛋白质的分子结构

（一）蛋白质的一级结构

蛋白质的一级结构（primary structure）是指由肽键（peptide bond）结合在一起的氨基酸残基的排列顺序。少数蛋白质中氨基酸残基数目为几十个，大多数的蛋白质含有100~500个残基，一些不常见蛋白质的残基数可多达几千个。然而，某些蛋白质的一级结构仍未完全确定。

肽键是蛋白质分子中基本的化学键，它是由一分子氨基酸的 α 羧基与另一分子氨基酸的 α 氨基缩合脱水而成。其结构如下:

$$H_2N-\underset{\displaystyle R_1}{\underset{|}{CH}}-\overset{\displaystyle O}{\overset{\|}{C}}-\underset{\displaystyle H}{\underset{|}{N}}-\underset{\displaystyle R_2}{\underset{|}{CH}}-COOH$$

肽键也称酰胺键，氨基酸通过肽键相连的化合物称之为肽。其中，含有两个氨基酸的肽段叫作二肽，三个氨基酸的肽段叫作三肽，等等。通常将由10个氨基酸以下组成的肽段称为之寡肽（oligopeptides），由超过 10 个氨基酸组成的肽段称之为多肽或多肽链（polypeptide）。

由于参与肽键的形成，肽链中的氨基酸已非原来完整的氨基酸分子，这种不完整的氨基酸分子被称为氨基酸残基（residue）。肽链中的骨干是由氨基酸的羧基与氨基形成的肽键部分规则地重复排列而成，称为共价主链；R 基部分，称为侧链。蛋白质分子结构可含有一条或多条共价主链和许多侧链。

肽链的结构具有方向性。一条肽链有两个末端，含自由 α 氨基一端称为氨基酸末端或 N 末端；含自由 α 羧基一端称为羧基末端或 C 末端。体内多肽和蛋白质生物合成时，是从 N 末端开始，延长到 C 末端终止；因此，N 末端被定为肽链的起点，故多肽链结构的书写通常是将 N 端写在左边，C 端写在右边。肽链的命名缩写均从 N 端到 C 端。

蛋白质分子中的顺序异构现象可解释为什么仅 20 种氨基酸却构成了自然界种类繁多的不同蛋白质。根据排列理论计算，由两种不同氨基酸组成的二肽仅有异构体两种；而由 20 种不同氨基酸组成的二十肽，其顺反异构体则有 2×10^{18} 种，这才仅仅是一个分子质量约 2600Da 的肽链；1953 年，Sanger 等测定了牛胰岛素的氨基酸顺序，在生物化学领域是一项划时代的重大突破，它首次揭示了蛋白质的氨基酸序列。目前，蛋白质氨基酸序列越来越精确，研究结果表明：每一种蛋白质都有其特定且严格的氨基酸种类、数量和排列顺序。部分蛋白质和肽类氨基酸的数量列于表 2-2。

表 2-2　部分蛋白质和多肽含氨基酸数

蛋白质或多肽	氨基酸数	蛋白质或多肽	氨基酸数
加压素	9	血红蛋白	574
胰高血糖素	29	γ 球蛋白	1250
胰岛素	51	谷氨酸脱氢酶	8300
核糖核酸酶	124	脂肪酸合成酶	20000
干扰素	166	烟草花叶病毒	33650

蛋白质一级结构，即蛋白质是由不同的氨基酸种类、数量和排列顺序通过肽键而构成的高分子有机含氮化合物。它是蛋白质作用的特异性、空间结构的差异性和生物学功能多样性的基础。除肽键外，蛋白质一级结构中还含有少量的二硫键，它是由两分子半胱氨酸残基的巯基脱氢形成，可存在于肽链内，也可存在于肽链间，如胰岛素是由两条肽链经二硫键连接而成。

（二）蛋白质的构象

蛋白质分子的构象（conformation）又称空间结构、立体结构、高级结构和三维构象等。它是指蛋白质分子中原子和基团在三维空间上的排列、分布及肽链的走向。蛋白质分子的构象是建立在一级结构之上的，也是表达蛋白质生物学功能和活性的必要条件。蛋白质分子的构象可分为二级、三级和四级结构三个层次。

1. 维持蛋白质构象的化学键

蛋白质空间构象的形成与维持依靠于分子中的各类化学键。蛋白质一级结构的主要化学键是肽键与少量的二硫键，这些共价键因键能大，其稳定性也较强；而维持蛋白质构象的化学键则主要是一些次级键，也称为副键，它们是蛋白质分子主链和侧链上的极性、非极性和离子基团等相互作用形成的。一般而言，次级键的键能较小，稳定性也较差，但其数量众多；因此，次级键在维持蛋白质分子的空间构象中起着非常重要的作用。次级键主要包括氢键、疏水键、盐键、配位键和范德瓦尔斯力等。

（1）氢键（hydrogen bond）

氢键由连接在一个电负性大的原子上的氢与另一个电负性大的原子相互作用而形成。氢键数量最多，是最重要的次级键，但氢键键能较弱，一般在40kJ/mol以下，比化学键低1～2个数量级。一般多肽链中主链骨架上的羰基氧原子与亚氨基氢原子所生成的氢键是维持蛋白质二级结构的主要次级键，而侧链间或主链骨架间所生成的氢键则是维持蛋白质三、四级结构所必需的。

（2）疏水键（hydrophobic bond）

疏水键是由两个非极性基团因避开水相而群集在一起的作用力。蛋白质分子中一些疏水基团因避开水相而互相黏附并藏于蛋白质分子内部，这种相互黏附形成的疏水键是维持蛋白质三、四级结构的主要次级键。

（3）盐键（ionic bond）

盐键又叫离子键。它是蛋白质分子中带正电荷基团和带负电荷基团之间静电吸引所形成的化学键。

（4）配位键（coordination bond）

配位键是两个原子由单方面提供共用电子对所形成的化学键。部分蛋白质含金属离子，如胰岛素含有锌离子、细胞色素含有铁离子等。蛋白质与金属离子结合中常含有配位键，并参与维持蛋白质的三、四级结构。

（5）二硫键（disulfide bond）

二硫键是两个硫原子间所形成的化学键。在蛋白质分子中，它是两个半胱氨酸侧链的巯基脱氢形成。二硫键是较强的化学键，它对稳定具有二硫键蛋白质的构象有重要作用。

（6）范德华力（van der waals force）

范德华力是存在于中性分子或原子之间的一种弱碱性的电性吸引力。其在蛋白质内部非极性结构中较重要，在维持蛋白质分子的高级结构中也是一个重要的作用力。

2. 蛋白质的二、三、四级结构

（1）二级结构（secondary structure）

蛋白质的二级结构是指多肽分子通过氢键作用，形成一个方向上的具有周期结构的构象，主要是螺旋结构（以α-螺旋为主，π-螺旋和γ-螺旋等）和β结构（以β-折叠、β-弯曲为主）。此外，还存在不对称轴或对称面的无规卷曲结构。在蛋白质二级结构中，氢键对构象稳定性起重要作用。

（2）三级结构（tertiary structure）

蛋白质的三级结构是指多肽链借助各种力进一步折叠卷曲，形成紧密而复杂的球形分子。作用于稳定蛋白质的三级结构有氢键、离子键、二硫键和范德瓦尔斯力等。大多数球形蛋白质分子中，极性氨基酸的R基通常位于分子表面，而非极性氨基酸的R基则位于分子内部，以避免与水接触。但是也有一些例外，比如一些脂蛋白中的非极性氨基酸却在分子表面分布很广。

（3）四级结构（quaternary structure）

蛋白质的四级结构是两个或两个以上的多肽链以特定的方式结合，形成具有生物活性的蛋白质；其中，每一个多肽链有它自己的一、二、三级结构。通常称每一个肽链为亚基，它们可以相同也可以不同。多肽之间的作用主要为氢键和疏水作用。当蛋白质的疏水性氨基酸摩尔比大于30%时，其四级结构形成的趋势比疏水性氨基酸含量少的更强。

三、鱼类蛋白及其特性

鱼类的肌肉及其他可食部分富含蛋白质，并含有脂肪、多种维生素和无机质，含少量的糖类（表2-3）。鱼类作为食物来源对人类调节和改善食物结构，供应人体健康所必需的营养素，起着重要的作用。一般鱼肉含有15%~22%的粗蛋白质，且因种类、季节而异。鱼类的蛋白质含量与牛肉、半肥瘦的猪肉、羊肉相近，但脂肪含量低；按干基计，鱼类蛋白质含量高达60%~90%，而猪、牛、羊因脂肪多，干物质中蛋白质含量仅15%~60%。因此，水产品是一种高蛋白、低脂肪和低热量食物。

表2-3 常见鱼类一般营养成分 单位：%

种类	名称	水分	粗蛋白	粗脂肪	糖类	无机盐
海水鱼类	大黄鱼	81.1	17.6	0.8	—	0.9
	带鱼	74.1	18.1	7.4	—	1.1
	鲐	73.2	20.2	5.9	—	1.1
	鲐	70.4	21.4	7.4	—	1.1
	海鳗	78.3	17.2	2.7	0.1	1.7
	牙鲆	77.2	19.1	1.7	0.1	1.0
	鲨鱼	70.6	22.5	1.4	3.7	1.8
	马面鱼	79.0	19.2	0.5	0.0	1.7
	蓝圆鲹	71.4	22.7	2.9	0.6	2.4
	沙丁鱼	75.0	17.0	6.0	0.8	1.2
	竹鱼	75.0	20.0	3.0	0.7	1.3
	真鲷	74.9	19.3	4.1	0.5	1.2
淡水鱼类	鲤鱼	77.4	17.3	5.1	0.0	1.0
	鲫鱼	85.0	13.0	1.1	0.1	0.8
	青鱼	74.5	19.5	5.2	0.0	1.1
	草鱼	77.3	17.9	4.3	0.0	1.0
	白鲢	76.2	18.6	4.8	0.0	1.2
	花鲢	83.3	15.3	0.9	0.0	1.0
	鲂	73.7	18.5	6.6	0.2	1.0
	鲥	64.7	16.9	17.0	0.4	1.0
	大马哈	76.0	14.9	8.7	0.0	1.0

（一）鱼类肌肉组织

鱼肉由普通肉（ordinary muscle）和深色肉（dark muscle）组成。它的骨骼肌属于横纹肌，但与畜肉不同，它是由大多数肌隔膜分开的肌节重叠而成（图 2-1）。

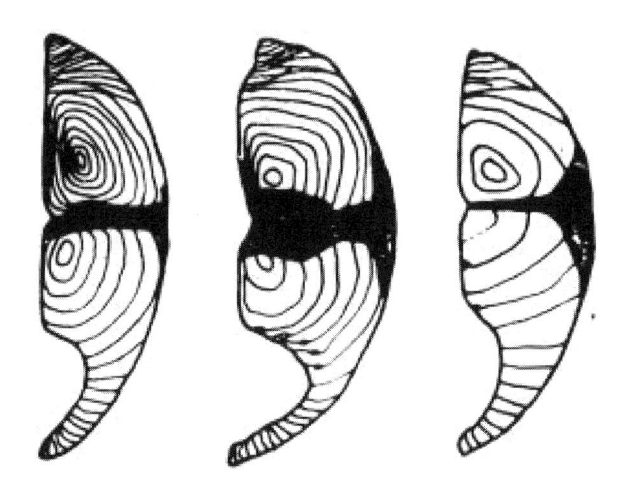

图 2-1　鱼肉的组织

鱼类肌肉的肌节由直径为 50 ~ 250μm 的细长纤维组成，肌纤维中大部分为肌原纤维，彼此间呈明暗相间的条纹（图 2-2）。深色肉质主要分布在体侧线表面和背侧部、腹侧部之间，深色肉质肌肉纤维较细，富含色素蛋白，如血红蛋白、肌红蛋白等；鱼体内的深色肉质因品种不同而不同。一般而言，活动性强的中上层鱼类，从其鱼体的侧面线下沿水平隔膜的两侧延伸到脊椎周围处，肉色多较暗，如红鱼、黄鱼、沙丁鱼、金枪鱼等。位于外表面和脊椎附近的鱼肉统称为深色肉质。低活性

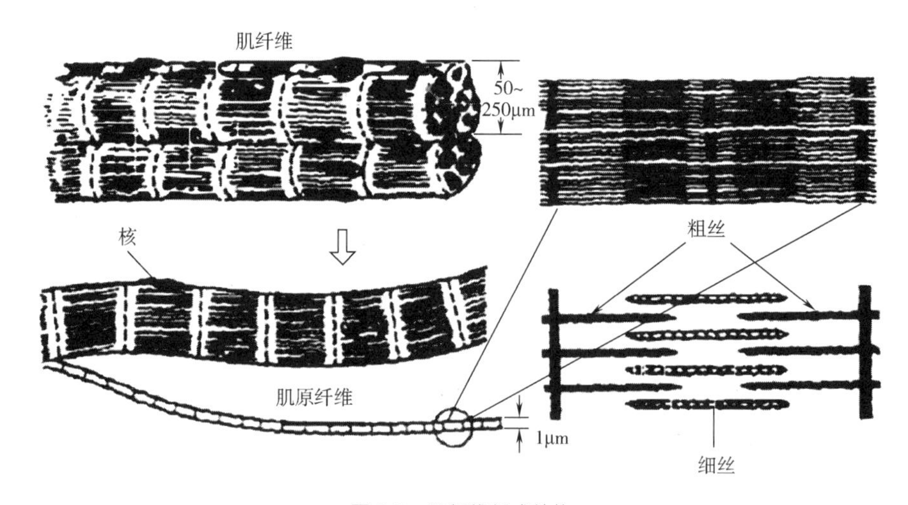

图 2-2　肌纤维组成结构

底层鱼的暗色肉质较少，如鳕、鲽、鲷、鲤等。对于易运动的鱼，其普通肉类中也含有大量的肌红蛋白和细胞色素等色素蛋白，因此会呈现出不同程度的红色，即通常所说的红肉，这种鱼有时也被称为红肉鱼，例如，鲤鱼和金枪鱼等。将淡色的普通肉类或白色肉类的鱼称为白肉鱼。深色肉除含有较多的色素蛋白外，还含有较多的脂质、糖原、维生素和酶等物质，在生理上可适应缓慢而持续的游走运动；而普通肉则相反，主要适于捕食、跳跃、躲避天敌等快速运动。从食用价值和加工贮藏性来看，深色肉比白肉低。

（二）鱼肉的蛋白质分类

鱼类的肌肉蛋白质可大致分为肌原纤维蛋白、肌浆蛋白和肌基质蛋白三大类，也可根据其对不同溶剂的溶解性不同而分为水溶性蛋白、盐溶性蛋白和不溶性蛋白。

（1）肌原纤维蛋白

肌原纤维蛋白由肌球蛋白、肌动蛋白和肌钙蛋白等组成，其中肌钙蛋白是调节蛋白。肌肉纤维中粗、细肌丝的主要成分是肌球蛋白和肌动球蛋白，在 ATP 的作用下，两者均可形成肌动球蛋白，其与肌肉收缩和死后僵硬有关。肌浆中肌球蛋白的分子质量为 5.0×10^5Da 左右，肌动蛋白为 4.5×10^4Da 左右，这两种蛋白是肌纤维蛋白的主要成分。其他类型的调节蛋白数量较少，该类蛋白对鱼类加工贮藏过程中的品质有一定的影响，如原肌球蛋白等。肌球蛋白分子由重链和轻链两部分组成，轻链通常有 2 或 3 条（白色肉质为 3 条，深色肉质为 2 条），其分子量不同。采用 SDS-PAGE 分离肌原纤维蛋白，并用凝胶电泳对其进行测定，可得到按分子量大小排序的肌原纤维蛋白组分的电泳图谱。不同鱼类肌球蛋白轻链的分子量各不相同，而在同一鱼种中则相同，因此，轻链的种特异性可用于鱼种分类的鉴定。肌球蛋白和肌动蛋白是鱼体主要的盐溶性蛋白具有分解腺苷三磷酸酶（ATPase）的活性。在冻藏和加热期，两种蛋白质会发生变性，进而导致 ATP 酶活性下降或消失；此时，盐溶液中肌球蛋白的溶解度也有所下降。肌球蛋白和肌动蛋白都是判断肌蛋白变性的重要指标之一。在鱼糜制作过程中，加入 2.5% ~ 3.0%盐水进行擂溃作用的主要目的是利用氯化钠溶液从被击溃的肌原纤维细胞中溶解肌球蛋白，使之形成弹性凝胶。

（2）肌浆蛋白

肌浆蛋白是存在于肌肉细胞肌浆中的各种水溶性（或稀盐类溶液中可溶的）蛋白质的总称，种类复杂，其中很多是与代谢有关的酶蛋白。常利用一些如乳酸脱氢酶、磷酸果糖激酶、醛缩酶等同工酶的种类特异性，来进行鱼种或原料鱼的种类鉴定。各种肌浆蛋白的分子质量一般在 $1.0\times10^4 \sim 3.0\times10^4$Da 之间。在低温储藏和加热处理过程中，肌浆蛋白较肌原纤维蛋白稳定，其热凝温度较高。此外，色素蛋白的肌红蛋白亦存在于肌浆中。运动性强的洄游性鱼类暗色肌或红色肌中的肌红蛋白含量高，是区分暗色肌与白色肌（普通肌）的主要标志。

(3) 肌基质蛋白

肌基质蛋白包括胶原蛋白和弹性蛋白，是构成结缔组织的主要成分。两者均不溶于水和盐类溶液，在一般鱼肉结缔组织中，前者含量高于后者 4 ~ 5 倍。胶原是由多数原胶原分子组成的纤维状物质，当胶原纤维在水中加热至 70℃及以上温度时，构成原胶原分子的 3 条多肽链之间的交联结构就会受到破坏，进而成为溶解于水的明胶。在肉类加热或鳞皮等熬胶的过程中，胶原被溶出的同时，肌肉结缔组织也会受到破坏，肌肉组织会变得软烂且易于咀嚼。此外，在鱼肉细胞中还存在一种称为结缔蛋白的弹性蛋白，以及鲨鱼翅中存在的类弹性蛋白，这些蛋白质与胶原有着近似的性质。

（三）鱼类蛋白质与氨基酸含量

鱼类的蛋白质主要分布在肌纤维、肌浆和肌基质中。肌基质主要有胶原蛋白和弹性蛋白，硬骨鱼的肌基质蛋白中只占 3%，而软骨鱼含量也不超过 10%，较家畜肉的 20%含量更少，因此鱼肉组织比畜肉更松软，更易于咀嚼和消化。鱼肉蛋白质的氨基酸组成、必需氨基酸组成和含量都很接近，虽然缺乏甘氨酸，但仍然是营养价值很高的完全蛋白质。

淡水鱼是良好的蛋白质来源，一般鱼类中含有人体必需的 8 种氨基酸，鲢鱼中还含有婴幼儿所必需的组氨酸。大西洋鲑富含蛋白质和脂肪，是一种营养基质较高的淡水养殖鱼类。表 2-4 所示，陆封型大西洋鲑肌肉中粗蛋白含量高于其他四种鱼类，但略低于虹鳟，其肌肉中氨基酸种类丰富且含量高，每 100g 鲜鱼肉中 18 种氨基酸含量高达 18.40g，其中必需氨基酸含量高达 9.96%，远高于虹鳟和青鱼、鲫鱼、鲤鱼和草鱼等淡水鱼类。

表 2-4　几种鱼类肌肉中蛋白质含量　　单位：%

鱼名称	水分	粗蛋白	鱼名称	水分	粗蛋白
大西洋鲑（2 龄）	76.3	19.85	草鱼	78.7	17.9

续表

鱼名称	水分	粗蛋白	鱼名称	水分	粗蛋白
大西洋鲑（3龄）	74.74	20.20	鲤鱼	78.9	18.2
虹鳟	73.6	20.5	鲫鱼	78.63	17.26
黄鱼	78.1	19.5			

海水鱼类也是优质的蛋白质来源。表 2-5 分析了海水鱼肌肉蛋白质的氨基酸组成情况，其中条纹斑竹鲨肌肉的粗蛋白含量为 21.7%（干基 70.8%），第一限制性氨基酸为色氨酸。条纹斑竹鲨肌肉所含总氨基酸中有 40.0%的必需氨基酸，是高营养价值的蛋白质食物来源。与远东拟沙丁鱼、竹筴鱼、真鲷、鲐鱼和鲣鱼的氨基酸组成比较，条纹斑竹鲨除了甘氨酸、胱氨酸含量较高外，而精氨酸、谷氨酸、脯氨酸含量基本相同，其余氨基酸含量均低于上述四种鱼类。

表 2-5　海水鱼肌肉中蛋白质的氨基酸组成　　单位：g/100g

氨基酸	鲐		鲣		远东拟沙丁鱼	竹筴鱼	真鲷	条纹斑竹鲨
	普通肉	血合肉	普通肉	血合肉				
甘氨酸	3.8	4.3	3.0	3.9	5.6	5.0	5.3	6.9
丙氨酸	5.9	5.7	6.5	7.1	7.3	7.2	6.9	6.4
缬氨酸	7.8	7.6	9.4	9.0	7.4	7.1	6.9	4.9
亮氨酸	7.4	8.2	8.9	9.4	9.3	9.1	9.1	7.8
异亮氨酸	7.4	7.4	6.6	6.2	6.0	6.1	6.4	4.8
丝氨酸	5.0	4.8	5.3	4.5	5.1	4.8	4.9	3.4
苏氨酸	5.2	5.1	5.8	5.7	5.6	5.6	5.7	4.2
甲硫氨酸	3.2	3.2	3.5	3.2	3.6	3.6	3.7	2.7
胱氨酸	—	—	—	—	—	—	—	0.8
天冬氨酸	11.5	9.5	10.3	10.2	11.2	10.8	10.8	9.4
谷氨酸	13.4	11.5	14.3	12.9	13.7	15.8	14.5	14.3
酪氨酸	4.0	3.7	4.2	4.0	4.4	4.6	4.4	2.8
苯丙氨酸	4.4	4.7	4.5	5.2	4.7	4.9	5.0	4.0
脯氨酸	3.5	3.6	3.6	3.8	4.0	4.1	4.3	4.3
色氨酸	1.2	1.4	1.3	1.4	1.3	1.3	1.4	0.8

续表

氨基酸	鲐		鲣		远东拟沙丁鱼	竹筴鱼	真鲷	条纹斑竹鲨
	普通肉	血合肉	普通肉	血合肉				
精氨酸	5.9	6.7	6.3	6.2	6.9	6.8	7.0	6.9
赖氨酸	10.0	9.2	11.2	10.6	11.0	10.7	10.0	8.7
组氨酸	3.4	2.6	3.9	3.5	2.5	2.3	2.4	1.8

（四）鱼肉必需氨基酸

水产动物的必需氨基酸含量与组成均优于畜禽动物（见表2-6），鱼类蛋白质中的赖氨酸、精氨酸和谷氨酸等呈味氨基酸的含量均要高于牛肉、羊肉和猪肉等。我国的鲢鱼、鲫鱼与牛肉的呈味氨基酸含量明显高于其他经济动物种类，因此，这些肉类的滋味更加鲜美。

表2-6　主要水产经济鱼类及畜禽类动物的必需氨基酸含量（湿基）

种类	名称	粗蛋白/%	必需氨基酸占氨基酸总量/%	异亮酸/（mg/kg）	亮氨酸/（mg/kg）	赖氨酸/（mg/kg）	甲硫氨酸/（mg/kg）	苯丙氨酸/（mg/kg）	苏氨酸/（mg/kg）	色氨酸/（mg/kg）	缬氨酸/（mg/kg）
鱼类	青鱼	21.2	44.8	8720	16760	16130	5380	8230	8590	3110	9770
	鲢鱼	19.6	47.7	6100	16500	19300	5600	8500	8800	1630	1050
	鲤鱼	18.6	45.3	7860	14340	16680	6670	6100	7560	2400	8730
	鲫鱼	21.5	47.3	8200	16490	19630	6210	10610	8910	2900	10130
	大黄鱼	16.6	46.8	7360	12220	13710	4460	5920	7450	2090	8090
	带鱼	18.2	48.1	7870	14440	16870	5600	8200	8730	1740	8720
畜禽类	鸡蛋	12.7	41.7	5430	9260	7140	3200	5940	4290	1740	6040
	鸡肉	18.5	41.2	7020	11000	13120	4640	8370	6430	1720	7280
	牛肉	18.7	47.3	7940	14790	16030	5530	9170	4290	1150	8930
	羊肉	18.2	42.7	7160	12900	12730	3720	7830	6950	1710	8240
	猪肉	17.8	42.6	8400	14700	15750	3760	7140	7060	1860	7960

（五）鱼类蛋白质的营养价值

鱼类等水产品和其他动物蛋白质一样，含有必需氨基酸的种类、数量均一平衡。

在多数动物和人体营养试验中，测定的蛋白质生理价值（biological value，BV）和净利用率（net protein utilization，NPU）数值表明，鱼类蛋白质具有良好的营养价值。如一些鱼类蛋白质的BV和NPU测定值在75 ~ 90，与牛肉、猪肉等的测定值相同。以食物蛋白质中必需氨基酸化学分析的数值为依据，通过各种鱼类蛋白质的氨基酸评分模式（amino acid scoring pattern，AAS）可以评定其营养价值；多数鱼类的AAS值均为100，与猪肉、鸡肉、禽蛋的相同，而高于牛肉和牛奶；但鲣、鲐、鲕、鲆、鲽等部分鱼类的AAS值低于100，在76 ~ 95的范围内。它们的第一限制氨基酸大多是含硫氨基酸，少数是缬氨酸。鱼类蛋白质的赖氨酸含量特别高，因此，对于大米、面粉等第一限制氨基酸为赖氨酸的食品，可以通过互补作用，有效地改善食物蛋白质的营养。此外，鱼类蛋白质消化率可达97% ~ 99%，与蛋、奶相同，而高于畜产肉类。

第二节　脂质

脂肪（fat）是我们熟悉的食品营养成分。大多数脂类都是脂肪酸的衍生物，而大多数脂肪酸以酯的形式存在于一些较小的脂类基团中。部分脂质是组成细胞和亚细胞生物膜的基本单元。这种脂质存在于所有食物中，但其含量通常低于2%。然而，即使它们作为次要的食品成分，也值得特别注意，因为它们也影响到了食品的感官质量。在日常生活中，脂肪含量高的食品易变质，油在高温下长时间加热，还会变得黏稠、多泡沫，造成品质下降。出现这些问题的原因都是源于脂质的基本性质。

一、脂质概述

（一）脂质的定义和作用

脂质（lipids）是生物体内一大类不溶于水，而溶于大部分有机溶剂的疏水性物质。其中99%左右的是脂肪酸甘油酯或三酰基甘油（triacylglycerol，TG），即俗称的脂肪。习惯上将在室温下呈固态的脂肪称为脂（fat），呈液态的称为油（oil）。脂肪是食品中重要的营养成分。脂质中还包括少量的非酰基甘油化合物，如磷脂、甾醇、糖脂、类胡萝卜素等。由于脂质化合物种类繁多，结构各异，故很难用一句话来对其定义，但脂质化合物通常具有以下共同特征：①不溶于水而溶于乙醇、石油醚、氯仿、丙酮等有机溶剂；②大多具有酯的结构，并以脂肪酸形成的酯最多；③均由生物体产生，并能被生物体利用（与矿物油不同）。脂肪是食品中重要的组成成分也是人类不可缺少的营养素。与同质量的蛋白质和糖类相比，脂肪所含的热量最高，每克脂肪能提供39.58kJ的热能，并提供必需脂肪酸，是脂溶性维生素的载体，赋予食品滑润的口感、光润的外观和油炸食品的香酥风味。

（二）脂肪酸的结构

1. 饱和脂肪酸

饱和脂肪酸（saturated fatty acid），指不含不饱和双键的脂肪酸，是构成脂质的基本成分之一。一般来说，动物性脂肪如牛油、奶油和猪油比植物性脂肪含饱和脂肪酸多。食用油脂中天然存在的饱和脂肪酸主要是长链（碳数≥4）、直链脂肪酸，但在乳脂中含有一定数量的短链脂肪酸。

2. 不饱和脂肪酸

食用油脂中天然存在的不饱和脂肪酸（unsaturated fatty acid）常含有一个或多个烯丙基[$\left(CH=CH-CH_2\right)_n$]结构单元，两个双键之间夹有一个亚甲基（非共轭），双键多为顺式。在油脂加工和储藏过程中部分双键会转变为反式，并出现共轭双键。有些脂肪酸具有特殊的生理作用，是人体内不可缺少的，但人体自身不能合成，必须从食物中摄取，这类脂肪酸被称为必需脂肪酸（essential fatty acids，EFA），如亚油酸和亚麻酸。

饱和脂肪酸的摄入量与冠心病的发病率和死亡率呈正相关；而不饱和脂肪酸具有降血脂和防止动脉硬化的作用。世界卫生组织（WHO）的调查表明：地中海地区居民的膳食中，主要以富含单不饱和脂肪酸——油酸为主的橄榄油为食用油，虽然他们的脂肪摄入量也很高，但其心血管疾病发病率却明显低于欧洲其他国家。这是因为单不饱和脂肪酸能降低低密度脂蛋白胆固醇（LDL-C）的含量。一般认为单不饱和脂肪酸可以增加LDL受体的活性，从而使血液循环中LDL的清除加快，使血清中LDL-C的含量降低。此外，单不饱和脂肪酸对胆固醇具有拮抗作用，多不饱和脂肪酸也有类似的作用。

（三）脂肪酸的命名

1. 系统命名法

以含羧基的最长的碳链为主链，若是不饱和脂肪酸则主链包含双键，编号从羧基端开始，并标出双键的位置。如：$CH_3(CH_2)_7CH{=\!=}CH(CH_2)_7COOH$，9-十八碳一烯酸。

2. 数字命名法

n∶*m*（*n* 为碳原子数，*m* 为双键数）例：18∶1、18∶2、18∶3。有时还需标出双键的顺反结构及位置，*c* 表示顺式，*t* 表示反式，位控是从羧基端编号，例如 5*t*、9*c*-18∶2。也可从甲基端开始编号，则记作“*ω*-数字”或“*n*-数字”，该数字为编号最小的双键碳原子位次，如 18∶1*ω*-9 或 18∶1（*n*-9）、18∶3*ω*-3 或 18∶3（*n*-3），但此法仅限用于顺式双键结构中，若有多个双键则应为五碳双烯结构，即具有非共轭双键结构（天然多烯酸多是如此），所以第一个双键定位后，其余双键的位置也随之而定，只需标出第一个双键碳的位置即可。其他结构的脂肪酸不能用 *ω* 法或 *n* 法表示。

3. 俗名或普通名

许多脂肪酸最初是从某种天然产物中得到的，因此常常根据其来源命名，例如月桂酸、棕榈酸、花生酸等。

（四）脂质的结构和命名

1. 脂肪的结构

脂肪主要是由甘油与脂肪酸形成的三酯，即三酰基甘油。

$$
\begin{array}{ccccc}
\begin{array}{c} CH_2-OH \\ | \\ HO-C-H \\ | \\ CH_3 \end{array} & + & 3\ RCOOH & \longrightarrow & \begin{array}{c} CH_2OCOR_1 \\ | \\ R_2OCOCH \\ | \\ CH_2OCOR_3 \end{array} \\
\text{甘油} & & \text{脂肪酸} & & \text{三酰基甘油}
\end{array}
$$

如果 $R_1=R_2=R_3$，则称为单纯甘油酯，橄榄油中含有 70% 以上的甘油三油酸酯；当 R 不完全相同时，则称为混合甘油酯，天然油脂多为混合甘油酯。当 R_1 和 R_3 不同时，则 C_2 原子具有手性，天然油脂多为 L 型。天然甘油三酯中的脂肪酸，无论是否饱和，其碳原子数多为偶数，且多为直链脂肪酸，奇数碳原子、支链及环状结构的脂肪酸则较为少见。

2. 三酰基甘油的命名

三酰基甘油的命名有赫尔斯曼（Hirschmann）提出的立体编号命名法（stereospecific

numbering，Sn）和堪恩（Cahn）提出的 R/S 系统命名法，由于后者应用有限（不适用于甘油 C1、C3 上脂肪酸相同的情况），故此处仅介绍立体编号命名法。此法规定甘油的写法：碳原子编号自上而下为 1 ~ 3，C2 上的羟基写在左边，三酰基甘油的命名以下式为例：

$$\begin{array}{ccc} & CH_2-OH & Sn\text{-}1 \\ & | & \\ HO- & C-H & Sn\text{-}2 \\ & | & \\ & CH_2-OH & Sn\text{-}3 \end{array}$$

甘油

$$\begin{array}{r} CH_2OCOR_1 \\ | \\ CH_3(CH_2)_7CH=CH(CH_2)_7COOCH \\ | \\ CH_2OCOR_3 \end{array}$$

三酰基甘油

① 数字命名 Sn-16:0-18:1-18:0。

② 英文缩写命名 Sn-POSt。

③ 中文命名 Sn-甘油-1-棕榈酸酯-2-油酸酯-3-硬脂酸酯或 1-棕榈酰-2-油酰-3-硬脂酰-Sn-甘油。有时也将 C1 位和 C3 位称为 α 位，C2 位称为 β 位。

二、鱼类中的脂质

脂质具有许多重要的功能，如作为热源、必需营养素（必需脂肪酸和脂溶性维生素）、代谢调节物质、绝缘物质（保温和断热作用）、缓冲物质（对来自外界机械损伤的防御作用）及浮力获得物质等。海产动物的脂质在低温下具有流动性，并富含多不饱和脂肪酸和非甘油三酯等，同陆上动物的脂质有较大的差异。

（一）鱼类脂质成分的分类和结构

鱼类脂质大致可分为非极性脂质（nonpolar lipid）和极性脂质（polar lipid），亦可分为贮藏脂质（depot lipid）和组织脂质（tissue lipid）。非极性脂质中，含有中性脂质（neutral lipid，单纯脂质）、衍生脂质（derived lipid）及烃类。中性脂质一般指脂肪酸和醇类（甘油或各种醇）组成的酯，但有时也包含烃类。中性脂质是三酰甘油（triacylglycerol，TG；甘油三酯）、二酰甘油（diacylglycerol，DG；甘油二酯）及单酰甘油（mono-acylglycerol，MG；甘油单酯）的总称。衍生脂质是脂质分解产生的脂溶性衍生化合物，如脂肪酸、多元醇、固醇、脂溶性维生素等。

极性脂质又称复合脂质（conjugated lipid）。磷脂（phospholipid，甘油磷脂，鞘磷脂）、糖脂质（glucolipid，甘油糖脂，鞘糖脂）、磷酰酯（phosphonolipid）及硫脂（sulfolipid）

等属此类。大部分的脂质组成中，含有脂肪酸形成的酯。鱼类的器官和组织内，部分脂质以游离状态存在，但也有和其他物质结合存在的，如脂蛋白（lipoprotein）、蛋白脂（pro-teolipid）、硫辛酰胺（oipoamide）等具有亲水性的复合脂质。

（二）鱼类的脂质含量

鱼类可根据肌肉中脂质含量的多少，而大致分类为多脂鱼和低脂鱼。通常，红肉鱼含有许多肌肉色素——肌红蛋白，多为洄游性鱼，肌肉的脂质含量高。白肉鱼多为底栖鱼，同红肉鱼相比肌红蛋白含量低，肌肉脂质含量在1%以下。脂质可以分为以TG为主的贮藏脂质和以磷脂及固醇为主的组织脂质两类。但实际上组织脂质的含量，在不同品种之间并没有太大的差别。因此，鱼种之间所确认的脂质含量的差异，主要是由贮藏脂质含量的差异所致的。

鱼类的脂质含量，受环境条件（水温、栖息深度、栖息场所等）、生理条件（年龄、性别、性成熟度）、食饵状态（饵料的种类、摄取量）等因素的影响而变动，即使是同一种属也因渔场和渔汛不同而有差异。一般像鲱鱼、秋刀鱼、沙丁鱼等红肉鱼，产卵洄游时的热能来源以及生殖巢的脂质来源，必须消耗脂肪体和胴体部分的肌肉脂质。而白肉鱼的肌肉脂质大部分（80% ~ 99%）是磷脂质，周年变化小，但其肝脏脂肪富含中性脂质，含量依季节变动。此外，养殖鱼鱼体含油量和脂肪酸组成受饲料的影响。

三、鱼类脂质的组成及分布

（一）脂肪酸

鱼类中的脂肪酸（fatty acid）大都是C_{14} ~ C_{20}的脂肪酸。大致可分为饱和脂肪酸、单烯酸、多烯酸（表2-7）。一般将具有两个以上双键结合的脂肪酸，称作多不饱和脂肪酸（polyunsaturated fatty acid，PUFA）。

表2-7　鱼类脂质的脂肪酸组成（%）

脂肪酸	香鱼背肌		鲱背肌（天然）	真鲷背肌（天然）	狭鳕肝油
	天然	养殖			
14：0	4.0	5.6	6.6	1.6	5.8
16：0	26.0	29.5	24.0	21.6	10.8

续表

脂肪酸	香鱼背肌		鲕背肌（天然）	真鲷背肌（天然）	狭鳕肝油
	天然	养殖			
16：1	16.7	16.2	8.8	5.4	7.7
18：0	3.4	4.6	3.0	7.6	3.3
18：1	25.6	13.1	16.1	14.7	13.7
18：2	10.0	3.5	1.3	1.0	0.8
18：3	4.9	8.6	0.9	1.9	0.3
20：1	—	—	3.5	—	20.1
20：4	1.5	1.0	1.9	4.7	0.3
20：5	1.9	5.0	10.8	8.5	9.7
22：1	—	—	1.4	—	14.6
22：5	0.4	4.0	3.5	6.0	0.7
22：6	2.3	1.7	11.2	19.3	5.7

脂肪酸的组成因动物种类、食性而不同，也随季节、水温、饲料、生息环境和成熟度而变化。脂肪酸大都为直链脂肪酸，含奇数碳原子数的脂肪酸和侧链脂肪酸的量甚微。不饱和脂肪酸的双键大都为顺式（*cis*）的。多烯型酸都具有共轭双键的结构。

从脂肪酸合成的角度来看，不饱和脂肪酸可根据双键结合的位置，分为油酸（oleic acid，ω-9）、棕榈油酸（palmitoleic acid，ω-7）、亚油酸（linoleic acid，ω-6）以及亚麻酸（linolenic acid，ω-3），即 ω-9、ω-7、ω-6、ω-3 系列（ω-6 也可表示为 n-6，即从末端甲基开始数第 6 位碳原子上开始有双键结合）。主要代表物有单烯酸：$C_{18:1}$ ω-9（油酸）、双烯酸：$C_{18:2}$ ω-6（亚油酸）、三烯酸：$C_{18:3}$ ω-3（亚麻酸）、四烯酸：$C_{20:4}$ ω-6（arachidonic acid，花生四烯酸）、五烯酸和六烯酸：主要是 $C_{20:5}$ ω-3（eicosapentaenoic acid，EPA：二十碳五烯酸）和 $C_{22:6}$ ω-3（docosahexenoic acid，DHA：二十二碳六烯酸）。

鱼类的脂质特征是富含 ω-3 系的多不饱和脂肪酸（PUFA），且海水性鱼类比淡水性鱼类更显著。此外，磷脂中 ω-3 PUFA 的含有率比中性脂质高。因此，越是脂质含量低的种属，其脂质中的 ω-3 PUFA 的比例就越高。20 世纪 80 年代以来，EPA、DHA 在降低血压、胆固醇以及防治心血管病等方面的生理活性被逐步认识，大大提高了鱼类的利用价值。

（二）酰基甘油（甘油酯）

鱼类的中性脂质大都为甘油三酯（TG）、甘油二酯（DG）和甘油单酯（MG），一般含量不高。大多数鱼类的 TG 作为主要的贮藏脂质存在于脂肪组织（adipose tissue）、肝脏（或者肝、胰脏）等许多组织中。鱼油的 TG 和陆上油脂相比，往往是多种脂肪酸结合的混合甘油酯。与陆上动物的油脂相同的是，TG 1（α）位结合饱和脂肪酸，2（β）位结合不饱和脂肪酸的比例高。同其他位置相比的话，2 位结合碳数少的脂肪酸、3 位（α'位）结合长链脂肪酸的比例高。

（三）烃类

硬骨鱼类、动物性浮游生物的脂质中烃的含量低，一般在 3% 以下。拟灯笼鲨、尾鲨等深海鲨类的肝脏除含有大量的角鲨烯之外，还发现姥鲛烷（pristane，$C_{19}H_{40}$）、鲨烯（squalene，$C_{30}H_{50}$，有双键结合位置不同的异构体）、植物烷（phytane，$C_{20}H_{42}$）等烃类。桡足类（copepods）含有丰富的姥鲛烷等烃类，可以说是海洋中姥鲛烷的第一生产者。此外，动物性浮游生物的烃类组成因种类而异。姥鲛烷等烃类在捕食桡足类的鱼类消化器官中不易变化，因此有利于追溯食物链的来龙去脉。

（四）蜡酯

某些鱼类，以脂肪酸和高级醇形成的蜡酯（WE）来取代 TG，作为主要的贮藏脂质。因为在海洋的中层和深层的生物密度稀薄，生物饵料供给也不稳定，生活在这种环境下的桡虫类、南极磷虾类（*Euphausia*）、糠虾类（*Mysids*）、十足类等甲壳类和矢虫类的种属的体组织中含有大量的脂及 WE，如南极桡虫类的一种极北哲水蚤（*Calanus lryperboreus*），按干基计含 70% 的 WE（脂质计 90%）。同样，处于中深层鱼类的 TG 含量也较低，由 WE 取代 TG 成为主要的贮存脂质。但是，生活在饵料供给充足的温带、热带表层、深海的底层、淡水水域的动物浮游生物及甲壳类几乎不含 WE。通常情况，栖息于表层的鱼类热能贮存形式也多为 TG。

鱼类的 WE 是 C_{30} ~ C_{46} 的偶数酯，主要构成成分含有 16:1、18:1 的脂肪酸和 16:0、18:1 的高级醇。海产动物 WE 的高级醇的组成一般较为单一，检出的构成成分有 14:0、16:0、18:0、20:1、22:1 等。而海产动物 WE 的构成脂肪酸由 C_{14} ~ C_{22} 构成，相比于醇显示出较为复杂的组成，同 TG 的脂肪酸组成相比，饱和脂肪酸、单烯酸的比例较高。

（五）极性脂肪

磷脂可大致分为甘油磷酸酯（glycerophospholipid）和鞘磷脂（sphingomyelin）。磷脂质和胆固醇作为组织的脂肪，分布于细胞膜和颗粒体中。磷脂的组成不因动物种类而有大的差异。鱼类存在的主要磷脂质也同其他动物一样，有磷脂酰胆碱（phosphatidylcholine，PC）、磷脂酰乙醇胺（phosphatidy-lethanolamine，PE）、磷脂酰丝氨酸（phosphatidylserine，PS）、磷脂酰肌醇（phos-phatidylinositol，PI）、鞘磷脂（sphingo-myelin，SM）等。鱼类肌肉磷脂质的75%以上是PC和PE。PC的1位多为16:0、18:1等饱和脂肪酸和单烯酸；2位往往结合20:5、22:6等ω-3 PUFA。

四、EPA和DHA

鱼油中富含多不饱和脂肪酸EPA、DHA。其在人体内的生理功能不仅局限于必需脂肪酸营养功能方面，而且在防治心血管病、抗炎症、抗癌、促进大脑发育等方面具有功效，从而使海产品的身价倍增。近年来，有关EPA、DHA的生理活性及其应用的研究发展迅速。EPA、DHA的结构式如下：

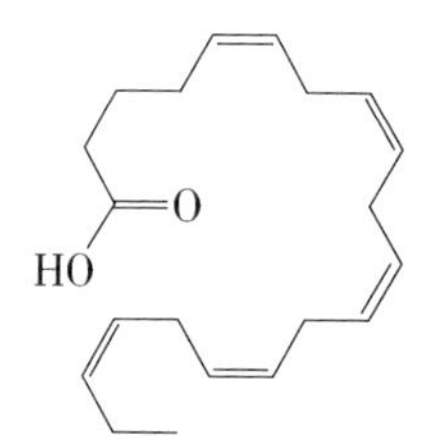

EPA (eicosapentaenoic acid, C20：5ω−3)

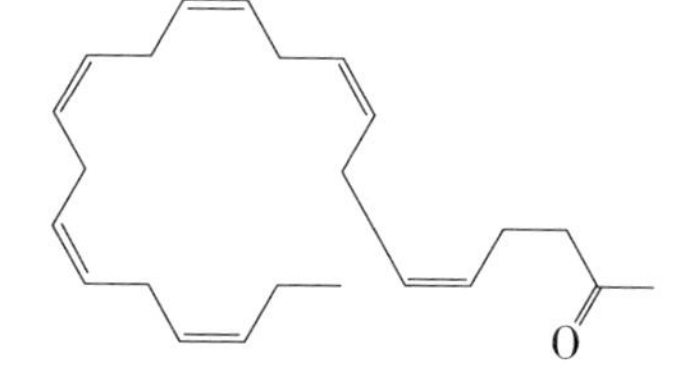

DHA (docosahexaenoic acid, C22：6ω−3)

（一）EPA、DHA的生理活性

EPA、DHA的研究起源于20世纪70年代流行病学的调查，结果发现，因纽特人急性心梗、糖尿病、甲状腺中毒、支气管哮喘等发病率低的主要原因，是他们每天通过水产品摄入5~10g的EPA和DHA。同丹麦人的血清脂质的组成明显不同的是，因纽特人血清脂质中的EPA远远高于花生四烯酸（$C_{20:4}\,\omega$-6）。此后，在阿拉斯加原住民和日本渔村的调查也表明，海产物的摄取同低血栓性疾病患病率有较大的相关性。EPA 和 DHA 具有广泛的生理活性，主要体现在如下几个方面。

1. 防治心血管疾病

在一个 2000 多名心肌梗死患者治疗研究中，每周给予 EPA 2.5g，可使死亡率降低 30%。EPA 和 DHA 具有升高高密度脂蛋白（HDL）和降低低密度脂蛋白（LDL）作用。EPA 能抑制血小板 TXA_2 的形成，其本身转化为活性很低的 TXA_3，表明其具有抗血栓及扩张血管的活性。而 DHA 可使心肌细胞膜流动性增加，稳定心肌细胞的膜电位、降低心肌兴奋性、减少异位节律的发生，同时还能影响钙离子通道，使钙离子浓度降低，心肌收缩力降低。因此，DHA 具有明显的抗心律失常作用。Bonna 等人给原发性高血压患者每天服用高纯度的浓缩鱼油 6g，6 周后，其收缩压与舒张压都有不同程度的降低。

2. 防治炎症疾病

实验表明，补充鱼油食品可减轻胶原所致关节炎的症状，降低前列腺素类的合成量，减少巨噬细胞脂质氧化酶产物，调节细胞多种活性因子；鱼油还有显著的抗皮炎作用，使银屑病的发病率降低等。

3. 抑癌作用

EPA、DHA 通过改变细胞膜的流动性及其他膜性质，促进细胞代谢和修复，阻止肿瘤细胞的异常增生，从而起到抑癌作用。流行病学研究证明，富含鱼油的膳食，可使癌症发病率降低，使乳腺癌及肠癌的死亡率下降。

4. 神经保护作用

DHA 是构成脑磷脂的必需脂肪酸，在人脑的灰质、白质和神经组织中大量存在，在脑细胞的线粒体、突触体和微粒体中都有发现，它与脑细胞的功能密切相关。DHA 不足，将造成脑神经发育障碍，胎儿及婴幼儿特别明显，少年表现智力低下，中老年表现为脑神经过早退化。研究资料表明，多食富含 DHA 的鱼类和鱼油制品，在脑神经，特别是突触体的磷脂中有较多的 DHA 分布，对神经的发育及维护、兴奋冲动和递质的传导，都起着有益的作用。另外利用小鼠进行的迷宫试验表明，摄取富含 DHA 饲料的实验组比对照组的学习记忆能力强。DHA 有望在增强记忆力、防止老年性痴呆症方面得到应用。

（二）EPA、DHA 在鱼类的分布

EPA、DHA 是由海水中的浮游生物、海藻类等合成，经食物链进入鱼类体内形成甘油三酯而累积的。EPA、DHA 在低温下呈液状，故一般冷水性鱼类中的含

量较高，各种鱼类油脂中的 EPA 及 DHA 含量如表 2-8 所示。

表 2-8　各种鱼油的 EPA 及 DHA 的含量　　单位：%

鱼类	EPA	DHA
远东拟沙丁鱼	16.8	10.2
大马哈鱼	8.5	18.2
秋刀鱼	4.9	11.0
狭鳕肝	12.6	6.0
黄鳍金枪鱼	5.1	26.5
黑鲔	8.7	18.8
大目金枪鱼	3.9	37.0
鲐	8.0	9.4
大西洋油鲱	12.8	7.4
马鲛	8.4	31.1
带鱼	5.8	14.4
鲳	4.3	13.6
海鳗	4.1	16.5
小黄鱼	5.3	16.3

鱼类中除多获性鱼类沙丁鱼油和狭鳕肝油中的 EPA 含量高于 DHA 之外，其它鱼种一般是 DHA 含量高，且洄游性鱼类如金枪鱼类鱼油中的 DHA 含量高达 20%～40%。最近的研究发现，金枪鱼、马鲛等大型洄游性鱼的眼窝脂肪中含有高浓度的 DHA，其含量高达 30%～40%，而 EPA 的含量相对较低，在 5%～10%（表 2-8）。

（三）EPA、DHA 保藏与应用

EPA、DHA 含有 5～6 个不饱和双键，在氧存在条件下受热、光、氧化催化剂的作用，极易氧化，因此将其添加到食品中时，首先必须做好防止氧化的有效措施，常用方法是添加天然抗氧化剂维生素 E 和儿茶素或填充氮气等。

作为保健食品的 EPA、DHA 油，一般以胶囊或微胶囊等形式上市，含量为 25%～30%。也可以直接添加到食品应用，如有鱼糜制品、鱼罐头、糖果、婴儿奶粉、DHA 强化鸡蛋和人造奶油等。最近日本开发的粉末鱼油，是用明胶、淀粉、卡拉胶等将 DHA 油微胶囊化以防止其与空气接触，防止氧化，改善其保存性。此外，将鱼油添加到饲料中喂鸡，可得到 DHA 高含量鸡蛋，DHA 在鸡蛋中比 EPA 更易蓄积，饲料中约有 30% DHA 可转移到鸡蛋中。即 1 个鸡蛋的蛋黄中含有 300～

400mg 的 DHA，完全无鱼腥味，以磷脂形式存在，不易氧化，是稳定性、保存性良好的高附加值鸡蛋。日本厂家更进一步将 DHA 高含量的蛋黄，直接干燥成粉末或采用有机溶剂抽出，得到 DHA 高含量的蛋黄油。由于其抗氧化能力强，保存性好，故在食品中的应用将更为广泛。

第三节　糖类

糖类是维持生命所需的三种基本宏量营养素之一，另外两种是蛋白质和脂肪。糖类占植物生物量的四分之三，但在动物体内仅以糖原、糖及其衍生物的形式少量存在。糖原通常被称为动物淀粉，动物体内通常含量在 10%以下。衍生单糖，如糖酸、氨基糖和脱氧糖，是所有鱼类生物体的成分。糖类也作为核苷酸化学成分的一部分出现，也是死后自溶变化所释放的核糖来源。

一、鱼类的糖原

鱼类等水生动物，和人类一样体内不能利用二氧化碳和水合成糖类物质，因此要从其他生物体中摄取各种糖类作为能量源。鱼类蓄积的糖类物质几乎都是属于多糖类的糖原。蓄积组织有肌肉和肝脏，但是对于鱼类，体内糖原总量的 2/3 都蓄积在肌肉中，作为激烈运动时的能量源。剩下的 1/3 蓄积在肝脏，用于调节血液中的葡萄糖浓度。糖原是一种水溶性多糖，由聚合葡萄糖组成分子通过糖苷键连接，形成网状结构（图 2-3）。其含量受内在因素（例如生长和性成熟度）、外部因素（例如食物供应）和其他环境因素的共同影响。表 2-9 为不同鱼类品种的糖原含量。

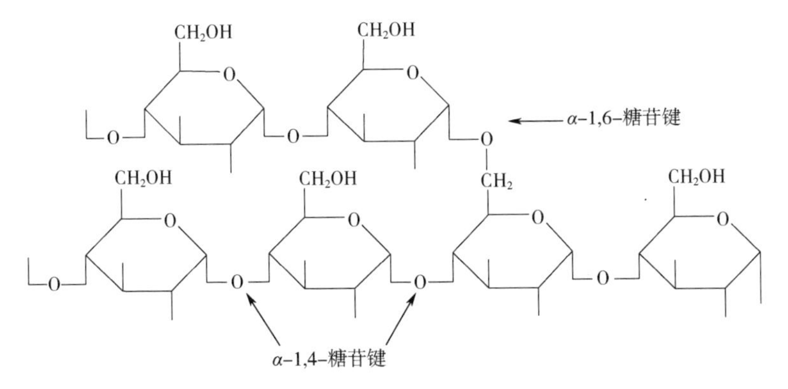

图 2-3　糖原化学结构式

表 2-9　主要鱼类品种的糖原含量　　单位：mg/100g

水产品品种	含量
鲤鱼	1020
虹鳟	950
鲣鱼	910
鲈鱼	820
苏乌达鲣鱼	600
大头鳕	300
狗鱼	280
太平洋褶鱿鱼	540

鱼类组织中糖原和脂肪共同作为能量来源贮存。但同种鱼的个体水平比较来看，糖原含量比脂肪含量低，这是因为脂肪作为贮藏能量的形式优于糖原。而如鲤鱼这类活泼的洄游性鱼类，糖原含量较高，有报道鲐背肌糖原含量高达 2.5%。鱼类肌肉糖原的含量还与鱼的致死方式密切相关，活杀时其含量为 0.3% ~ 1.0%，这与哺乳动物肌肉的含量几乎相同。但挣扎或激烈运动导致疲劳死亡的鱼类，会发生糖降解使鱼类中的糖原迅速分解为乳酸。鲣、金枪鱼等红肉鱼的乳酸生成量较多，因此，肌肉的 pH 也急剧下降，死后僵硬最盛期，肌肉的 pH 达 5.6 ~ 5.8；而牙鲆、鳕鱼等白肉鱼乳酸生成最少，肌肉的 pH 在 6.0 ~ 6.4。

从营养角度来看，相比蛋白质和脂肪，鱼类的糖原或糖类的含量可忽略不计，但它们也影响加工与贮藏过程中鱼体的质量。例如，鳕鱼以及鱿鱼干制品在贮藏过程中发生的褐变，与死后由 ATP 分解而蓄积下来的核糖（属于中性还原糖）有密切关联。此外，糖原含量对金枪鱼类肌肉中富含的血红蛋白的自动氧化也有一定的影响。pH 值下降可以导致血红蛋白发生美拉德反应，而控制肌肉糖原含量可有效抑制死后肌肉 pH 的下降，继而延迟冷藏过程中金枪鱼肉的美拉德反应。根据此机理，对于养殖金枪鱼，可以在出塘前采取绝食方法达到延缓美拉德反应的目的。糖原含量水平很大程度影响鱼类的死后生理变化和肉品质，所以需要有效管理鱼类产品的品质，鱼类捕获后有必要分析糖原和核糖等糖类的含量水平。

二、鱼类的其他糖类

除了糖原之外，鱼类中含量较多的糖类还有黏多糖（mucopolysaccharide 或者

glycosaminoglycan)，其定义和分类依研究者而不同。鱼类的鱼鳞中所含的甲壳质（chitin，几丁质、甲壳素）就是最常见的黏多糖，它是由*N*-乙酰基-D-葡萄糖胺（*N*-acetylglucosamine）通过β-1,4-键相结合的多糖，也称为中性黏多糖。其他常见的有己糖胺和糖醛酸形成的二糖，为基本单位的酸性黏多糖。按硫酸基的有无，又可分为硫酸化多糖和非硫酸化多糖。前者有硫酸软骨素（chondroitin sulfate，ChS）、硫酸乙酰肝素（heparan solfate）、乙酰肝素（heparan）、多硫酸皮肤素（dermatan sulfate，ChS-B）和硫酸角质素（kcratan sulfate）；后者有透明质酸（hyaluronic acid）和软骨素（chondroitin）。

硫酸软骨素由于硫酸基的含量和结合位置不同，存在多种化合物，如ChS-A主要存在于哺乳类软骨中，ChS-C主要存在于软骨鱼类的软骨中，ChS-D在鲨鱼软骨中，ChS-E在鱿鱼软骨中，ChS-K在鲎软骨中，七鳃鳗外皮、鲨鱼外皮分别含有ChS-B、ChS-H和硫酸角质素。非硫酸化黏多糖的透明质酸和软骨素存在于金枪鱼眼球的玻璃体和鲨鱼皮中。另外，软骨素大量存在于头足类的外皮中。黏多糖一般与蛋白质以共有键形成一定的架桥结构，以蛋白多糖（proteoglycan）的形式存在，作为动物的细胞外间质成分广泛分布于软骨、皮、结缔组织等处，与组织的支撑和柔软性有关。此外，鱼类的黏多糖在加工与贮藏过程中的变化几乎没有相关研究报道，其稳定性仍不清楚，但是已经知道其与生命产生、分化、生殖、免疫、肿瘤和感染等各种生命现象密切相关。表2-10为鱼类各组织器官中黏多糖（蛋白多糖或糖胺聚糖）的含量。

表2-10　鱼类各组织器官中黏多糖含量　　单位：μmol/g（以干基计）

鱼品种	组织器官	黏多糖含量	鱼品种	组织器官	黏多糖含量
石鲽	肝脏	1.8	大眼金枪鱼	皮脂	3.5
	消化管	2.8		眼球	4.0
	卵巢	0.8		普通肌	0.27
鲣鱼	眼球	10		暗色肌	0.27
	普通肌	1.3		心脏	1.9
	暗色肌	4.9		肝脏	0.74
	胃	1.7		胰脏	14
	幽门垂	1.1		胃	1.9
	肠	1.5		幽门垂	1.4

续表

鱼品种	组织器官	黏多糖含量	鱼品种	组织器官	黏多糖含量
黄鳍金枪鱼	皮脂	4.0	长鳍金枪鱼	皮脂	8.0
	眼球	2.2		眼球	6.3
	普通肌	0.11		普通肌	0.17
	暗色肌	0.13		暗色肌	4.4
	心脏	1.9		肝脏	0.63
	肝脏	1.5		胃	1.4
	胃	1.8		幽门垂	0.63
	幽门垂	0.34			
	肠	2.0			

（一）甲壳质

甲壳质（中性黏多糖），又名几丁质、甲壳素，广泛存在于虾、蟹中。在昆虫等节肢动物外壳、真菌和藻类的细胞壁中也有甲壳质的成分。甲壳质是自然界中仅次于纤维素的第二丰富贮量的天然多糖，而且是自然界中存在的唯一带有氨基的碱性动物多糖，在虾、蟹中的含量最高达20%～30%。一些研究报告了甲壳质也存在于一些特定的鱼类中。然而，鱼鳞甲壳质的产量远低于其他来源。据报道尼罗罗非鱼鱼鳞中约含有20%的甲壳质。一般情况下，虾、蟹中的甲壳质只能在烹饪和食用后收集，而鱼鳞中的甲壳质，虽然是一种资源较少的来源，但可以在出售鱼或将其用于进一步加工之前收集鱼鳞。据报道含有可检出的甲壳质鱼类包括鹦嘴鱼（*Chlorurus sordidus*）、红鲷鱼（*Lutjanus argentimaculatus*）和尼罗罗非鱼（*Oreochromis niloticus*）等。但是，并非所有鱼鳞都含有甲壳质。这些鳞片通常由胶原蛋白和羟基磷灰石组成，例如大西洋大海鲢（*Megalops atlanticus*）。鱼鳞中是否存在甲壳质与鱼类所处的生长环境有关。

1. 化学组成

甲壳质是由 β-1,4-糖苷键连接的 *N*-乙酰基-D-葡萄糖胺结构单体重复连接而成，甲壳质是一种线性长链高分子量聚合物，其很大程度上取决于以下因素，例如来源、提取方法和提取条件等。其结构与纤维素类似，不同之处在于纤维素结构中的葡萄糖羟基（—OH）被氨基取代（$—NH_2$）。甲壳质以两种不同的晶体形式存在：α-甲壳质和 β-甲壳质。另外第三种晶体形式 γ-甲壳质是 α-甲壳质和 β-甲壳质的结合体，其中，α-甲壳质自然界存在最为丰富，为反平行排列形式，十分稳定。壳聚糖是甲壳质的脱乙酰衍生物，由氨基葡萄糖以 β-1,4-糖苷键聚合而成。由于存在大量裸露的氨基基团易于在酸性条件下质子化，导致分子间作用力被打破，因此，壳聚糖可溶解于乙酸、乳酸、盐酸等稀酸溶液，但不能溶于中性或碱性溶液。

2. 理化性质

甲壳质是白色或灰白色无定形、半透明固体，其分子量因提取方法的差异而有数十万到数百万不等，不溶于水、稀酸、稀碱、浓碱及一般溶剂，但可溶于浓盐酸、硫酸、磷酸和无水甲酸，溶解的同时主链也发生降解。甲壳质的水不溶性限制了它在多方面的应用。

甲壳素在碱性条件下水解，脱去部分乙酰基可制备水溶性的壳聚糖。壳聚糖也是白色或灰白色无定形、半透明的固体，略带珍珠光泽。因原料和制备方法的不同，分子量也从数十万到数百万不等，不溶于水和碱水溶液，可溶于稀的盐酸、硝酸等无机酸以及大多数有机酸，不溶于稀的硫酸、磷酸。在稀酸中，壳聚糖的主链也会缓慢水解，溶液的黏度逐渐降低，例如 1%的壳聚糖溶液，在室温下放置一周，黏度会降低一半。根据壳聚糖溶液黏度的不同，壳聚糖可分为高、中、低黏度三大类。

壳聚糖具有良好的成膜性、吸附性、通透性、成纤性、吸湿性和保湿性。在化学性质方面，甲壳质和壳聚糖的结构类似于纤维素，但由于氨基（乙酰氨基）的存在，分子间的氢键作用比纤维素中的更强，因而在溶剂中溶解和进行化学反应较纤维素更困难。由于壳聚糖分子中存在游离氨基，反应活性比甲壳质强，可发生多种化学改性，包括主链的水解反应、酰基化反应、硫酸酯化反应、氧化反应及羧基化反应等。

（二）糖胺聚糖

糖胺聚糖（酸性黏多糖，GAGs）因其在生物医学、制药和化妆品领域中的多种应用而吸引了越来越多的关注。糖胺聚糖，称为酸性黏多糖，是结缔组织细胞外基质的重要组成成分，也存在于许多细胞类型的细胞表面和细胞质中。它们以线性酸性多糖的长链形式存在，通常与基质蛋白（核心蛋白）通过共价键结合形成蛋白多糖（PGs），从而广泛参与生物合成。这些杂多糖是无支链的多糖链，通常由高度负电荷的重复二糖单元组成，原因是它们的大部分糖残基上存在硫酸盐或羧基。它们之所以被称为糖胺聚糖，是因为重复二糖中的两个糖残基中始终有一个是氨基糖（*N*-乙酰氨基葡萄糖胺或*N*-乙酰半乳糖胺），在大多数情况下，氨基糖会被硫酸化。按硫酸化有无，又可分为硫酸化多糖和非硫酸化多糖。前者有硫酸软骨素、硫酸乙酰肝素、乙酰肝素、多硫酸皮肤素和硫酸角质素；后者有透明质酸和软骨素。又根据氨基己糖的存在，GAGs 主要可分为半乳糖胺聚糖（GalGs）和葡糖胺基糖（GlcGs）。其中，硫酸软骨素 A、C 和多硫酸皮肤素（硫酸软骨素 B）等属于半乳糖胺聚糖，而葡糖胺基糖包括透明质酸、肝素、硫酸乙酰肝素、硫酸角质素等。具体结构、特性和功能见表 2-11 和表 2-12。

表 2-11　半乳糖胺聚糖的结构与功能特性

名称/同义词		功能特性	结构	主要用途
硫酸软骨素	硫酸软骨素-O、硫酸软骨素 A、硫酸软骨素 C、硫酸软骨素 D、硫酸软骨素 E、硫酸软骨素 F、硫酸软骨素 H、硫酸软骨素 K	属于阴离子多糖、可硫酸化杂多糖。调节生长因子、细胞因子、趋化因子和脂蛋白	D-葡萄糖醛酸和硫酸化的 *N*-乙酰-D-半乳糖胺通过 β-1,4-糖苷键和 β-1,3-糖苷键交替连接	治疗关节炎，用于生物材料支架
多硫酸皮肤素	硫酸软骨素 B	改善凝血、心血管疾病、癌症、病毒感染、伤口修复、组织纤维化，刺激细胞成长	*N*-乙酰半乳糖胺和 1-艾杜糖醛酸通过 β-1,4-糖苷键和 β-1,3-糖苷键连接	用于伤口和皮肤组织修复的重要生物材料支架

GAGs 的其他潜在用途包括增黏、抗病毒、抗感染和抗炎。特别是生物医药工程领域，透明质酸和硫酸软骨素在组织工程中的适用性和再生性强。这两种聚合物作为一种医用生物材料，可以通过胶原蛋白、明胶、壳聚糖等大分子交联形成水凝胶支架，用于伤口愈合。

表 2-12　葡糖氨基糖的结构与功能特性

名称/同义词		功能特性	结构	主要用途
透明质酸	生物胶、透明质酸盐	分子质量 1～1000kDa 的阴离子多糖，人体和其他脊椎动物的滑液组成成分	D-葡萄糖醛酸和 D-*N*-乙酰氨基葡萄糖通过 β-1,4-糖苷键和 β-1,3-糖苷键交替连接	在关节中起生物润滑剂的作用。是一种生物可降解、生物相容性好、非免疫原性好的生物聚合物

续表

名称/同义词		功能特性	结构	主要用途
肝素	“肝素”衍生自希腊语“肝脏”，最初来源于犬肝细胞	分子质量 3~50kDa，高度硫酸化的阴离子多糖，抗凝血作用	2-*O*-硫酸化艾杜糖醛酸和 6-*O*-硫酸基-6-硫酸基-葡萄糖胺通过 β-1,4-糖苷键和 β-1,3-糖苷键连接	肝素作为血液抗凝剂应用于医疗设备，包括支架、肾透析机器、血液氧合器和心肺机
硫酸乙酰肝素	HS	分子质量：5~70kDa，较少程度的硫酸化	葡萄糖醛酸和 *N*-乙酰氨基葡萄糖通过 β-1,4-糖苷键连接	伤口修复
硫酸角质素	硫酸角质素 KS Ⅰ、KS Ⅱ 和 KS Ⅲ，来自于角质化组织的衍生词	抗黏性	半乳糖和 *N*-乙酰氨基葡萄糖通过 β-1,4-糖苷键和 β-1,3-糖苷键交替连接	维护角膜透明度

第四节　鱼肉提取物成分

鱼类组织用热水或适当的除蛋白剂（如乙醇、三氯乙酸、过氯酸等）处理，将生成的沉淀除去后得到的溶液中，含有各种物质。广义上称这些物质为提取物成分(extractive)，也称萃取物、浸出物或抽提物，但一般不包括脂肪、色素、无机质、维生素等成分。鱼类的提取物成分主要包括两大类（如图 2-4 所示）：一类为含氮的成分，即一般称之为非蛋白氮成分；另一类为非含氮成分。前者含量远高于后者。在生物化学上，这类提取物成分往往与鱼体内 pH 调节、渗透压等代谢有关；而在

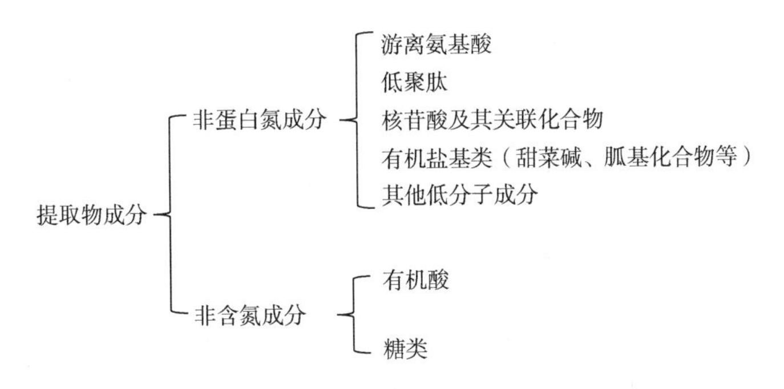

图 2-4　提取物成分的组成

食品化学上，游离氨基酸、核苷酸、有机盐基氮等同呈味、鲜度、腐败物质有关。鱼类的提取物相关研究积累了大量的成果，其中也包括不少对人体健康有益的生理活性物质，如牛磺酸、活性肽等。因此，对提取物成分的研究仍具有很强的吸引力。

一、非蛋白氮成分

鱼类提取物中发现含氮成分比无氮成分高得多，且含氮成分中含有各种呈味物质，因此，抽提物的氮含量往往也可作为提取物量的指标。

表 2-13 列出了有代表性鱼类的抽提氮的含量。由表中数据可知，软骨鱼类含量最高，在 1000 ~ 1500mg/100g，红肉鱼在 500 ~ 800mg/100g，白肉鱼在 200 ~ 400mg/100g，软体动物类为 600 ~ 900mg/100g。

鱼类提取物成分的组成因种类而异，有如下特征：①软骨鱼类中含有大量的尿素、氧化三甲胺，而使其含氮量高。②脊柱动物肌酸多，而无脊柱动物精氨酸含量多。③洄游性鱼类中，组氨酸含量高。因种类不同，有的存在大量的鹅肌肽和肌肽，这些咪唑化合物含量可达非蛋白氮总量的 50%以上。④软体动物类的游离氨基酸和甜菜碱含量高，牛磺酸含量亦高。⑤硬骨鱼类中，红肉鱼的非蛋白氮总量比白肉鱼多，这主要是其咪唑化合物含量高的缘故。鲣鱼仅组氨酸就占了 62.8%，鲸的咪唑化合物占了提取物氮的 64.9%，其中鲸肌肽占 60%。与此相反，肌肽、鹅肌肽及核苷酸关联化合物的含量，白肉鱼比红肉鱼多。除上述组成上的特征之外，鱼类提取物成分的组成往往因季节（渔期）、年龄（大小）、环境（渔场）、部位、性别等因素而变动。

表 2-13　典型鱼类的抽提氮含量　　单位：mg/100g

鱼类	提取物	鱼类	提取物	鱼类	提取物
鲣鱼	745 ~ 820	竹筴鱼	385 ~ 423	鳗鲡	290
金枪鱼	680 ~ 800	鲻鱼	321	星鲨	1010 ~ 1420
犬目金枪鱼	652	真鲷	355 ~ 396	灰星鲨	1410
黄鳍金枪鱼	614 ~ 739	河豚	300 ~ 442	鼠鲨	1450
鲕	474 ~ 700	鮟鱇	253	角鲨	1470
鲐鱼	434 ~ 581	鲈鱼	383	赤鲨	1400

续表

鱼类	提取物	鱼类	提取物	鱼类	提取物
马鲛鱼	447	牙鲆	348	抹香鲸	440~780
远东拟沙丁鱼	516	鲤鱼	359	长枪乌贼	884
日本鲲鱼	481	香鱼	300~381	斯氏鱿鱼	728

(一)游离氨基酸

游离氨基酸(free amino acid, FAA)是鱼类提取物中最主要的含氮成分。在鱼类的FAA组成中，显示出显著的种类差异特性的氨基酸有组氨酸(histidine, His)、牛磺酸(taurine, Tau)、甘氨酸(glycine, Gly)、丙氨酸(alanine, Ala)、谷氨酸(glutamine, Glu)、脯氨酸(proline, Pro)、精氨酸(arginine, Arg)、赖氨酸(lysine, Lys)等，其中，以His和Tau最为特殊。鲭鱼(*Scomber scombrus*)的轻肌中约含有630 mg/100 g的FAA，鲱鱼(*Clupea harengus*)和毛鳞鱼(*Mallotus villosus*)中分别含有350~420mg/100g和310~370mg/100g。

鱼类中发现的独特非蛋白质氨基酸是牛磺酸、肌氨酸(*N*-甲基甘氨酸)，*α*-氨基丁酸、*β*-丙氨酸、3-甲基组氨酸，鱼类中相对大量的游离氨基酸是甘氨酸、牛磺酸、丙氨酸和赖氨酸。其中因物种的不同具有不同的氨基酸组成。例如鲭鱼和金枪鱼等迁徙鱼类含有大量组胺，含量高达700~1800mg/100g，另外，组氨酸是遮目鱼中最重要的FAA，约占FAA总量的80%，鲐、鳗等部分红肉鱼以及竹筴鱼等中间肉色鱼类含组氨酸200~750mg/100g，而如真鲷、牙鲆等白肉鱼只有0~100mg/100g的组氨酸含量。但是，白肉鱼的牛磺酸含量很高，例如罗非鱼含有大量的牛磺酸和甘氨酸，组氨酸相对则较少。红鲷鱼中赖氨酸含量相较于组氨酸要高。甘氨酸和丙氨酸则被检测出是虹鳟(*Salmo gairdnerii* Richardson)肌肉中最重要的两个氨基酸，主要用于调节鱼体渗透压。

生物胺(biogenic amine, BA)是一类具有生物活性含氮的低分子量有机化合物的总称，其主要由微生物氨基酸脱羧酶作用于氨基酸脱羧而生成，被认为是鱼类质量与安全性的指标。鱼类中最主要的生物胺是组胺、腐胺、尸胺、亚精胺、酪胺和色胺。鱼类安全性相关的指示剂化合物(如生物胺)的监测与感官评估一样重要，鱼体质量受加工和储藏温度的影响。组胺是主要的引起中毒的化合物，其毒性会因鱼类中存在的其他生物胺而增加，例如腐胺和尸胺。腐胺主要是由鸟氨酸脱羧反应产生，而尸胺主要是赖氨酸脱羧产物。图2-5显示了从氨基酸形成非挥发性胺：酪胺、腐胺、组胺、尸胺、亚精胺、色胺和精胺的生物学途径。

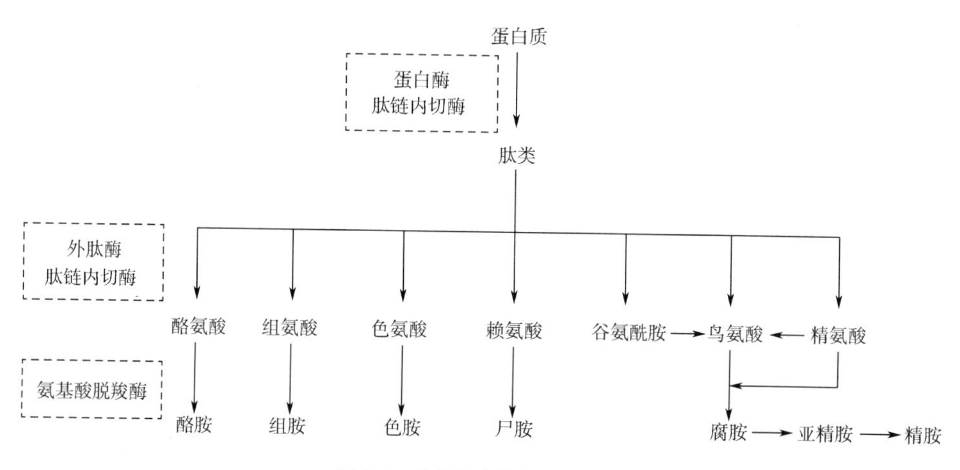

图 2-5　生物胺生物学生成途径

（二）低聚肽

已知鱼类肌肉中的低聚肽有二肽和三肽，由 β-丙氨酸与组氨酸或甲基组氨酸构成的二肽有肌肽、鹅肌肽及鲸肌肽，分布具有特异性，因鱼种类的不同而大量含有其中的一种或两种。肌肽在鳗和鲤中含量丰富，鹅肌肽在金枪鱼、鲤和某些品种的鲨鱼中含量丰富，而鲸中则含有丰富的鲸肌肽。在乌贼、章鱼等无脊椎动物肌肉中几乎没有检出肌肽、鹅肌肽及鲸肌肽。三肽常见的为谷胱甘肽。这些咪唑化合物一般在游泳能力强的鱼类及鲸类肌肉中含量较多，因为咪唑环的 pK 在生理 pH 附近，所以被认为具有作为缓冲物质的作用。即在捕食或逃避等激烈的无氧运动时，糖酵解反应过程中生成的 ATP，其进一步水解生成的氢离子会使肌肉 pH 下降。为了抑制 pH 变动使厌氧运动能力维持在一定水平，咪唑化合物可以起到缓冲物质的作用。此外，这些肽类分子能与其他成分反应进一步形成各种风味物质。例如与谷氨酸羧基端连接有亲水性氨基酸的二肽、三肽有鲜味，若与疏水性氨基酸相连则产生苦味。

（三）核苷酸及其关联化合物

核苷酸（nucleotide）是由嘌呤碱基、嘧啶碱基、尼克酰胺等与糖磷酸酯组成的一类化合物。鱼类肌肉中主要含腺嘌呤核苷酸（adenine nucleotide）。核苷酸的分解产物核苷（nucleoside）、碱基等统称为核苷酸关联化合物。鱼肉中含量较高的核苷酸及其关联化合物有腺嘌呤核苷酸（ATP）、二磷酸腺苷（ADP）、5'-腺苷酸

(adenosine-5′-monophosphate, AMP)、5′-肌苷酸 (inosine-5′-monophosphate, IMP)、肌苷 (inosine, HxR) 及次黄嘌呤 (hypoxanthine, Hx)。

ATP 同能量的贮藏和释放有关。1 分子 ATP 中含有 2 个高能磷酸键，在活体的鱼中直接同肌肉收缩相关，休息状态时的肌肉存在的大部分是 ATP，死后 ATP 经核苷酸代谢途径而分解。

$$\text{ATP} \xrightarrow[\text{Pi}]{①} \text{ADP} \xrightarrow[\text{Pi}]{②} \text{AMP} \xrightarrow[\text{NH}_3]{③} \text{IMP} \xrightarrow[\text{Pi}]{④} \text{HxR} \xrightarrow[\text{D-核糖}]{⑤} \text{Hx}$$

一般鱼类死后，ATP 迅速分解至 IMP，而随后的 IMP 分解速度则较为缓慢。核苷酸的代谢产物因鱼种而异，金枪鱼、真鲷等为 HxR 积蓄型，牙鲆和鲽鱼为 Hx 积蓄型。核苷酸及其关联化合物，可作为鱼类鲜活度 K 值的指标。

软体动物的核苷酸代谢途径同鱼类有所不同。死后，一般积蓄 AMP，再经脱磷酸生成腺嘌呤核苷 (adenosine, AdR) 后分解为 HxR 和 Hx。以往的研究认为，鱿鱼、乌贼等软体动物中不含 AMP 脱氨酶 (adenylic acid deaminase)，因此不生成 IMP。但最近在鱿鱼等一部分软体动物中也发现有 IMP 的生成。因此，可以推测这些动物的肌肉也存在着和鱼肉肌肉相同的反应途径。

(四) 甜菜碱类

鱼类的组织中含有多种甜菜碱类，大致上可以分为直链型和环状型。前者已知的有甘氨酸甜菜碱 (glycine betaine, GB, 简称甜菜碱)、β-丙氨酸甜菜碱 (β-homobetaine)、γ-丁酸甜菜碱 (γ-butyrobetaine)、肉碱 (carnitine)、江珧碱 (atrinine)、石勃卒碱 (halocynine) 等；后者有龙虾肌碱 (homarine)、胡卢巴碱 (trigonelline)、水苏戚碱 (stachydrine) 等。

甘氨酸甜菜碱广泛分布于海产无脊椎动物的肌肉、生殖腺、内分泌腺组织中，同无脊椎动物的呈味相关。在软骨鱼类组织中含量也较多，例如枪鱿鱼外套膜中甘氨酸甜菜碱达到 733mg/100g。β-丙氨酸甜菜碱分布于石勃卒、日本江珧和扇贝等，鱼类中也有发现，但在节足动物肌肉中几乎无检出。γ-丁酸甜菜碱在河鳗、日本江珧等肌肉中有少量检出。肉碱在水产动物中分布比较广泛。龙虾肌碱是 N-甲基嘧啶甲酸的甜菜碱，广泛分布于海产无脊椎动物组织中，而淡水水产品几乎不含。例如章鱼中肠腺、足肌和肝脏中分别含有 136mg/100g、141 mg/100g 和 156mg/100g 的龙虾肌碱，斯氏鱿鱼中外套膜肌和肝脏中龙虾肌碱分别为 111mg/100g 和 103mg/100g。

甜菜碱含量随着环境盐度的增减而变化，被认为同渗透压的调节有关。甜菜碱对人体心血管类、神经类、肝脏类和高半胱氨酸尿症等疾病有一定的疗效。

（五）胍基化合物

水产动物组织中含有多种胍基化合物（guanidino compound），如精氨酸、肌酸（creatine）、肌酸酐（creatinine）和章鱼（肉）碱（octopine）。这类物质结构上的特征是均含有胍基（$-NH-\overset{\overset{+}{N}H_2}{\overset{\|}{C}}-NH_2$）。精氨酸多存在于无脊椎动物肌肉中，参与能量的储存和释放过程。而肌酸多分布于脊椎动物肌肉中，也是同能量储存和释放相关的重要物质，肌酸的磷酸化过程在鱼肌肉代谢中起着重要作用，但在甲壳类和软体动物中不存在。精氨酸和肌酸分别来源于磷酸精氨酸（phospho arginine）和磷酸肌酸（phospho creatine，CP），CP在环状动物、棘皮动物、原索动物中也有分布。这类物质同鱼类的能量释放和贮存有关。

肌酸酐是肌酸的关联物质，在鱼类中的含量远比肌酸低，但广泛分布于各种鱼类中。肌酸酐可以从CP或肌酸由非酶反应生成。鱼肉经加热，肌酸减少而肌酸酐增多，这是肌酸脱水生成肌酸酐造成的。

此外，在鱼类中还发现精胺（胍基丁胺，agamatine）、γ-胍基酪酸（γ-guandino butytic acid）、γ-羟基精氨酸（γ-hydroxyarginine）、海星红素（二甲胍基乙磺酸，asterrubin）等胍基化合物。

（六）冠瘿碱类

提取物成分中发现一类新物质为亚氨基酸类，这些分子内均具有D-Ala的结构，并同与L-精氨酸、L-丙氨酸、甘氨酸、牛磺酸及β-丙氨酸以亚氨基（imino）结合的一类亚氨基酸类，统称为冠瘿碱类。软体动物中发现的有章鱼（肉）碱（octopine）、丙氨奥品（alanopine）、甘氨奥品（strompine）、牛黄奥品（tauropine）及β-丙氨奥品（β-alanopine）等，这五种物质均具有D-丙氨酸骨架，并分别与L-Arg、L-Ala、Gly、Tau及β-Ala以共有的亚氨基形式相结合（图2-6）。章鱼（肉）碱在乌贼、章鱼类等组织中含量高。当强制性地使乌贼疲劳时，磷酸精氨酸急剧减少，精氨酸和章鱼（肉）碱随之增加；当疲劳消失时，又恢复到原来水平。这些冠瘿碱类同维持厌氧条件下细胞内的氧化还原平衡，抑制渗透压的上升和pH变化等方面相关，其生理作用尚有许多未明之处。

图 2-6 鱼类中已确认的冠瘿碱类结构式

（七）尿素

尿素是哺乳动物尿的主要成分，鱼类组织或多或少均有检出。一般硬骨鱼类和无脊椎动物的组织中只有 15mg/100g 以下的量，但海产的板鳃鱼类（软骨鱼类）所有的组织中均含有大量的尿素。

海产的板鳃鱼类中，除通过肝脏尿素循环之外，有部分是通过嘌呤循环合成尿素的。大部分由肾脏尿细管再吸收而分布于体内，其在 1kg 肌肉中含量可达 14 ~ 21g。体内的尿素与氧化三甲胺共同起到调节体内渗透压的作用。鱼体死后，尿素由细菌的脲酶（urease）作用分解生成氨，所以板鳃鱼类随着鲜度的下降生成大量的氨，带有强烈的氨臭味。

（八）氧化三甲胺

氧化三甲胺（trimethylamine oxide，TMAO）是广泛分布于海产动物组织中的含氮成分。鱼类中，板鲤类 1kg 肌肉可达 10 ~ 15g，TMAO 与尿素一样是渗透压的调节物质。白肉鱼类的含量比红肉鱼类多。淡水鱼中几乎未检出，即使存在也极微量。乌贼类富含 TMAO，外套膜肌含 500 ~ 1500mg/kg，但腕肌的含量只有其一半。鱼类死后，TMAO 受细菌的 TMAO 还原酶还原而生成三甲胺（timethylamine，TMA），使之带有鱼腥味。某些鱼种的暗色肉也含有该还原酶，故暗色肉比普通肉易带鱼腥味。已知鲨、鳐鱼等软骨鱼类随鲜度下降生成大量的氯和 TMA 一起使鱼体带有强烈的氨臭味。在鳕鱼中，由于组织中酶的作用，发生下列分解，生成二甲胺（dimethylamine，DMA），产生特殊的臭气。

$$\underset{\text{TMAO}}{(CH_3)_3NO} \longrightarrow \underset{\text{DMA}}{(CH_3)_2NH}+\underset{\text{甲醛}}{HCHO}$$

此外，在高温加热鱼肉时也会发生与之相同的反应，产生 DMA。值得注意的是，板鳃鱼类即使在鲜度很好的条件下，也因含有大量的 TMAO 和尿素，而极易生成挥发性含氮成分，故作为鲜度指标的挥发性盐基氮（TBN-N）法不适于这些鱼类。

二、非含氮成分

提取物成分中的非含氮成分主要是有机酸和糖。

（一）有机酸

鱼类肌肉中检出的有机酸有醋酸、丙酸、丙酮酸、乳酸、延胡索酸、苹果酸、琥珀酸、柠檬酸和草酸等，其中含量较高的是乳酸和琥珀酸。乳酸是较敏捷的鱼，如金枪鱼和鲣鱼中主要的酸，鱼类中的糖酵解反应可生产乳酸，可提高缓冲能力并增强呈味。

金枪鱼、鲣鱼一类的洄游性红肉鱼中，糖原含量可高达 1%左右，捕获后乳酸的含量由 6 ~ 7g/kg 增至 12g/kg 以上。相比之下，底栖鱼类糖原含量低，乳酸含量也仅 2 ~ 3g。乳酸的生成同鱼体糖原的含量、捕捞法（致死方法）、放置条件有关。

（二）糖类

鱼类提取物成分中的糖有游离糖和磷酸糖。游离糖中主要成分是葡萄糖，由鱼类死后在淀粉酶的作用下由糖原分解生成。太平洋鲱和鳕鱼肌肉中含量为 3 ~ 32mg/100g，罗非鱼为 2 ~ 70 mg/100g。活鱼肌肉中不存在游离核糖，但死后由 ATP 代谢产物次黄嘌呤中游离生成，含量不高。此外，游离糖中还检出微量的阿拉伯糖、半乳糖、果糖和肌醇等。

磷酸糖是糖原或葡萄糖经糖酵解途径和磷酸戊糖循环生成的一类物质。经糖酵解途径生成的磷糖有葡萄糖-1-磷酸（G1P）、葡萄糖-6-磷酸（G6P）、果糖-6-磷酸（F6P）、果糖-1,6-二磷酸（FDP）以及 FDP 的裂解生成物，而在磷酸戊糖循环中，存在由 G6P 氧化脱羧基生成的五碳糖磷酸，以及由 G6P 同甘油醛-3-磷酸通过非氧化反应生成的 C_4、C_5、C_6 及 C_7 糖磷酸，其中，含量较高的是 G6P、F6P、FDP 和核糖-5-磷酸等。鱼类肌肉中磷糖含量受死前的运动状态以及死后的保存条件等因素影响。肌肉中磷糖的存在可能会导致鱼类在加热过程中发生褐变，如G6P和F6P等成分会引起鲣鱼在加热过程中产生褐变现象。

第五节　维生素

维生素也称“维他命”，即维持生命的物质。维生素是人和动物为维持正常的生理功能而必须从食物中获得的一类微量有机物质，在人体生长、代谢、发育过程中发挥着重要的作用。维生素既不参与构成人体细胞，也不为人体提供能量。

维生素在体内的含量很少，但不可或缺。各种维生素的化学结构以及性质虽然不同，但它们却有着以下共同点：①维生素均以维生素原的形式存在于食物中；②维生素不是构成机体组织和细胞的组成成分，也不会产生能量，它的作用主要是参与机体代谢的调节；③大多数的维生素，机体不能合成或合成量不足，不能满足机体的需要，必须经常通过食物获得；④人体对维生素的需要量很小，日需要量常以毫克或微克计算，但一旦缺乏就会引发相应的维生素缺乏症，对人体健康造成损害。人体不断地进行着各种生化反应，这些反应与酶的催化作用有密切关系。酶要产生活性，必须有辅酶参加。已知许多维生素是酶的辅酶或者是辅酶的组成成分。因此，维生素是维持和调节机体正常代谢的重要物质。可以认为，最好的维生素是以“生物活性物质”的形式存在于人体组织中。

由于维生素的化学结构复杂，对它们的分类无法采用化学结构分类法，也无法根据其生理作用进行分类。已知鱼类的可食部位含有多种人体营养所需的维生素，一般根据它们的溶解性特征，将其分为两大类：脂溶性维生素和水溶性维生素。脂溶性维生素有维生素A、维生素D、维生素E、维生素K等；而水溶性维生素则有维生素C、维生素B_1、维生素B_2、维生素B_6、维生素B_{12}等。水溶性维生素在鱼类加工过程中的稳定性较差，较容易损失，而脂溶性维生素的稳定性较高。

一、脂溶性维生素

（一）维生素A

维生素A亦称为视黄醇。维生素A包括维生素A_1（retinol，视黄素）和维生

素 A_2（3-dehydroretinol，3-脱氢视黄醇），前者主要存在于海产鱼类肝脏中，后者主要存在于淡水鱼肝脏中，两者生理功能、性质相似。β-胡萝卜素，是维生素 A 的前体分子，天然存在于许多水果、蔬菜和其他植物中。β-胡萝卜素、α-胡萝卜素和 β-隐黄质是最常见的胡萝卜素类物质，其中 β-胡萝卜素最容易转化为维生素 A。化学结构上，维生素 A（图 2-7）是类异戊二烯组化合物，此外，维生素 E、K 和胆固醇（实际上是维生素 D 的前体），也是由异戊二烯单元合成的。维生素 A 的一端具有一个羟基。该羟基可被氧化形成醛基（产生视黄醛）或羧基（产生视黄醛酸）。视黄醛和视黄醛酸是维生素 A 的主要生物活性形式。除了这些不同的氧化态外，视黄醇还以多种不同的顺式形式和反式异构体存在。

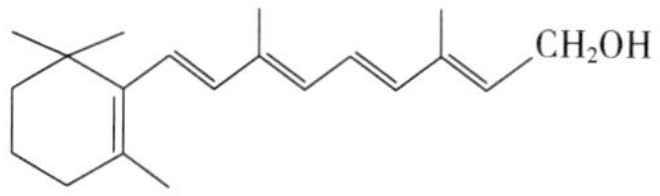

CH_2OH

视黄醇（维生素A_1）

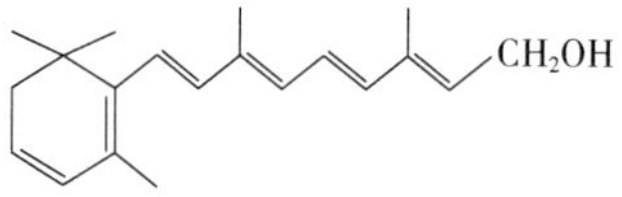

CH_2OH

3 –脱氢视黄醇（维生素A_2）

图 2-7　典型维生素 A 化学结构示意

鱼类肝脏中一般含有大量的维生素 A，由于可溶解于脂肪，因此在鱼肝油提炼过程中可被大量富集，鱼类肝油中维生素 A 的含量可达 10000 ~ 50000 IU/g，在一些金枪鱼、鲸类以及硬鳞鲈等鱼类肝油中甚至达到 100000 IU/g 以上。维生素 A 在鱼类肌肉中的含量较少，大都在 0.4 ~ 3 IU/g 范围，但海鳗、油鲨、银鳕等肌肉中的含量可达 10 ~ 100 IU/g（表 2-14）。

维生素 A 表现的生理作用与正常的视觉密切相关，是构成视觉细胞内感光物质的成分；此外，维生素 A 对上皮组织形成、发育及维护，对骨骼、牙齿和机体的生长发育有促进作用，可增加生殖能力。近年又发现，维生素 A 能够降低化学致癌物的致癌作用等。缺乏时会造成夜盲症，生长停止，骨齿发育不良，味觉减弱，生殖能力明显下降等。

成人对维生素 A 的日需量为 2000 IU，鱼肝油和鱼卵是最好的维生素 A 的食物源之一。此外，各种动物肝脏、全奶、奶油、胡萝卜、有色蔬菜等均是其良好的食物来源。

表2-14 鱼类肝脏的维生素 A 的含量

鱼类	脂肪含量/%	维生素 A 的含量/（1000IU/g 以肝油计）
双髻鲨	30~40	30~120
太平洋鲱	3~5	30~60
河鳗	3~14	0.2~54
角鲨	75~85	0.2~4.9
鲣	4~6	30~60
箭鱼	8~35	20~400
硬鳞鲈	11~25	81~650
鳕	7~58	0.4~650

（二）维生素 D

已知的维生素 D 包含维生素 D_2 ~ D_7，生物活性较高的主要是维生素 D_2 和维生素 D_3。前者可由表角固醇经紫外线照射后转变而成，后者是 7-脱氢胆固醇经紫外线照射后的产物。人和动物的皮肤和脂肪组织都含有 7-脱氢胆固醇，故皮肤经光（紫外线）照射后可形成维生素 D_3。

维生素 D 也和维生素 A 一样，主要存在于鱼类肝油中，但软骨鱼类肝脏中含量少。肌肉中含脂量多的中上层鱼类（一般为红肉鱼），如拟远东沙丁鱼、鲤、鲐、鲕、秋刀鱼等的含量在 3 IU/g 以上，高于含脂量少的低脂鱼类，如大麻哈鱼、虹鳟、马鲛、鲱、鲻、鲈等，一般在 1 IU/g 以上。表 2-15 列举了鱼类肝脏中维生素 D 的含量。

早在 1870 年，人们就发现鳕鱼肝油中含有某种物质可预防佝偻病，这种疾病可导致骨骼软化、变形和钙缺乏症。因此，维生素 D 的主要生理功能为：调节钙磷代谢，维持血钙正常水平；促使骨与软骨、牙齿的发育。缺乏时，儿童将引起佝偻病，影响其正常生长发育，成人会造成软骨病和骨质疏松症，特别是妇女及老年人易发生骨质疏松症，造成骨折。

维生素 D 的需要量必须同 Ca、P 供给量结合起来考虑，在 Ca、P 供给充足的条件下，成人每天 300 ~ 400 IU 即可满足生理需要。我国 2013 年推荐供给量成人为 400 IU/d，WHO 建议 6 岁以下儿童、孕妇和乳母为 400 IU/d。天然食物中含脂高的海水鱼及其肝脏是优良的维生素 D 来源。

表2-15 鱼类肝脏中维生素 D 含量

鱼类	脂肪含量/%	维生素 D 的含量/[IU/g(以肝油计)]
瓦氏斜齿鲨	30	13
驼背大麻哈鱼	3~6	100~600
长鳍金枪鱼	7~20	25000~250000
鲐	—	1400~5400
鲣	2~3	20000~40000
箭鱼	3~35	2000~2500
鳕	12~45	85~500

(三)维生素 E

维生素 E 又名生育酚 (tocopherol), 已知有 8 种不同的生育酚和生育烯酚, 具有维生素 E 的活性, 其中, α-生育酚 (α-tocopherol) 活性最强。鱼类肉的含量多在 0.005~0.01mg/g 范围, 香鱼、河鳗、长枪乌贼总生育酚含量较高, 在 0.01~0.04 mg/g 之间。海产鱼中 α-生育酚含量为总维生素 E 的 90%以上, 但淡水鱼的鲤、红点鲑鱼含 γ-生育酚的比率最高。

食物中的维生素 E 是一种天然强抗氧化剂, 能有效防止脂肪氧化, 保护细胞免受不饱和脂肪酸氧化产生毒性物质的伤害, 也防止维生素 A、维生素 C、ATP 的氧化, 保证其在体内的功能; 可与硒协同清除自由基, 有效提高机体的免疫能力; 还与精子的生成、生殖能力有关, 还具备保持血红细胞的完整性和调节体内化合物的合成、促进细胞呼吸、预防心血管疾病等生理功能。

动物有缺乏维生素 E 不孕、流产的报道, 人类一般未见缺乏症。这是因为维生素 E 的食物源广泛, 其良好来源是麦胚油、玉米油、米糠油、花生油等植物油, 几乎所有的绿叶植物都含维生素 E, 也存于肉、奶、奶油、蛋及鱼肝油中。我国建议的成人维生素 E 日需量为 12mg。常见鱼类可食部位的总维生素 E 和同分异构体组成, 如表 2-16 所示。

表2-16 鱼类可食部位的总维生素 E 和同分异构体组成

种类	维生素 E 含量/(mg/100g)	同分异构体组成/%			
		α	β	γ	δ
鲐	0.89	98.8	0.3	0.4	0.5

续表

种类	维生素 E 含量/（mg/100g）	同分异构体组成/%			
		α	β	γ	δ
远东拟沙丁鱼	0.61	96.8	0.6	1.9	0.7
香鱼	3.98	98.1	0.7	1.2	0
鲤	0.55	78.4	3.7	13.6	4.3
红点鲑	0.69	70.2	8.1	19.4	2.3
河鳗	3.16	99.5	0	0.5	0
枪乌贼	1.03	97.9	0	2.1	0

二、水溶性维生素

（一）维生素 C

维生素 C 又称抗坏血酸。鲤、虹鳟、鲕、黑鲷、黄带鲹等鱼类肌肉和肝脏中维生素 C 含量低，在 0.016 ~ 0.076mg/g 范围内；但在卵巢和脑的含量相对较高，可达 0.167 ~ 0.536mg/g。维生素 C 具有促进细胞间质的形成，促进氧化，提高物质代谢速度，参与解毒作用，促进肠内对铁的吸收，帮助降低血液中的胆固醇，预防滤过病毒和细菌的感染等生理功能。缺乏时，会发生坏血病、皮下出血、贫血和生长不良等。维生素 C 的主要来源为新鲜蔬菜和水果。我国成人的日需量标准为 60mg。

（二）维生素 B_5

维生素 B_5 又称烟酸（niacin）或尼克酸（nicotinic acid）。鱼类中金枪鱼、鲐鱼、马鲛鱼等肌肉中含量在 0.09mg/g 以上，远东拟沙丁鱼、日本鳀鱼、鲹鱼、大麻哈鱼、虹鳟等在 0.03 ~ 0.059mg/g 范围，鲷鱼、海鳗、鳕鱼、鲫鱼及多数鱼类等为 0.01 ~ 0.029mg/g，同其他 B 族维生素不同的是，普通肉的含量高于暗色肉和肝脏。

维生素 B_5 亦是辅酶的组成部分，是生物氧化过程中不可缺少的递氢体。烟酰胺对中枢神经及交感神经有保护作用，长期缺乏可引起皮炎，但一般不易发生缺乏，可由体内 Trp 代谢生成。维生素 B_5 是 B 族维生素中理化性质最稳定的一种，不易被酸、碱、水分、金属离子、热、光、氧化剂及加工贮藏等因素所破坏。

维生素 B_5 在食品中分布很广，鱼肝（包括其他动物肝脏）、酵母、谷物的种皮、肉类、叶菜类等居多，成人日需要量 10 ~ 15mg。

常见的鱼类可食部位维生素 C 和维生素 B_5 的含量见表 2-17。

表 2-17 常见鱼类可食部位维生素 C 和维生素 B_5 的含量 单位：mg/100g

鱼类	维生素 B_5	维生素 C
日本鳗鲡	3.0	2.0
鲈鱼	3.9	3.0
鲤鱼	3.3	—
带鱼	3.9	1.0
鲐鱼	10.4	—
秋刀鱼	7.0	—

（三）维生素 B_1

维生素 B_1 又称硫胺素（thiamine），是催化氧化脱羧反应的辅酶焦磷酸硫胺素的前体维生素，也是 Leu、Ile、Val 等支链氨基酸代谢所必需的物质，对神经细胞高频脉冲起重要作用；与心脏活动、食欲维持、胃肠道正常蠕动及消化液分泌、改善精神状态有关。维生素 B 缺乏，可使人患脚气、多发性神经炎和便秘等。

鱼类中除八目鳗、河鳗、鲫等少数鱼肉含量约 4 ~ 9μg/g 之外，多数鱼类在 1 ~ 4μg/g 范围。一般来说，深色肉比普通肉含量高，肝脏中含量与深色肉相同或略高。水产品中含有维生素 B_1 较多的是罗非鱼、泥鳅、牙鲆等。鱼类普通肉、深色肉以及肝脏中维生素 B_1 的含量见表 2-18。维生素 B_1 在加工过程中损失相当多，例如，在鱼肉罐头加工热杀菌过程中 50%的维生素 B_1 被分解。许多鱼类含有维生素 B_1 分解酶——硫胺酶（thiaminase），会造成维生素 B_1 的损失，特别是鲫、鲤内脏的硫胺酶活性较强，但肌肉中的硫胺酶活性则较弱，加热可使其失活。

维生素 B_1 广泛存在于天然食物中，除鱼类之外，含量较丰富的还有动物内脏、肉类、豆类及未加工的粮谷类。

表 2-18 鱼类的维生素 B_1 含量

鱼类	普通肉/（μg/g）	深色肉/（μg/g）	肝脏/（μg/g）
金枪鱼	2.5	4.3	3.7

续表

鱼类	普通肉/（μg/g）	深色肉/（μg/g）	肝脏/（μg/g）
鲐	0.47	0.26	0.6
鲣	0.60	0.52	1.6
鲕	1.4	0.48	—
鲽	0.40	0.04	0.25

（四）维生素 B_2

维生素 B_2 又称核黄素（riboflavin）。鱼类中维生素 B_2 含量较多的有胡子鲶、鲐鱼、鲈鱼、罗非鱼、泥鳅等。鱼类肌肉中维生素 B_2 的含量和存在形式见表 2-19，一般深色肉高于普通肉（白色肉），高出 5 ~ 20 倍。维生素 B_2 大部分是以黄素腺嘌呤二核苷酸（FAD）形式存在，少量以黄素单核苷酸（FMN）存在。红肉鱼类深色肉中维生素 B_2 含量比白色鱼类深色肉中高，肝脏中含量比深色肉中高或相同。

表 2-19　鱼类肌肉中维生素 B_2 含量及存在形式　　单位：μg/g

鱼类		总维生素 B_2	FAD	FMN	游离性维生素 B_2
金枪鱼	普通肉	2.3	1.9	0.3	0.08
	深色肉	21.3	17.3	3.0	1.0
鲣	普通肉	1.2	0.9	0.2	0.06
	深色肉	20.2	16.4	3.0	0.8
沙丁鱼	普通肉	1.2	1.0	0.2	0.04
	深色肉	21.3	17.8	2.8	0.8
真鲷	普通肉	0.7	0.6	0.1	0.03
	深色肉	8.7	7.2	0.6	0.1
鲤	普通肉	0.6	0.5	0.1	0.06
	深色肉	8.7	7.3	1.1	0.4

维生素 B_2 是机体中许多重要辅酶的组成部分，广泛参与体内各种氧化还原反应，能促进糖类、脂肪和蛋白质的代谢，维持皮肤、黏膜和视觉的正常机能。缺乏维生素 B_2，常见的有口角炎、舌炎、唇炎、阴囊炎、皮肤溢出性皮炎及眼部症状

等。另外，可导致缺铁性贫血。维生素 B_2 广泛存在于植物与动物中，动物性食品含量较植物性食品高，肝、肾、心脏、奶类及蛋类含量较为丰富，各种绿叶蔬菜亦有相当的量。我国推荐的成人日需量为 1.2 ~ 1.4mg。

（五）其他水溶性维生素

泛酸（puntothenic acid）又称遍多酸，属于水溶性 B 族维生素，广泛存在于生物界中。在鱼类中，肝脏的泛酸含量一般比普通肌肉高。在肝脏中，金枪鱼、鲐、鲕等洄游性鱼类的泛酸含量比底栖鱼类高，鱼类深色肉中的含量比白色肉高。泛酸一般用于维生素 B 缺乏症的治疗，另外，在化妆品领域也有涉及，可增强头发的营养与色泽。

叶酸（folic acid）为一种黄色或橙黄色晶体或晶状粉末，无臭无味。虽在鱼类普通肌肉中含量较少，但在肝、肾、脾中含量较高。目前叶酸主要开发成药品、叶酸饲料、食品等，可预防孕妇神经管畸形，有广阔的市场前景。

维生素 B_6 有三种形式：吡哆醇（pyridoxine，PN）、吡哆醛（pyridoxal，PL）和吡哆胺（pyridoxamine，PM），这三种形式通过酶可互相转换。PL 及 PM 磷酸化后变成辅酶、磷酸吡哆醛（PLP）及磷酸吡哆胺（PMP）。维生素 B_6 为氨基酸、糖及脂类代谢上的辅酶，促进合成一些神经递质如 5-羟色胺。维生素 B_6 缺乏可导致生长不良、肌肉萎缩、脂肪肝、惊厥、贫血、生殖系统功能破坏、水肿及肾上腺增大。孕妇维生素 B_6 缺乏也会影响子代脑细胞的发展。鱼类大多是吡哆胺，肝脏的维生素 B_6 含量高于肌肉，在肌肉中的含量红肉鱼类高于白色肉鱼类。

维生素 B_{12} 为钴胺素（cobalamin）类化合物。人体的需求量很少，但年长素食者常见于血清维生素 B_{12} 浓度过低，偶尔亦可发生巨幼红细胞贫血。鱼类肝脏中维生素 B_{12} 含量高，特别是金枪鱼、长鳍金枪鱼。与普通肉相比，深色肉的维生素 B_{12} 含量高。

第六节　无机质

鱼类体内约含有 40 种元素。除 C、H、O、N 之外，其他元素无论是形成有机化合物的还是形成无机化合物的，一律称之为无机质（mineral）。在无机质的分类中，比较大量存在的 Na、K、Ca、Mg、Cl、P、S 七元素称为常量元素，而其他的为人体生理所必需的元素，如 Mn、Co、Cr、I、Mo、Se、Zn、Cu 等称为微量元素。其中，Fe 有人将其归于常量元素，有人列为微量元素，但从营养学角度而言，依照每天必须摄取量在 100mg 以下定义微量元素的话，Fe 应算入后者。

鱼类的无机质含量，因种类及体内组织不同而显示出很大程度的差异。骨、鳞等硬组织含量高，而肌肉相对含量低，在 1% ~ 2%左右。但作为蛋白质、脂肪等组成的一部分，无机质在代谢的各方面发挥着重要的作用。此外，体液的无机质主要以离子形式存在，同渗透压调节和酸碱平衡相关，是维持鱼类生命的必需成分。

一、肌肉中的无机质

鱼类的肌肉中存在着 Na、K、Ca、Mg、Cl、P、S 七种主要无机质，占总无机质的 60% ~ 80%。Na 的含量，鱼类大致为 0.70 mg/g，略比甲壳类和贝类低。K 含量，鱼类在 200 ~ 450mg/100g。Ca 的含量因种类变动较大，大致在 20 ~ 40mg/100g 范围。Mg 的分析数据较少，鱼类约含 40mg/100g，种类变动比 Ca 小。Cl 的数据亦不多，鱼肉平均在 200mg/100g。磷的含量约在 200mg/100g，种类间的变动范围不大（表 2-20）。

表 2-20　鱼类可食部的部分无机质组成　　单位：mg/100g

种类	Ca	Mg	P	Fe	Zn
鲹鱼	27	34	230	0.7	0.7
日本鳗鲡	130	20	260	0.5	1.4
鲤鱼	9	22	180	0.5	1.2
秋刀鱼	32	28	180	1.4	0.8
鲈鱼	12	29	210	0.2	0.5
带鱼	12	29	180	0.2	0.5

二、硬组织中的无机质

鱼的骨、鳞、齿的骨架是由以 Ca 的碳酸盐和磷酸盐为主体的大量无机质和胶质蛋白（collagen）等蛋白质及多糖类所构成的。鱼类骨头的主要无机质组成通常按干基计，鱼头中无机质占 40% ~ 65%，主要成分为 Ca 和 P；鱼鳞中无机质的比例因鱼种而不同，在 10% ~ 60%，主要成分同样是 Ca 和 P；骨、齿、鳞都是主要以 $Ca_{10}(PO_4)_6(OH)_2$ 形式存在。

作为营养强化剂，我国推荐的钙摄入量标准（RDA）为 800mg/d。对人体主要起到生物钙化、血液凝固、肌肉收缩等作用。但对于老年人，补充过多的钙常导致高钙尿症，形成肾结石。由表 2-21 所示，鱼类中的含钙量丰富，是很好的补钙食品，并且鱼类钙源很接近人体骨骼的钙磷化，易于吸收。

表 2-21　几种鱼类与牛乳钙含量比较　　单位：mg/100g

牛乳钙含量	鲤鱼钙含量	鲫鱼钙含量	甲鱼钙含量	小沙丁鱼钙含量
100	28	50	870	1500

作为钙的补充来源，目前主要有乳酸钙、葡萄糖酸钙、柠檬酸钙等有机形式以及碳酸钙等无机形式。一般来说，有机钙的利用率较高，但价格较贵，而无机态的钙吸收率较低，价格也较便宜。目前水产品用于提取钙的原料主要是加工下脚料——鱼骨、鱼鳞等。

碘在人体内主要参与甲状腺的生成。缺碘可引起成年人甲状腺肿大，胎儿期和新生儿期可引起呆小病。碘的补充主要通过饮食。水产品中的含碘量要比陆上禽类多 10 ~ 50 倍，是人们摄取碘的主要来源，如海带、海鱼、海虾等。一般成年人日需量为 150μg 左右，孕妇、产妇可增加到 175 ~ 200μg。

锌具有参与酶、核酸的合成，可促进机体的生长发育、性成熟和生殖过程，参与人体免疫功能，维护和保持免疫细胞的复制等多种生理功能。

硒是世界卫生组织推荐的 14 种人体必需微量元素之一，具有抗肿瘤、抗氧化、抗衰老、抗毒性等重要作用。体内代谢过程中，可产生大量的过氧化物，这对机体是有害的，而硒参与的谷胱甘肽过氧化酶可使过氧化氢分解，从而保护细胞中脂类免受过氧化物损害，保全细胞的完整性。维生素 E 对硒的抗氧化作用有协同性。缺硒时，红细胞的脆性增加，容易产生溶血现象。硒还能保护肝细胞免受其他毒物影响。硒对心细胞和心血管系统也有保护作用，缺硒会使心肌细胞变性乃至坏死，克山病即与缺硒有关。硒还可以降低重金属、黄曲霉素的毒性作用，可保护视觉器官及提高机体抗病能力等。海洋生物是硒的良好食物来源。

参考文献

[1] Belitz H D，Gorsch W，Schieberle P. Food chemistry[M]. 4th ed. Heidelberg：Springer-Verlag GmbH，2009.

[2] Fennema O W. Food Chemistry[M]. 4th ed. New York：CRC Press Inc，2007.

[3] Casimir C A，David B M. Food lipid[M]. 2th ed. New York：Marcel Dekker Inc，2002.

[4] 邵颖，刘洋. 食品化学[M]. 北京：中国轻工业出版社，2018.

[5] 江波，杨瑞金. 食品化学[M]. 2 版. 北京：中国轻工业出版社，2018.

[6] Mathew S，Raman M，Parameswaran M K，et al. Fish and fishery products analysis：A theoretical and practical perspective[M]. Heidelberg：Springer-Verlag GmbH，2019.

[7] 章超桦，薛长湖. 水产食品学[M]. 2 版. 北京：中国农业出版社，2010.

[8] 林洪，江洁. 水产品营养与安全[M]. 北京：化学工业出版社，2007.

[9] 石彦国，孙冰玉，易华西. 食品原料学[M]. 北京：科学出版社，2016.

[10] 彭增起，刘承初，邓尚贵. 水产品加工学[M]. 北京：中国轻工业出版社，2010.

[11] Hussein H S，Jordan R M. Fish meal as a protein supplement in ruminant diets：A review[J]. Journal of Animal Science，1991，69（5）：2147-2156.

[12] Zabetakis C N. Benefits of fish oil replacement by plant originated oils in compounded fish feeds. A review[J]. LWT - Food Science and Technology，2012，47（2）：217-224.

[13] 蔡春芳，陈立侨. 鱼类对糖的代谢[J]. 水生生物学报，2008（04）：592-597.

[14] Yurimoto T. Seasonal changes in glycogen contents in various tissues of the edible bivalves，pen shell atrina lischkeana，ark shell scapharca kagoshimensis，and manila clam ruditapes philippinarum in west Japan[J]. Journal of Marine Biology，2015，2015（2015）：1-5.

[15] 罗毅平，谢小军. 鱼类利用碳水化合物的研究进展[J]. 中国水产科学，2010，17（02）：381-390.

[16] Tarr H L A. Post-mortem changes in glycogen，nucleotides，sugar phosphates，and sugars in fish muscles-A review[J]. Journal of Food Science，1966，31（6）：846-854.

[17] Rumengan I，Suptijah P，Wullur S，et al. Characterization of chitin extracted from fish scales of marine fish species purchased from local markets in North Sulawesi，Indonesia：IOP Conf. Series：Earth and Environmental Science[C]. Bristol：IOP Publishing，2017.

[18] Boarin-Alcalde L，Graciano-Fonseca G. Alkali process for chitin extraction and chitosan production from Nile tilapia（*Oreochromis niloticus*）scales[J]. Latin American Journal of Aquatic Research，2016，44（4）：683-688.

[19] Liu P，Zhu D，Wang J，et al. Structure，mechanical behavior and puncture resistance of grass carp scales[J]. Journal of Bionic Engineering，2017，14（2）：356-368.

[20] Kaya M，Mujtaba M，Ehrlich H，et al. On chemistry of γ-chitin[J]. Carbohydrate Polymers，

2017，176：177-186.

[21] Pillai C K S，Paul W，Sharma C P. Chitin and chitosan polymers：Chemistry，solubility and fiber formation[J]. Progress in Polymer Science，2009，34（7）：641-678.

[22] Agboh O C，Qin Y. Chitin and chitosan fibers[J]. Polymers for Advanced Technologies，1997，8（6）：355-365.

[23] 薛洪宝，梁丽丽，常华兰，等. 硫酸软骨素药效成分糖胺聚糖含量分析研究[J]. 宁夏师范学院学报，2018，39（10）：62-70.

[24] 周正雄.酶法合成硫酸软骨素和肝素[D]. 无锡：江南大学，2019.

[25] 张耀阳.从金枪鱼眼中提取透明质酸的工艺研究[D]. 杭州：浙江工业大学，2013.

[26] 张会丽.风鱼腌制风干成熟工艺及其蛋白质水解规律的研究[D]. 南京：南京农业大学，2009.

[27] Guan L，Miao P. The effects of taurine supplementation on obesity，blood pressure and lipid profile：A meta-analysis of randomized controlled trials[J]. European Journal of Pharmacology，2020，885.

[28] 李桂芬，何定芬，郑霖波，等. 响应面法优化金枪鱼蛋白抗痛风活性肽制备工艺[J]. 浙江海洋大学学报（自然科学版），2020，39（01）：41-50.

[29] 棘怀飞，李晔，张迪雅，等. 美拉德反应对金枪鱼红肉酶解液挥发性物质和游离氨基酸的影响[J]. 食品工业科技，2020，41（04）：205-210.

[30] Gunlu A，Gunlu N. Taste activity value，free amino acid content and proximate composition of Mountain trout（Salmo trutta macrostigma Dumeril，1858）muscles[J]. Iranian Journal of Fisheries Sciences，2014，13（1）：58-72.

[31] 吴燕燕，陈玉峰. 腌制水产品中生物胺的形成及控制技术研究进展[J]. 食品工业科技，2014，35（14）：396-400.

[32] 陈玉峰，吴燕燕，邓建朝，等. 腌制和干燥工艺对咸金线鱼中生物胺的影响[J]. 食品工业科技，2015，36（20）：83-91.

[33] 吴燕燕，陈玉峰，李来好，等. 带鱼腌制加工过程理化指标、微生物和生物胺的动态变化及相关性[J]. 水产学报，2015，39（10）：1577-1586.

[34] 邹琳，杭妙佳，李阳，等. 鲣鱼黄嘌呤氧化酶抑制肽酶法制备工艺优化[J]. 浙江大学学报（农业与生命科学版），2019，45（05）：550-562.

[35] 武小曼，方红，聂品，等. 鱼类组蛋白核苷酸的多态性及其在杀鱼爱德华氏菌感染中的作用[J]. 水产学报，2020，44（09）：1525-1538.

[36] Liu J，Shibata M，Ma Q，et al. Characterization of fish collagen from blue shark skin and its application for chitosan - collagen composite coating to preserve red porgy（*Pagrus major*）meat[J]. Journal of Food Biochemistry，2020，44（8）：13265.

[37] Yeşilayer N，Kaymak I E. Effect of partial replacement of dietary fish meal by soybean meal with betaine attractant supplementation on growth performance and fatty acid profiles of juvenile rainbow trout（*Oncorhynchus mykiss*）[J]. Aquaculture Research，2020，51（4）：1533-1541.

[38] Kim Y J，Yokozawa T，Chung H Y. Suppression of oxidative stress in aging NZB/NZW mice：Effect of fish oil feeding on hepatic antioxidant status and guanidino compounds[J]. Free Radical Research，2005，39（10）：1101-1110.

[39] Samir C，Rabeb F，Syrda C，et al. First report of agrobacterium vitis as causal agent of

crown gall disease of grapevine in tunisia.[J]. Plant disease，2013，97（6）：836.

[40] 唐森，李军生，胡金鑫，等. 应用三甲胺+二甲胺与氧化三甲胺摩尔比值评价冷冻鱼产品的新鲜程度[J]. 江苏农业学报，2016，32（01）：222-228.

[41] 李军生，杨军，阎柳娟，等. 氧化三甲胺与鱼产品品味及加工性能关系的研究进展[J]. 食品工业科技，2012，33（03）：388-390.

[42] 李佩，陈见，余登航，等. 运输密度和时间对黑尾近红鲌皮质醇、乳酸、糖元含量的影响[J]. 水生生物学报，2020，44（02）：415-422.

[43] Guo M，Li L，Zhang Q，et al. Vitamin and mineral status of children with autism spectrum disorder in Hainan Province of China：associations with symptoms[J]. Nutritional Neuroscience，2020，23（10）：803-810.

[44] 胡贻椿，李思燃，柳祯，等. 中国成人维生素 D 缺乏界值初探[J]. 卫生研究，2020，49（05）：699-704.

[45] La Frano M R，Burri B J. Analysis of retinol，3 - hydroxyretinol and 3，4 - didehydroretinol in North American farm - raised freshwater fish liver，muscle and feed[J]. Aquaculture Nutrition，2014，20（6）：722-730.

[46] 丁媛慧，孙中厚. 维生素 A 缺乏与儿童感染性疾病[J]. 中国儿童保健杂志，2016，24（01）：48-50.

[47] Scurria A，Lino C，Pitcnzo R，et al. Vitamin D3 in fish oil extracted with limonene from anchovy leftovers[J]. Chemical Data Collections，2020，25：100311.

[48] 张建立，宛晓春，周裔彬，等. 6 种茶渣对斑点叉尾鮰肝脏维生素 E 含量的影响[J]. 长江大学学报（自科版），2013，10（35）：48-51.

[49] Al-Okbi S Y，El-qousy S M，El-Ghlban S，et al. Role of borage seed oil and fish oil with or without turmeric and alpha-tocopherol in prevention of cardiovascular disease and fatty liver in rats[J]. Journal of Oleo Science，2018，67（12）：1551-1562.

[50] 李萌，王桂芹，韩宇田，等. 鱼类几种常用水溶性维生素的应用研究[J]. 饲料与畜牧，2014（07）：25-28.

[51] 鲍金德. 鱼类营养与健康[J]. 北京水产，1994（Z1）：29-30.

[52] 李竹，Berry R，李松，等. 中国妇女妊娠前后单纯服用叶酸对神经管畸形的预防效果[J]. 中华医学杂志，2000（07）：9-14.

[53] 张璐.鲈鱼和大黄鱼几种维生素的营养生理研究和蛋白源开发[D]. 青岛：中国海洋大学，2006.

[54] 吕颖坚，黄俊明. 维生素 B_{12} 的研究进展[J]. 中国食品卫生杂志，2012，24（04）：394-399.

[55] 王小平，王鑫，黄泽伟，等. 鲫鱼、鲢鱼和乌鱼的元素分布分析[J]. 中国酿造，2019，38（08）：163-167.

[56] 葛可佑，常素英. 中国居民微量营养素的摄入[J]. 营养学报，1999（03）：3-5.

[57] Pati P，Mondal K. A Review on the Dietary Requirements of Trace Minerals in Freshwater Fish[J]. Journal of Environment and Sociobiology，2019，16（2）：171-206.

[58] 周建设，王且鲁，王万良，等. 黑斑原鮡肌肉脂肪酸及无机盐组成特征分析[J]. 水产科学，2020，39（03）：414-419.

[59] 陈寅山，戴聪杰. 红罗非鱼肌肉的营养成分分析[J]. 福建师范大学学报（自然科学版），2003（04）：62-66.

[60] 阳丽红.利用金枪鱼加工副产物制备骨粉、胶原多肽及肽钙螯合物研究[D]. 杭州: 浙江工商大学，2020.

[61] 曹龄之，谢建平，彭小东，等. 碘摄入量及富碘食物与甲状腺癌发病关系的 Meta 分析[J]. 肿瘤防治研究，2016，43 (07): 616-622.

第三章

鱼类资源的食品加工

第一节 常见鱼肉食品

一、冷冻食品

水产冷冻食品包括生鲜的初级加工品、调味半成品和烹调预制品。它的生产工序也因水产品的种类、形态、大小、产品的形状、包装等不同而异，但一般都要经过冻结前处理、冻结、冻结后处理等过程，工艺流程如下：原料的选择→前处理→冻结→后处理→制品→冷藏或流通。由于水产冷冻食品提供给消费者时，只要进行简单的烹调或加热即可食用，因此冻结前原料的前处理是生产工序的主体。

（一）冻结前处理

1. 原料的选择

原料的特性和冻结前的鲜度，对冻藏水产品的品质有着重要的影响。原料的特性主要包括水产品种类、个体大小、性别、生殖腺的成熟度以及营养、健康状态的不同所造成的水产品组织成分和质构的差异。多脂鱼在冻藏过程中肌肉纤维内冰晶体的增长、凝聚速度比少脂鱼慢，蛋白质变性程度和肌肉组织损伤程度也较小。此外，处于丰满期的洄游性鱼类、处于产卵前后的鱼类、处于幼鱼期的小型鱼、处于饥饿期和不健康的鱼等，其耐冻性较差。作为水产冷冻食品的原料，最初的质量对水产冷冻食品的品质稳定性有很大影响，其鲜度必须良好，这一点极其重要。处于僵硬前、僵硬初期、后期或自溶期的不同原料，在冻结冷藏过程中蛋白质变性和冰结晶的生成情况有较大的差异。

当使用冷冻鱼作为水产冷冻食品原料时，首先要判定冷冻鱼的质量并进行解冻，以保证冻结制品的质量。对于冷冻鱼的质量判定，最简单的为感官检查，即采用锋利的刀具将冷冻鱼切断，观察其断面，如使用放大镜更好。在切断面如能看到冰结晶，则质量不好；如看到表面致密，具有鱼肉特有的光泽，则是好的冷冻鱼。另外切出薄的鱼肉片，放水中融化后再用手指掐一下，如果水分很多，则说明鱼肉的保水性差，原料质量较差。如果将鱼肉薄片放入口中咀嚼，感觉到具有生鱼肉的质地，这说明该冷冻鱼质量良好。冷冻鱼的解冻以进行到半解冻状态为宜，便于调理。解冻后的终温必须保持在5℃以下，解冻后鱼品质的劣化速度与新鲜鱼相比显著加快，因此要继续进行前处理工序，绝对避免解冻品的保存。

2. 前处理

原料的前处理是水产冷冻食品制造的主要工序。冻前处理的主要目的是去杂、清洁、均匀化、品质改良和辅助化学保鲜，这些操作可尽量清除容易引起品质劣化的杂质，减少不可食用部分的运输和能耗成本，使待冻原料规格均匀，有利于后续加工和保藏。

冻结前，首先根据水产品原料的品种规格进行挑选分类，剔除杂鱼和品质差的个体。然后进行清洁处理，包括清洗、放血、去鳃、去鳞、去内脏等。充分洗涤是减少污染最好的方法之一，彻底的清洁可使微生物污染减少 80%以上。鲜鱼要用清洁的冷水洗干净，海水鱼可使用 1%的食盐水洗，以防止鱼体褪色和眼球白浊。大型鱼类一般都要经过形态处理，可根据冻结制品的要求，用手工或机械等方法将鱼肉切成或处理成鱼段、鱼肉片、鱼排、鱼丸后冻结，处理的刀具必须清洁、锋利，防止污染。整个前处理的过程中，原料都应保持在低于常温的冷却状态下，以减少微生物的繁殖。

原料经过水洗、形态处理、挑选分级后，有些品种还要进行必要的物理处理和化学添加剂处理，例如抗氧化处理、盐渍、加盐脱水处理、加糖处理等，然后称量、包装、冻结。在操作顺序上，各个品种也有不同。采用块状冻结方式，一般都是冻前包装，或者把一定量的原料装入内衬聚乙烯薄膜的冷冻盘内进行冻结。如果采用连续式的单体快速冻结方式，则分级和包装都在冻结后进行。

（二）冻结

水产冷冻食品经优质原料选用、前处理后，进入冻结工序。大多数生鲜水产品的共晶点为−65 ~ −55℃，要获得这样的低温，在技术和经济上都有一定难度。因此，一般水产品冷冻保鲜中，为了保持其高质量，采用快速冻结方式，冻品出冻结装置时的中心温度必须达到−15℃以下。冻结速度是衡量冻结过程进行得快慢的物理量，有缓慢冻结与快速冻结之分。由于缓慢冻结产生少而大的冰晶，对脆弱的水产品肌肉组织产生严重的损伤，导致冻结水产品品质严重劣化，因而实际生产中已基本不采用缓慢冻结。快速冻结即通常所称的“速冻”（quick freezing），一般认为在 30min 内通过最大冰晶生成带的冻结过程为速冻。但是因冻结对象、产品的要求等不同，此定义并不总是适用的。

水产冷冻食品应根据其种类、特性、商品包装的形式、大小等，选择合适的冻结方式和冻结装置。目前常用的冻结装置的冻结速度在0.2～100cm/h的范围内，一般水产品在吹风冷库中冻结，其冻结速度为0.2cm/h，属慢速冻结；在隧道式吹风冻结装置或平板床冻结器中，其冻结速度为0.5～3cm/h，属中速冻结；在流态化冻结装置中进行小型制品冻结（速度为5～10cm/h）和液氮冻结（速度为10～100cm/h），均属快速冻结。适合于水产品冻结的主要方法有三种，即吹风冻结、平板冻结或间接接触冻结、喷淋或浸渍冻结。

1. 吹风冻结

该法是利用冷空气流过水产品而使之冻结，它的突出优点是适用性广，适合于冻结各种形状、各种大小的水产品，特别有利于生产单体速冻制品。它可以批量式生产，也可连续式生产。该法的冻结效果与采用的温度和风速密切相关。温度越低、风速越快，则冻结速度越快，制品质量越好。但是，耗能和噪音也会随之增大。一般在陆地工厂生产中风速不超过10m/s，以5m/s较为经济。在船上生产时风速可增加到15～25m/s。吹风冻结法的缺点是冻结速度相对较慢且不均匀，制品干耗较严重。另外，在连续冻结过程中，输送带上会结霜，如果输送带是网格状的，则霜会堵塞网格上的孔眼，阻碍冷空气的流动从而使冻结时间延长。另外，如果冻结量很大或者冻结时间较长，则传送带的长度就会变得过长，使得设备占地面积很大。这可以通过将传送带设置成多层系统或螺旋状来解决。

2. 平板冻结或间接接触冻结

平板冻结机按平板放置的方式，可分为立式和卧式两类。这种冻结装置的核心是中空的铝合金平板，液态制冷剂在其中流过，待冻结的水产品放置在相邻两块平板所组成的冻结空间中，通过与平板接触传热获得冻结，因而也称作间接接触冻结。两块平板间的间距由液压传动装置来调节，使平板能够与产品紧密接触，从而提高平板与产品间的传热系数。卧式平板适合于在岸上冻结包装规则的水产品，如鱼片等，产品的厚度可在25～100mm的范围内调节。而立式平板特别适合于海上整鱼或大块产品的冻结，块的大小取决于产品，一般厚度在25～130mm。

3. 喷淋或浸渍冻结

喷淋冻结是指将液态制冷剂喷洒在待冻结的水产品上使其冻结的方法。浸渍冻结则是将待冻结水产品浸渍在液态制冷剂中使其冻结的方法。这两种方法由于产品直接与冻结介质接触，也称作直接接触冻结。它们通常用于单体快速冻结

(individual quick freezing，IQF）制品，在水产品冻结中主要用于一些特殊的高价值产品。喷淋冻结所用的冻结介质有液态二氧化碳、液氮等。这些具有极低沸点的冻结介质喷洒在产品上，迅速吸热蒸发，使产品快速冻结。浸渍冻结的冻结介质一般采用盐水，待冻结的水产品浸渍在−15℃左右的冷盐水中，通过与冷盐水的紧密接触而被冻结。盐水浸渍冻结法多用于渔船上，尤其多用于金枪鱼的冻结，冻结完全的水产品再转移到冷库中贮藏。

（三）冻结后处理

1. 镀冰衣及包装

水产冷冻食品在冻藏的过程中，其冻结制品表面发生的干燥、变色现象，是由于制品表面的冰晶升华，造成多孔性结构，水产品的脂类在空气中氧的作用下发生氧化酸败的结果。水产冷冻食品的变色、风味损失、蛋白质变性等变化，都会使冻品的质量下降，而这些变化也都与接触空气有关。为了隔绝空气、防止氧化，可在后处理工序中对冻结制品进行一些有效处理，例如镀冰衣、包装等作业，以防止水产冷冻食品在冻藏中商品价值的下降。

镀冰衣是在水产冷冻食品外面镀上一层冰衣，隔绝空气，防止氧化和干燥，这是保持水产冷冻食品品质的简便而有效的方法。常用的镀冰衣方法有两种，一种为浸入法，将冻品在脱盘后浸入预先冷却到 1 ~ 5℃的清洁水中 3 ~ 5s 后捞出，镀冰室温度不超过 5℃。同样操作 2 次，镀冰量可达冻品质量的 2% ~ 3%。另一种为喷淋法，船上加工多用喷淋法，即将水雾喷淋在冻品表面，形成冰衣。为防止冻品在贮藏中脂肪发生氧化，可在镀冰衣的水中添加抗氧化剂。镀冰衣的冻品应在 0°C 左右的库内用聚乙烯袋套装，装箱后贮藏，温度为−18°C 以下，相对湿度 80%以上。

水产冷冻食品的包装材料常用的有聚乙烯与玻璃纸复合、聚乙烯与聚酯复合等薄膜材料。有些水产冷冻食品为了保持形状，通常先装入各种塑料托盘后再包装，也可先用袋包装后再进行纸板盒包装。因为水产冷冻食品在制造后的低温流通阶段中冷藏链设施尚不完善，热辐射的影响在所难免，另外，销售用的冷冻陈列柜在除霜时会引起温度变动，这些都会使冻品的质量降低。所以，单体袋包装后的水产冷冻食品再装入薄纸板盒或铝箔等进行双重包装，就可减轻上述影响。对于质量容易变化的水产冷冻食品，也可采用真空包装来延长制品的贮藏期。

2. 冻藏

经冻结及后处理的水产冷冻食品应及时放入冷藏库中进行冻藏。水产冷冻食品与其他冷冻食品一样，其品温必须保持在−18℃以下。因此，一般冻藏温度设置为−30 ~ −18℃，有些品种为了防止其特有的品质变化，冻藏温度会更低。国际冷冻协会推荐水产品的冻藏温度：少脂鱼类（鳕类）为−20℃，多脂鱼类（鲐等）为−30℃，为延缓红色金枪鱼肉的褐变，需要采用−40℃以下的贮藏温度，并要求贮藏温度稳定，才能使制品保持 1 年左右而不失去商品价值。

目前，国内冷库因受现有条件的限制，水产冷冻食品的贮藏温度尚不能实现低温化，一般采用经济的−18℃。通常，在此条件下，冻结水产品中 90%以上的水分已冻结成冰，由细菌的外源性酶引起的细菌性腐败停止，由水产品本身内源性酶导致的体内化学组成的降解和氧化等也相对缓慢，因此可进行长时间的贮藏。这种长时间的贮藏因冻藏温度的波动、空气中氧的作用等，制品会缓慢发生一系列的物理和化学变化，如冰晶生长、干耗、蛋白质变性、脂类和色素的氧化、酶促和非酶促褐变等。因此，应采用相应的控制手段防止这些不良因素的影响，以保证制品的质量。

二、干制水产品

（一）干制水产品的种类

水产品的干制加工，就是除去水产品中微生物生长发育所必需的水分，同时原料中的各种酶类也因干燥作用，其活性被抑制，多数生物化学反应速度减缓，从而防止水产食品变质，延长产品的保质期。这种加工产品的优点是贮藏期长、质量轻、体积小、便于贮藏运输。其缺点是会导致蛋白质变性和脂肪氧化酸败。为了弥补这些缺点，现已采用轻干（轻度脱水）、生干、真空冷冻干燥以及调味干制等加工方法，以改进干制加工技术，提高产品质量。同时采用各种塑料袋和复合薄膜包装，大大改进了干制品的商品价值。干制水产品一般可分为淡干品、盐干品、煮干品及调味干制品。

1. 淡干品

淡干品（图 3-1）又称为生干品，是指将原料水洗后，不经盐渍或者煮熟处理直接干燥而成的制品。用于淡干制品的水产原料通常是一些体型小、肉质薄而易于迅速干燥的水产品。生干品的优点是原料的组织、结构和性质变化较少，水溶性成分流失少，故复水性较好，能保持原有的良好风味并具有较好的色泽。但是，由于生干品没有经过盐渍和煮熟处理，干燥前原料的水分较多，在干燥过程中容易腐败，并且在贮藏过程中，因酶的作用易引起色泽和风味的变化。

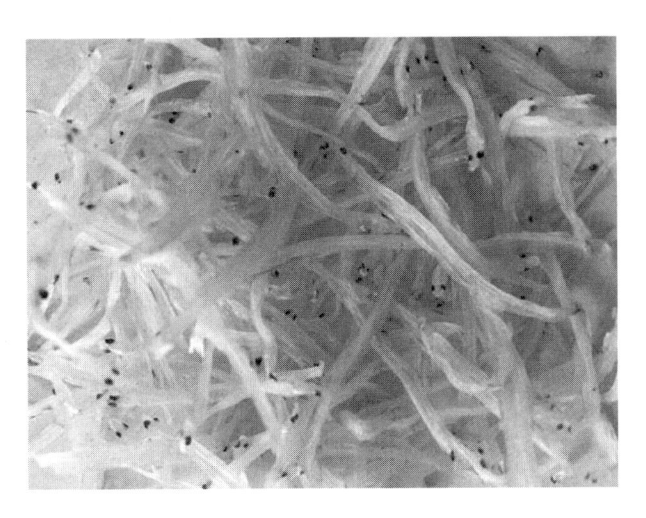

图 3-1 淡干银鱼

2. 盐干品

盐干品（图 3-2）是指经过腌渍、漂洗再进行干燥的制品。多用于不宜进行生干和煮干的大中型鱼类和不能及时进行生干和煮干的小杂鱼等的加工。盐干品加工将腌制和干制两种工艺结合起来，可分为盐渍后直接干燥和经漂洗后再干燥两类。为了便于食盐的渗透和加速干燥，大型鱼体多采取剖开后再进行盐渍干燥。盐干品的特点是利用食盐和干燥的双重防腐作用，食盐一方面在加工和贮藏过程中起着防止腐败变质的作用，另一方面能使原料脱去部分水分，有利于干燥。在渔获物来不及处理或者阴雨天无法干燥的情况下，先行腌渍保藏，等待天晴时进行晒干。因此，盐干适合于高温和阴雨季节时的加工，制品保藏期长。但是，不经漂洗的制品味道太咸，肉质干硬，复水性差，易油烧。

3. 煮干品

煮干品又称熟干品，是由新鲜原料经煮熟后进行干燥的制品。经过加热使原料肌肉蛋白质凝固脱水和肌肉组织收缩疏松，从而使水分在干燥过程中加速扩散，避免变质，加热还可以杀死细菌和破坏鱼体组织中酶类的活性，在南方渔区的干制加工中占有重要的地位。制品具有较好的味道、色泽，食用方便，能较长时间地贮藏，如鱼干、鱼翅等。煮干品质量较好，耐贮藏，食用方便，其中不少是经济价值较高的制品。但是，原料经过水煮后，部分可溶性物质溶解到煮汤中，影响制品的营养、风味和成品率。干燥后的制品组织坚韧，复水性较差。煮干加工主要适用于体小、肉厚、水分多、扩散蒸发慢、容易变质的小型鱼类等。

图 3-2　鳗鱼鲞

4. 调味干制品

调味干制品（图 3-3）是指原料经调味料拌和或浸渍后干燥，或先将原料干燥至半干后浸调味料再干燥的制品。其特点是水分活度低，耐保藏，且风味、口感良好，可直接食用。调味干制品的原料一般可用中上层鱼类、海产软体动物或鲜销不太受欢迎的低值鱼等。主要制品有五香烤鱼、珍珠烤鱼、鱼松等。

图 3-3　香辣沙丁鱼

5. 半干半潮制品

半干半潮制品（图 3-4）是指干制品中的一种高含水制品，通过对物料进行部分脱水，可溶性固形物的浓度高到足以能束缚住残余水分的一类食品。为了改善普通水产干制品质地粗硬、复水性差、不能很好地体现水产品的鲜美风味等不足，半干半潮制品已经成为水产干制品加工的新方向。

水产半干半潮制品的水分比新鲜的水产食品低，一般为 20% ~ 50%，水分活度处于 0.70 ~ 0.90，在此范围内，大多数细菌的繁殖可被抑制，但某些霉菌较细菌更耐干燥，常在水分活度约为 0.80 的食品上繁殖良好，甚至在低于 0.70 的水分活度下，有些食品在室温下贮存几个月，仍可能出现霉菌缓慢繁殖的现象，只有在水分活度低于 0.65 时，大多数霉菌的繁殖才能完全被抑制。但是，如此低的水分活度，通常相当于低于 20%的水含量，不适用于半干半潮制品的生产。为了在提高水分含量的同时仍然保持产品的常温保藏能力，业内目前普遍采用添加各种防腐剂的方法，但这导致不少企业盲目滥用防腐剂，使消费者对这类产品失去信心。半干半潮制品要有突破性的进展，必须采用新的理论和技术，如栅栏效应，通过合理设置若干强度不同的栅栏因子的交互作用，形成特有的防止食品腐败变质的栅栏，从各方面打破食品中残存微生物的内平衡，达到阻止其生长繁殖的目的，避免了单一高强度防腐方法对产品造成的感官等质量劣变。

图 3-4　半干小黄鱼

（二）水产品干制方法

干制水产品常采用三种方法，即空气干燥、真空干燥及辐射干燥。

1. 空气干燥

热空气通过对流将热量传递给水产品，使水产品中的水分吸热蒸发，然后再通过对流将水蒸气带走，使水产品干燥。目前，世界上许多地方水产品的干燥采用晒干法，即利用太阳能使水分蒸发，并利用空气的自然对流将水蒸气带走。空气干燥法的干燥速度较慢，有时甚至需要数天的时间。通常可以采用提高干燥温度、加快空气流速、增加表面传热系数、缩短水蒸气传递距离等方法来加快干燥过程。

空气干燥装置形式很多，如空气干燥箱、带式干燥器、隧道式干燥机、气流式干燥器、流化床式干燥机、喷雾干燥机等。其中，空气干燥箱、带式干燥器、隧道式干燥机适用范围比较广，可以用于干燥各种形式的水产品，而气流式干燥器、流化床式干燥机、喷雾干燥机适用范围较窄，一般只适用于干燥鱼粉、水解蛋白等粉末状、液体或浆状水产品。

2. 真空干燥

真空干燥即在真空环境中进行的干燥过程。鱼体中的水分通过热表面的接触传递或辐射吸收热量，并在真空下迅速蒸发成蒸汽，被真空泵抽走。在减压条件下水分蒸发得更快，因此，真空干燥比空气干燥速度更快。真空干燥设备包括真空干燥箱、真空滚筒干燥器、带式真空干燥器等，其中带式真空干燥器是一种连续式真空干燥设备。一条不锈钢传送带绕过分设于两端的加热、冷却滚筒，置于密封的外壳内。物料由供料装置连续地涂布在传送带表面，并随传送带进入下方红外加热区。料层因受内部水蒸气的作用膨化成多孔的状态，在与加热滚筒接触之前形成一个稳定的膨松骨架，装料传送带与加热滚筒接触时，大量的水分被蒸发掉，然后进入上方红外加热区，进行后期水分的干燥，并达到所要求的水分含量，经冷却滚筒冷却变脆后，即可利用刮刀将干料层刮下。带式真空干燥法与常压带式干燥相比，设备结构复杂，成本较高。因此，只限于干燥热敏性高和极易氧化的水产品。

3. 辐射干燥

辐射干燥是一类以红外线、微波等电磁波为热源，通过辐射方式将热量传给待干水产品进行干燥的方法，较常见的辐射干燥方式主要有红外线干燥和微波干燥。

红外线干燥的原理是当水产品吸收红外线后，产生共振现象，引起原子、分子的振动和转动，从而产生热量使水产品温度升高，导致水分受热蒸发而获得干燥。红外线干燥器的关键部件是红外线发射元件。常见的红外线发射元件有短波灯泡、辐射板或辐射管等。这种干燥器结构简单，能量消耗较少，操作灵活，温度的任何变化可在几分钟之内实现，且对于不同原料制成的不同形状制品的干燥效果相同，因此应用较广泛。红外线干燥的最大优点是干燥速率快。这是因为红外线干燥时，辐射能的传递不需经过水产品表面，且有部分射线可透入水产品毛细孔内部达0.1 ~ 2.0mm。这些射线经过孔壁的一系列反射后，几乎全部被吸收。因此，红外线干燥器的传热效率很高，干燥时间与对流、传导式干燥相比，可大为缩短。

微波干燥的原理是利用微波照射和穿透水产品时所产生的热量，使水产品中的水分蒸发而获得干燥，因此，它实际上是微波加热在水产品干燥上的应用。根据结构及发射微波方式的差异，微波加热器有四种类型，即微波炉、波导加热器、辐射微波加热器及慢波型加热器。微波干燥具有干燥速率极快、加热均匀、制品质量好、调节灵敏、控制方便、自动平衡热量、热效率高、设备占地面积小等特点，主要缺点是耗电多，因而使干燥成本较高。为此，可以采用热风干燥与微波干燥相结合的方法来降低成本。具体做法是：先用热风干燥法将物料的含水量干燥到20%左右，再用微波干燥完成最后的干燥过程。这样既可使干燥时间比单纯用热风干燥缩短3/4，又节约了单纯用微波干燥能耗的3/4。

三、腌制水产品

腌制水产品（图3-5）是我国传统的水产加工制品，具有风味独特、保质期长的特点，许多产品在国内外均享有盛誉。水产腌制品加工设备投资少，工艺简单，便于短时间内处理大量渔获物，是高产季节和地区集中保藏处理渔获物、防止腐败变质的一种有效方法。随着水产品种类和加工技术的日趋多样化，腌制常被用来作为其他加工中风味化的前处理工序，与干制、发酵和低温贮藏等方法相结合，形成多种风味的制品。

图3-5　腌腊鱼

（一）腌制加工的原理

腌制是指用盐或盐溶液、糖或糖溶液对食品原料进行处理，使其渗入食品组织内，以提高其渗透压，降低其水分活度，并有选择性地抑制腐败微生物的活动，促进有益微生物的活动，从而防止食品的腐败，改善食品品质，利于保藏的加工过程。腌制所采用的腌制材料统称为腌制剂。

食盐腌制是腌制主要的代表性方法，包括盐渍和成熟两个阶段。盐渍是指食品与固体的食盐接触或浸于食盐溶液中，食盐向食品中渗入，同时一部分水分和溶质从食品中除去和溶出，降低了食品的水分活度，对微生物生长繁殖、酶的活力、溶氧量等产生影响，达到抑制腐败变质的目的。成熟是指在腌制过程中，在微生物和酶等的作用下，原料内部发生的一系列生化变化，产品逐渐失去新鲜原料组织的风味特点，形成腌制品特有的风味。这一系列变化包括：①蛋白质在酶的作用下分解为短肽和氨基酸，非蛋白氮含量增加，使风味变佳；②在嗜盐菌解酯酶作用下，部分脂肪分解产生小分子挥发性醛类物质而具有一定的芳香味；③肌肉组织大量脱水，一部分肌浆蛋白质失去了水溶性，肌肉组织网络结构发生变化，使鱼体肌肉组织收缩并变得坚韧；④由于加入的腌制剂中存在部分硝酸盐和亚硝酸盐，对肌肉有一定的发色作用。

此外，腌制还会引起制品的物理变化。研究表明，食盐渗透到鱼肉中，使鱼肉的水分和质量产生变化。食盐水腌制，浓度为 9%时，质量增加；浓度为 18% ~ 25%时，质量先减少后增加；用固体食盐时，质量减少 30%左右，此时给腌制品加压，质量最终可减少 40%左右。水分的减少可抑制细菌生长繁殖和酶的活力，从而大大减缓鱼体腐败，达到保存的目的。

（二）腌制水产品加工方法

水产品的腌制方法按腌制时的用料大致可分为食盐腌制法、盐醋腌制法、盐糖腌制法、盐糟腌制法、盐酒腌制法、酱油腌制法、盐矾腌制法、多重复合腌制法，其中食盐腌制法是最基本的腌制方法，简称盐渍法。盐渍法按照用盐方式可分为干盐渍法、盐水渍法和混合盐渍法；按照盐渍的温度可分为常温盐渍和冷却盐渍；按照盐量可分为重盐渍和轻盐渍（淡盐渍）等。

1. 干盐渍法

干盐渍法又称撒盐法，它是以固体食盐直接撒在鱼体上，依靠鱼体自身渗出的水分和食盐形成的食盐溶液而进行盐渍的方法。鱼体表面擦盐后，层堆在腌制架上或层装在腌制容器内，各层之间还应均匀地撒上食盐，在外加压或不加压条件下，依靠外渗汁液形成盐液（即卤水），腌制剂在卤水内通过扩散作用向鱼品内部渗透，比较均匀地分布于鱼品内。但因盐水形成是靠组织液缓慢渗出，开始时盐分向鱼品内部渗透较慢，因此，腌制时间较长。干腌法具有鱼肉脱水效率高、盐腌处理时不需要特殊的设施等优点。但它的缺点是用盐不均匀时，容易产生食盐渗透不均匀；强脱水致使鱼体的外观差；由于盐腌中鱼体与空气接触容易发生脂肪氧化等现象。因此该法适宜体型较小鱼类和低脂鱼类的加工。

2. 盐水渍法

盐水渍法又称湿盐渍法，是将鱼体浸入预先配制好的食盐水中进行腌制的方法。通常在坛、桶等容器中加入规定浓度的食盐水，并将鱼体放入浸腌。这时一边进行盐的补充，一边进行浸腌。有的浸腌一次，有的浸腌两次。湿法盐渍的特点是盐渍速度快，由于鱼体完全浸在盐液中，因而食盐能够均匀地渗入鱼体；盐腌中因鱼体不接触外界空气，不容易引起脂肪氧化现象；不会产生干腌法常易产生的过度脱水现象，因此，制品的外观和风味均较好。但其缺点是耗盐量大，并因鱼体内外盐分平衡时浓度较低，达不到饱和浓度，所以，鱼不能作较长时间贮藏。这种方法常用于盐腌鲑、鳟、鳕类等大型鱼及鲐、沙丁鱼、秋刀鱼等中小型鱼和淡干制品原料的盐渍，方便迅速，但不宜用于生产咸鱼。

3. 混合盐渍法

混合盐渍法是干盐渍法和盐水渍法相结合的腌制法。具体操作是将鱼体在干盐堆中滚蘸盐粒后，排列在坛或桶中，以层盐层鱼的方式叠堆放好，在最上层再撒上一层盐，盖上盖板再压上重石。经一昼夜左右从鱼体渗出的组织液将周围的食盐溶化形成饱和溶液，再注入一定量的饱和盐水进行腌制，以防止鱼体在盐渍时盐液浓度被稀释。这种方法的特点是腌渍时鱼体同时受到干盐和盐溶液的渗透作用，腌渍过程中鱼体内渗出的水分可以及时溶解鱼体表面的干盐，以保持盐水的饱和状态，避免盐水被冲淡而影响盐渍效果，同时可以使盐渍过程迅速开始。该法适用于盐渍肥满的鱼类，因为鱼体可以很快浸入饱和盐水中，避免鱼体在空气中停留时间过长而发生脂肪氧化，这对保持和提高盐渍品质量及外观有重要的作用。

4. 低温盐渍法

低温盐渍法的目的是阻止在盐渍过程中鱼肉组织自溶作用和细菌作用的进

行，防止鱼体深处的鱼肉在盐渍过程中发生变质，尤其是体型大而肥的鱼，其盐渍过程很慢，容易发生质变。低温盐渍法又分为冷却盐渍法和冷冻盐渍法。

冷却盐渍法是一种添加碎冰在盐渍容器中，使温度在 0 ~ 5℃条件下进行盐渍的方法，其操作是将鱼体排列于盐渍容器中，按一层盐、一层碎冰、一层鱼的方法逐层排放至装满容器为止。容器顶部吸收外界的热量最大，使冰融化，同时上部鱼体受盐液浸渍的时间较迟，因此在加入碎冰和盐时必须逐层增加冰和盐的用量，其分配比例一般为容器下部用冰和盐的量占总量的 15% ~ 20%，中部用 30% ~ 40%，上部用 40% ~ 45%。该法可防止鱼肉在盐渍过程中发生变质，盐渍品的质量好，尤其适用于体型大而肥的鱼的盐渍。

冷冻盐渍法是一种预先将鱼体冰冻，再进行盐渍的方法。具体操作是先将鱼体冷冻，再按干法盐渍，一层盐一层鱼排列，使鱼体在低温条件下进行干法盐渍。冷冻盐渍法在保存制品质量上更为有效，因为冷冻本身就是一种保藏手段。但冷冻盐渍法操作麻烦，只适用于熏制和干制的半成品制造，或用于盐渍体型大而肥的鱼。

（三）提高水产腌制品品质的措施

水产食品的腐败主要由两个因素引起：一是微生物污染及微生物的生长繁殖；二是脂肪氧化酸败。食品要实现可贮藏性和卫生安全性，其内部必须存在能阻止残留的致腐菌和病原菌生长繁殖的因子，即为加工防腐因子。在水产品腌制过程中，为了提高制品品质，可利用防腐因子的协同作用，结合低温贮藏、降低水分活度、酸化、真空包装、应用乳酸菌等竞争性微生物、应用防腐剂等方式提高制品的品质。

四、烟熏水产品

（一）熏材选择与熏烟组成

熏材是指用于烟熏发烟的材料，可以用多种木材作为熏材，但最好是阔叶树、树脂少的硬质木材。一般使用的木材种类有：青冈栎、山毛榉、核桃树、榆树、白杨、山核桃木等。一般不使用含树脂多且熏烟中带有苦味或异味的木质为熏材，如针叶林、松柏等。稻壳、竹子等也是很好的熏材。

熏材在热分解时，表面和中心存在着温度梯度，外表面燃烧氧化时，内部却在进行氧化前的脱水，当内部水分接近于零时，温度就会迅速上升到 200 ~ 400℃，发生热分解产生熏烟。大多数熏材在 200 ~ 260℃范围内已有熏烟产生，温度达到 260 ~ 310℃时则产生焦木液和一些焦油，温度再上升到 310℃以上时则木质素裂解产生酚及其衍生物。常见的熏材燃烧温度范围为 100 ~ 400℃，如果温度过高，氧化过度，不仅不利于熏烟产生，还造成浪费。如果空气供应不足，燃烧温度过低，熏烟呈黑色，且导致大量碳酸产生，致使有害环烃类物质增加，一般燃烧温度控制在 300℃以下为宜。此外，熏材的水分含量也会直接影响制品的质量，熏材太湿不仅可以引起熏烟中环烃类有害成分的产生，还会导致制品的干燥速度降低，并使温度高的熏烟落在制品表面，使制品表面变黑并产生酸味。熏材太干，制品往往会发焦，燃烧偏旺导致熏烟减少，使熏材的有效成分被烧掉，造成浪费，一般控制熏材水分含量在 20% ~ 30%为宜。

熏烟是由熏材的缓慢燃烧或不完全燃烧氧化产生的蒸汽、气体、液体（树脂）和固体微粒等组成的混合物，是熏材热解的产物。熏烟的成分很复杂，因熏材种类和熏烟的产生温度不同而异，并且其状态变化迅速，现在已在木材熏烟中分离出 200 种以上不同的化合物，熏烟中最常见的化合物为酚类、醇类、有机酸类、羰基化合物、烃类以及一些气体物质。熏制品特有的风味主要与存在于气相的酚类有关，如 4-甲基愈创木酚、愈创木酚、2,5-二甲基氨基酚等。值得注意的是，从熏烟食品中能分离出许多多环烃类，有苯并（a）蒽、二苯并（a，h）蒽、苯并（a）芘、芘以及 4-甲基芘等，其中苯并（a）芘和二苯并（a，h）蒽两种化合物是致癌物质。多环烃主要附在熏烟内的颗粒上，可采用过滤的方法将其除去，而液体烟熏液中烃类物质的含量大大减少。

（二）烟熏加工的目的

1. 赋予制品独特的烟熏风味

在烟熏过程中，熏烟中的许多有机化合物附着在制品上，赋予制品特有的烟熏香味。酚类化合物是使制品形成烟熏味的主要成分，特别是其中的愈创木酚和 4-甲基愈创木酚是最重要的风味物质。烟熏制品的熏香味是多种化合物综合形成的，这些物质不仅自身显示出烟熏味，还能与肉的成分反应生成新的呈味物质，综合构成肉的烟熏风味。熏味首先表现在制品的表面，随后渗入制品的内部，从而改善产品的风味，使口感更佳。

2. 发色作用

熏烟成分中的羰基化合物，可以和肉蛋白质或其他含氮物质中的游离氨基发生美拉德反应，使其外表形成独特的金黄色或棕色，熏制过程中的加热能促进硝酸盐还原菌增殖及蛋白质的热变性，游离出半胱氨酸，因而促进一氧化氮血色原形成稳定的颜色，另外，还会因受热有脂肪外渗起到润色作用，从而提高制品的外观美感。

3. 杀菌防腐作用

熏烟中的某些成分都有较强的杀菌作用，具有代表性的有酚类、醛类、酸类等，辅助性的有乙醇等。因此，在烟熏过程中，很多微生物受到影响，特别是食品表面的微生物被杀灭。同时，这些具有杀菌、防腐作用的物质，烟熏后仍残存在食品中，从而提高食品的贮藏期。熏烟的杀菌作用较为明显的是在表层，经熏制后表面的微生物可减少 1/10。大肠杆菌、变形杆菌、葡萄状球菌对烟最敏感，3h 即死亡。只有霉菌和细菌芽孢对烟的作用较稳定。但烟熏本身产生的杀菌防腐作用是很有限的，而通过烟熏前的腌制、熏烟中和熏烟后的脱水干燥则赋予熏制品良好的贮藏性能。

4. 抗氧化作用

众所周知，水产品尤其是多脂鱼中含有大量不饱和脂肪酸及高度不饱和脂肪酸，干鱼、腌鱼、鱼粉等在长期贮藏过程中容易发生油烧现象，这也是水产加工的一大难题。但熏制过程中鱼品呈现出良好的油脂稳定性，而且烟熏鱼品中的油脂在贮藏过程中也非常稳定。此外，烟熏鱼中维生素 A、维生素 D 在烟熏、保存中没有受到大量破坏，这主要是因为熏烟成分中存在防止氧化作用的酚类物质及其衍生物，其中以邻苯二酚和邻苯三酚及其衍生物作用尤为显著。显然，熏制时间越长，酚类物质被食品吸收得越多，抗氧化效果亦越好。有人曾用煮制的鱼油实验，通过烟熏与未经烟熏的产品在夏季高温下放置 12 天测定它们的过氧化值，结果经烟熏的为 2.5mg/kg，而未经烟熏的为 5mg/kg，由此证明熏烟具有抗氧化能力。

5. 干燥作用

在烟熏过程中，原料中的水分逐渐减少，这时，水分既在表面蒸发，同时又从原料内部向表面扩散，一旦水分在原料内部扩散速度小于蒸发速度，就随着表面水分的损失而干燥变硬。此外，在烟熏过程中，原料长时间处于高温，表面的蛋白质由于热或熏烟中醛、酚等物质的作用而发生变化，形成树脂膜。这个在传统烟熏过程中特别明显，由于烟熏时间长，往往干燥和烟熏同时进行，比如日本的“木鱼”，就是通过烟熏干燥后，使制品无比坚硬的。在现代烟熏中，由于烟熏时间减少、烟熏温度相对较低，干燥作用不是很明显。

（三）烟熏水产品加工流程

烟熏水产制品（图3-6）的基本加工工艺流程如下：原料→预处理→盐腌（调味）→（洗涤→脱盐）→风干、烟熏→后处理→成品。

一般来说，鲜鱼、冷冻鱼、腌鱼、盐干鱼等水产品，只要鲜度良好，脂肪含量适中，都可以作为烟熏制品的原料进行加工。但脂肪含量高的原料，会引起干燥困难、贮藏性差、熏烟成分与油一起流失等问题；脂肪含量低的原料，滋味差，熏烟的香气味难以吸附，鱼体过硬，外观差，成品率低；发生油脂氧化的原料，肉易发黄油耗，这种原料不宜用作烟熏加工。

生产烟熏食品时，烟熏之前要进行适当的预处理，如对水产原料进行去鳞、去内脏、剖片、清洗等处理。预处理作为制品的前处理工序，根据制品的原料不同和成品的要求，处理方法也有很大的不同。预处理的水产原料在烟熏之前还要进行盐腌处理，或者利用复合调味料对原料进行调味处理，增加制品的风味，延长制品的保藏期。根据成品的不同，有些产品需要不止一次的调味处理。

传统的烟熏食品加工，都采用盐腌法处理原料，温熏制品盐腌的目的是调味，冷熏制品盐腌的目的主要是提高制品的贮藏性。生产烟熏食品时，温熏法大都采用盐水法（湿腌）腌制，这种方法盐腌时间短、脱盐快、制品含盐量不会太高。冷熏鱼以长期保藏为目的，食盐含量必须高，为了充分脱去原料中的水分，一般采用干腌法，用盐量为原料的10%~15%，盐腌2~3d至1周。盐腌后食盐均匀渗入鱼体内，由于充分脱水，鱼肉组织紧密，在长时间的烟熏过程中不至于引起质量下降。

脱盐是在水中或在加入少量食盐的盐水中浸渍进行的。采用流水脱盐的效果最好，如用静水脱盐则需经常换水。脱盐时间受原料种类、大小、水温、水量及流水速度的影响；脱盐程度由食品中残留的食盐含量决定。在实际生产中可简单地根据鱼体上浮或下沉的盐水浓度来判定脱盐程度，将鱼体投入一定浓度的盐水中，如果上浮，即认为脱盐结束。也可以测定鱼体弹力来判断脱盐程度或用食盐计来测定。在工业生产中，每次固定脱盐的水量或流速，通过一定的时间，就可以使制品脱盐程度达到一致。现代烟熏食品加工，往往产品的盐分比较低，风味要求比较高，除了脱盐是关键外，盐腌过程中还需要用复合调味料进行调味处理。

盐腌（调味）后的原料在熏制前要进行适当的干燥。风干的目的在于除去鱼体外表的水分，使烟熏容易进行，避免由于原料表面水分过高而沉积过多的熏烟中的固体成分，也可以使制品色泽鲜艳，不发黑。在烟熏完成后，如果还达不到制品的水分要求，则需要进一步干燥处理，这样不但降低制品水分，而且制品表面烟熏色更加牢固，色泽更圆润。烟熏、干燥后的半成品，根据成品的要求，还要进行诸多的处理，如进行修整、包装、冻藏。加工熟制品还要进一步进行调味、杀菌等处理。

图 3-6　烟熏鱼

（四）烟熏水产品烟熏方法

烟熏方法大致可分为冷熏法、温熏法、热熏法，另外还有速熏法、液熏法以及电熏法等。

1. 冷熏法

将原料鱼长时间盐腌，使盐分含量稍高，熏室温度控制在蛋白质不发生凝固的温度区以下（15 ~ 30℃）进行长时间（1 ~ 3 周）熏干的方法。冷熏品的水分含量较低，一般在 45%以下，水产品中常用于冷熏的品种有鲱、鲑、鲐、鳕等。

为了防止熏制初期的原料变质，通常在前处理时使用较高浓度的食盐，再经脱盐，除去过多盐分及可溶性成分，使鱼肉容易干燥、肉质坚实，且不易变质。脱盐程度常控制在最终产品盐分含量为 8% ~ 10%，这种低温长时间的熏制工艺，使熏烟成分在制品中渗透较均匀且较深。加上盐渍的作用，使其与其他烟熏法相比，制品具有较好的耐藏性，保藏期可达数月，但风味不及温熏法。

冷熏时，熏室的温度应保持在 15 ~ 23℃为宜，避免引起肉质热凝固变性。高于此温度可能会引起腐败变质，因此在夏季时生产比较困难；而温度过低，则样品干燥效率低。为了保持在 23℃以下熏制，要求在外部环境温度为 16 ~ 17℃以下的季节进行熏制，或者采用有制冷功能的烟熏设备进行熏制。传统冷熏时，应在夜里进行熏制，白天打开熏室冷却或干燥。冷熏温度的控制方法是：第 1 周比第 2 周要低些，熏制将结束时要上升到最高。值得注意的是，开始时温度过高，会引起鱼体破损，品质下降。

2. 温熏法

温熏法是将原料置于添加适量食盐的调味液中短时间浸渍，然后在比较接近热源之处，用较高温度（30 ~ 80℃）烟熏的方法。制品的水分含量为 45% ~ 60%，盐分含量为 2.5% ~ 3.0%，不耐贮藏，一般常温下为 4 ~ 5d，制品肉质柔软，口感好，其风味优于冷熏法，但保藏性略差，欲长时间贮藏时，则要辅之以冻藏、罐藏等手段。温熏法熏干温度较高，可常年生产。主要原料有鲑鳟类、鲱、鳕、秋刀鱼、沙丁鱼、鳗鲡等。

温熏一般是生产以调味目的为主、贮藏目的为次的产品。通常在生产水产珍味加工品的熏干时，采用这种温熏法。鱼类的温熏，熏制时一般先背开再焦制，也可整条鱼熏制。温熏进一步可细分为中温温熏法（30 ~ 50℃熏制）和高温温熏法（50 ~ 80℃熏制）。温熏法生产的制品水分含量较高，在 50%以上，因而贮藏性较差，可以通过后续干燥等方式降低制品的水分含量。温熏后，熏制品随熏室温度的渐渐降低而自然冷却或存放于特定的降温室进行快速降温处理。

3. 热熏法

热熏法采用高温（120 ~ 140℃）短时间（2 ~ 4h）烟熏处理，因此蛋白质凝固，食品整体受到蒸煮，成为一种可以即食的方便食品。热熏时因蛋白质凝固，以致制品表面很快形成干膜，妨碍了制品内部的水分渗出，延缓了干燥过程，也阻碍了熏烟成分向制品内部渗透，因此，其内渗深度比冷熏浅，色泽较浅。制品水分含量高，贮藏性差，生产后应尽快消费食用。热熏法所用熏材量最大，温度调节困难，操作要求高。

4. 液熏法

液熏法是指将干馏木材所得的成分，或将木粒、木材和木屑等可控燃烧产生的熏烟，收集冷凝，除去灰分和焦油，保留其中的多酚类化合物等对色泽和风味形成所必需的重要物质，再将此液用于加工，以产生与木材烟熏相同的色泽和风味特点的方法。熏液除去了原熏烟中的有害成分，提高了制品安全性，使用方便、清洁。液熏法改进了传统烟熏工艺过程，便于对生产工艺及产品风味稳定性进行精确控制，且能缩短熏制周期，更有利于实现熏制过程的机械化连续生产。

在液熏法中，可将熏液加热挥发用于鱼品熏制。也可将熏液稀释后直接用于鱼体处理。操作中，可采用直接加入法，将熏液在制品调味过程中作为香料配制在调味料中进行浸渍或渗透。也可采用表面添加法，用熏液对制品进行淋洒、喷雾或涂抹，然后干燥。在烟熏罐头食品加工中也可采用注入法，将烟熏液注入已装罐的罐内，然后封口杀菌，通过热杀菌能使烟熏液自行分布均匀。

5. 电熏法

电熏法是在室内安装电线，通入 10000 ~ 20000V 的高压直流或交流电，进行电晕放电。鱼体吊挂在电线上，熏烟通过熏室内。与普通烟熏法不同的是，由于电晕放电，熏烟带电更多地渗入肉中，使产品具有较好的贮藏性。该法是使食品成为电极，带电的熏烟即被有效地吸附于食品表面，达到熏制效果。但由于食品的尖突部位易于沉积熏烟成分，造成烟熏不均匀，而且设备运行费用也过高，尚难普及应用。

五、冷冻鱼糜和鱼糜制品

冷冻鱼糜是将原料鱼经清洗、采肉、漂洗、精滤、脱水、搅拌和冷冻加工等工序制成的产品，它是进一步加工鱼糜水产制品的中间原料，将其解冻或直接由新鲜原料添加食盐制得的鱼糜，再经擂溃或斩拌、成型、加热和冷却等工序就制成了各种不同的鱼糜水产制品（图 3-7）。

一般来讲，冷冻鱼糜生产主要是选用捕获量比较大的鱼种或者经济价值比较低的小杂鱼作为原料，目前多以海水鱼（沙丁鱼、鳗、带鱼、梅童鱼、蛇鲻、阿拉斯加狭鳕、太平洋无须鳕、鲐等）为主，淡水鱼（鳙鱼和鲢鱼等）有少量利用。

我国鱼糜制品加工历史悠久，具有代表性特色的有福建的鱼丸、鱼面，江西的燕皮以及山东等地的鱼肉饺子等。目前，已研制开发了一系列新型鱼糜水产制品和冷冻调理食品，以鱼丸、鱼糕、鱼肉香肠、模拟蟹肉、竹轮、鱼排和天妇罗等鱼糜水产制品以及冷冻调理食品为代表。

在鱼糜制品中添加什么样的辅料和添加剂，如何搭配使用，不仅关系到鱼糜制品的风味、口感和外观，也关系到产品的质量和营养价值。这里所指的辅料包括鱼糜加工用水、淀粉、植物蛋白、蛋清、油脂、明胶、糖类等，而添加剂包括品质改良剂、调味品、香辛料、杀菌剂、防腐剂和食用色素等。这些辅料和添加剂的使用量必须符合相应的食品安全国家标准。

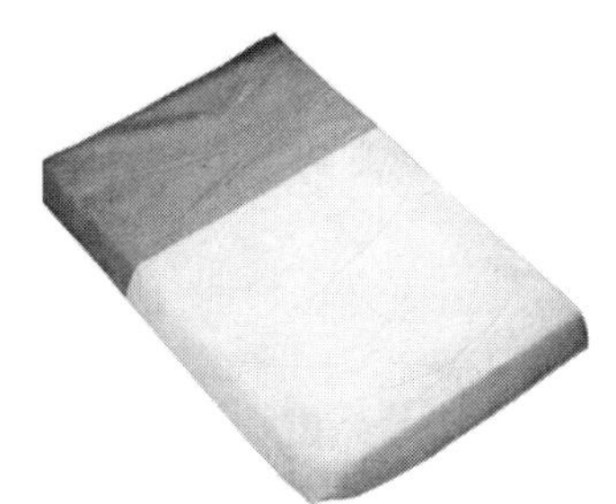

图 3-7 冷冻鱼糜（左）及鱼糜制品（右）

（一）冷冻鱼糜的制备

冷冻鱼糜是指经采肉、漂洗、精滤、脱水并加入抗冻剂冻结之后得到的糜状制品。按生产场地分，可分为海上鱼糜和陆上鱼糜，同样条件下，海上鱼糜的弹性和质量更好；根据是否添加食盐又可分为无盐鱼糜和加盐鱼糜，无盐鱼糜一般添加5.0%左右的食糖和0.2% ~ 0.3%的多聚磷酸盐（焦磷酸钠和三聚磷酸钠混合物）。目前国内生产的大多为无盐鱼糜。

1. 原料鱼种的选择

可以用作鱼糜原料的鱼类品种很多，考虑到产品的弹性和色泽，一般选用白色肉鱼类做原料。红色肉鱼类因肌肉组成成分的特点，在制成产品的白度和弹性方面均不及白色肉鱼类。但实际生产中由于红色肉鱼类资源较丰富，仍是重要的加工原料，所以还是要充分利用并在工艺上稍做改进以提高其弹性和改善色泽。随着近年来鱼糜加工技术的进步，红色肉原料越来越多被利用加工鱼糜。从我国的实际情况来看，除了利用海水鱼资源做原料外，还必须充分利用我国的淡水鱼资源，不但能拓展鱼糜的原料来源，对于发展淡水鱼的产业也是大有好处的。鱼类的鲜度也是要考虑的主要因素之一，相同的原料由于鲜度不同也会造成鱼糜质量上很大的差异，尤其是凝胶形成能力很容易随鲜度的下降而下降。鱼类的鲜度、鱼糜的凝胶形成能力与捕捞方法也有一定的关系。一般来说，鱼类在死亡之前挣扎少，加工后鱼糜的质量就好，经过剧烈的挣扎，鱼体内能量消耗过多，鲜度就差。

2. 原料鱼的处理和洗净

原料鱼以刚捕获的新鲜鱼或冰鲜鱼为好，目前，原料鱼清洗可以采用机械方法进行。其他处理基本上还是采用人工方法。先将原料鱼洗涤，除去表面附着的黏液和细菌，然后去鳞、去头，剖割除去内脏，再用水进行第二次清洗，以清除腹腔内的残余内脏、血污和黑膜等，清洗一般要重复 2 ~ 3 次，水温应控制在 10℃以下，以防止蛋白质变性，这一工序必须将原料鱼清洗干净，否则内脏或血液中存在的蛋白酶会对鱼肉蛋白质进行部分分解而影响鱼糜制品的弹性和质量。

3. 采肉

鱼肉的采肉是用机械方法将鱼体的皮骨除掉而把鱼肉分离出来的过程。这一过程使用的设备称为采肉机，采肉机的种类大致可分为滚筒式、圆盘压碎式和履带式 3 种。比较理想的采肉机不仅要求采肉率高且无过多碎骨皮屑等杂物混入，而且在采肉时升温要小，以免蛋白质热变性。国内目前使用较多的是滚筒式采肉机。任何形式的采肉机均不能一次把鱼肉采取干净，即在皮骨等废料中残留少量鱼肉，为了充分利用这些蛋白质，应进行第二次采肉，但第二次采得的鱼肉质量要比第一次差，色泽较深，有时还带有一些碎骨屑，一般不作为生产优质冷冻鱼糜的原料，而通常用作油炸鱼糜制品的原料。

4. 漂洗

漂洗是指用水或水溶液对所采的鱼肉进行洗涤，以除去鱼肉中的水溶性蛋白质、色素、气味和脂肪等成分。漂洗是生产冷冻鱼糜及鱼糜制品的重要工艺，对红色肉鱼类更是必不可少的技术手段，它对提高鱼糜制品的质量及其保藏性能，扩大生产所需原料的品种范围都起到了很大的作用。此外，对鲜度差的或冷冻的原料鱼用漂洗来改善鱼糜的质量很有效果，弹性和白度都有明显提高。在漂洗过程中，应着重考虑操作温度、pH、漂洗时间、漂洗水量等参数。

（1）漂洗的方法　一种是清水漂洗法；另一种是稀碱盐水漂洗法。如何选择要根据鱼类肌肉的性质来决定。一般的白色肉鱼类可直接用清水漂洗，而红色肉较多的鱼类等用稀碱盐水来漂洗，这样不仅可促进水溶性蛋白质的溶出和去除，而且可使鱼肉 pH 提高到 6.8，接近中性，以有效地降低蛋白质的冷冻变性，增强鱼糜制品的弹性。

（2）漂洗用水量和次数　一般来讲，用水量和漂洗的次数越多，鱼糜弹性也越好。实际上，漂洗的用水量和次数视原料鱼的新鲜程度及产品的质量要求而定，也就是说，鲜度极好的原料漂洗的用水量和次数都可适当降低，甚至可不漂洗。同样，生产质量要求不高的鱼糜，也可降低漂洗用水量和次数。由于在漂洗中，鱼肉中的水溶性蛋白和呈味物质均会流失掉，不仅降低得率，而且影响制品的风味。因此，一般对鲜度极好的大型白色鱼肉可不漂洗。

（3）漂洗用水的水质和水温　水质对鱼糜的光泽、色泽质量和成品率均有一定的影响。高硬度的水会引起鱼糜在冷藏过程中组织结构和颜色的劣化，因此，必要时须对水质进行处理。水温主要是影响漂洗的效果和肌原纤维蛋白质的变性，水温一般要求控制在 3 ~ 10℃范围内，过低的水温不利于水溶性蛋白质的溶出，过高则易导致蛋白质的变性。

(4) 漂洗液的 pH 和漂洗的时间　pH 是影响肌肉中肌原纤维蛋白质稳定性的重要因素，一般在中性时比较稳定。在生产冷冻鱼糜的工艺中漂洗水的 pH 为 6.8，漂洗的时间一般在每次 10min 左右。

5. 脱水

鱼肉经漂洗后水量较多，所以必须进行脱水。脱水的方法有三种：第一种为过滤式旋转筛，第二种是用螺旋压榨机压榨除去水分，第三是用离心机离心脱水。鱼糜在脱水后要求水分含量一般在 80% ~ 82%。影响脱水的因素很多，主要有漂洗液的 pH、盐水浓度和温度等。pH 在鱼肉的等电点（pH 为 5.0 ~ 6.0）时，脱水性最好，但在生产上不适用，因为在此 pH 范围内鱼糜的凝胶形成能力差。根据经验，白色肉鱼类在 pH 为 6.9 ~ 7.3 较有利，多脂的红色肉鱼类则在 pH 为 6.7 较好。清水漂洗法会使鱼肉肌球蛋白充分吸水，造成脱水困难，所以通常最后一次漂洗采用 0.1%~0.2%的食盐水进行，以提高脱水效果。温度对脱水效果的影响表现为温度越高，越容易脱水，且脱水速度也越快，但蛋白质容易变性，所以从实际生产工艺考虑，温度在 10℃左右最理想。此外，还有原料鲜度、捕捞季节、肉质质量和人为操作等因素的影响。

6. 精滤、分级

精滤、分级工序由精滤机完成，根据鱼体肉质的差异，采用两种不同的工艺。中上层红色肉鱼类经漂洗、脱水，再通过精滤机将细碎的鱼皮、碎骨等杂质除去。其过滤的网孔直径为 1.5mm，操作过程温度控制在 10℃以下。白色肉鱼类在漂洗后先脱水、精滤、分级、再脱水。

7. 搅拌、包装、冻藏

搅拌的目的主要是将加入的抗冻剂与鱼糜搅拌均匀，以降低蛋白质冷冻变性的程度。将鱼糜输入包装充填机，由螺杆旋转加压挤出长方形的条块，每块切成 10kg 或 15kg，以聚乙烯塑料袋包装。将袋装鱼糜块用平板冻结机冻结，然后以每箱两块装入硬纸箱，在纸箱外标明原料鱼名称、鱼糜等级、生产日期、生产单位等相关应注明的事项，运入冷库冻藏。冻藏时间一般不超过 6 个月。

（二）鱼糜制品的加工

鱼糜制品的加工工艺流程如下：冷冻鱼糜→解冻→擂溃或斩拌→成型→凝胶化→加热→冷却→包装→贮藏。

1. 解冻

从冷库取出冷冻鱼糜，根据鱼糜制品加工的工艺要求，为了防止蛋白质的热变性和微生物生长繁殖，一般采用 3 ~ 5℃空气或流水解冻法，待鱼糜温度回升到−3℃易于切割时即可。经解冻和切割处理之后，鱼糜温度在 0 ~ 1℃，此时即可进行擂溃或斩拌，此外，加盐冷冻鱼糜因冻结点较低，其解冻速度较慢。

2. 擂溃或斩拌

擂溃是鱼糜制品生产的重要工艺之一。操作过程可分为空擂、盐擂和调味擂溃三个阶段。影响擂溃的重要因素包括擂溃时间、温度、食盐的浓度和各种辅料添加的方法等。为提高鱼糜制品的质量，可使用真空擂溃机和真空斩拌机，以便把鱼糜在擂溃等加工中混入的气泡驱走，使其对质量的影响减少到最低程度。

① 空擂　将鱼肉放入擂溃机内摇溃，通过搅拌和研磨作用，使鱼肉的肌纤维组织进一步被破坏，为盐溶性蛋白的充分溶出创造良好的条件。时间一般为 5min 左右，以冷冻鱼糜为原料时，时间可以稍长一些，因为鱼肉的温度必须上升到 0℃以上。否则加盐以后，温度下降会使鱼肉再冻结而影响擂溃的质量。

② 盐擂　在空擂后的鱼肉中加入鱼肉量 1.0% ~ 3.0%的食盐继续擂溃的过程。经摇溃使鱼肉中的盐溶性蛋白质充分溶出，鱼肉变成黏性很强的溶胶，时间一般控制在 15 ~ 20min。

③ 调味擂溃　在盐擂后，再加入食糖、淀粉、调味料和防腐剂等辅料并使之与鱼肉充分混合均匀，一般可使上述添加的辅料先溶于水再加入，其中淀粉的加入主要是为了提高制品的弹性。另外，还需加入蔗糖脂肪酸酯，使部分辅料能与鱼肉充分乳化，而能促进盐擂鱼糜凝胶化的氯化钾、蛋清等弹性增强剂应该在最后加入。

3. 成型

经以上处理的鱼糜，具有很强的黏性和一定的可塑性，可根据各制品的不同要求，加工成不同的形状和品种，再经蒸、烘、煮、烤、炸和熏等多种不同的热加工处理，即成为鱼糜制品。成型操作要与擂溃操作连续进行，两者之间不能长时间间隔，否则，擂溃后的鱼糜在室温下放置会因凝胶化现象失去黏性和塑性而无法成型。

4. 凝胶化

鱼糜在成型后加热之前，一般需在较低的温度条件下放置一段时间，以增加鱼糜制品的弹性和保水性，这一过程叫作凝胶化。凝胶化的温度一般有四种：高温凝胶化，在 35 ~ 40℃放置 30 ~ 90min；中温凝胶化，在 15 ~ 20℃放置 18h 左右；低温凝胶化，在 5 ~ 10℃放置 18 ~ 42h；二段凝胶化，先在 30℃条件下进行 30min 高温凝胶化，然后在 7 ~ 10℃下再低温凝胶化 18h。

5. 加热

加热也是鱼糜制品生产中的重要工艺之一。加热的方式包括蒸、烘、煮、烤、炸五种或采用组合的方法进行加热。加热的设备包括：自动蒸煮机、自动烘烤机、鱼丸和鱼糕油炸机、鱼卷加热机、高温高压加热机、远红外线加热机和微波加热设备等。鱼糜制品加热的目的有两个：一是使蛋白质变性凝固，形成具有弹性的凝胶体；二是杀灭细菌。盐擂鱼糜的加热过程对制品的弹性有很大影响。从弹性角度考虑一般采用使鱼糜慢慢地通过凝胶化的温度带以促进网状结构的形成，再使其快速通过凝胶劣化温度带以避免质构劣化。二段加热法就是根据这一原理进行的，即将鱼糜选择在一个特定的凝胶化温度带中进行预备加热后，再放入 85 ~ 95℃中进行高温快速加热 30 ~ 40min。这样不仅可快速通过凝胶劣化温度带，而且可使鱼糜制品的中心温度达到 80 ~ 85℃，起到加热杀菌的目的，使鱼糜制品的保存期大大延长。

6. 冷却

加热完后的鱼糜制品大部分都需要在冷水中急速冷却。一般采用迅速放入 10 ~ 15℃的冷水中急冷，防止发生皱皮和褐变等现象，并能使制品表面柔软光滑。急速冷却后通常还要放在冷却架上让其自然冷却。另外，也可通过通风冷却或自动控制冷却机进行冷却。

7. 包装与贮藏

一般的鱼糜制品均需要进行包装，鱼丸、鱼糕等一般都采用自动包装机或真空包装机包装。包装后进行速冻处理，装箱，放入冷库贮藏待运。在−18℃下保质期一般可以达到 12 个月。

（三）影响鱼糜制品弹性的因素

鱼肉经过采肉、漂洗、擂溃和加热等工艺制成的鱼糜制品都具有一定的凝胶强度或弹性，不同的鱼种或者同一种鱼经过不同的加工工艺则会使制品产生不同的弹性，影响鱼糜制品弹性强弱的因素主要有以下几个方面。

1. 鱼种及原料鱼鲜度

由于鱼种的不同，鱼糜的凝胶形成能力有很大的差别，制备的鱼糜制品弹性的强弱就有差异。大部分淡水鱼比海水鱼弹性差，软骨鱼比硬骨鱼弹性差，红色肉鱼类比白肉鱼类差，这种因原料鱼种不同而引起的对制品弹性的影响是很复杂的。

鱼糜制品的弹性与原料鱼的鲜度有一定的关系，随着鲜度的下降，其凝胶形成能和弹性也就逐渐下降。随着鲜度下降，肌原纤维蛋白质的变性也增加，并逐渐失去亲水性，即在加热后形成包含水分少或不包含水分的网状结构而使弹性下降。这种变性在红色肉鱼类中比白色肉鱼类更容易发生，导致红色肉鱼类肌原纤维蛋白质容易变性的原因主要是鱼体死后肌肉的 pH 向偏酸性方向变化。红色肉鱼类鲜度下降导致弹性下降的另一因素是其肌动球蛋白溶解度下降，而且溶解出来的肌动球蛋白的某些理化性状也有所改变，从而影响凝胶网状结构的形成。

2. 盐溶性蛋白

不同鱼种鱼糜制品在弹性上的强弱与鱼类肌肉中所含盐溶性蛋白，尤其是肌球蛋白的含量直接有关。肌球蛋白含量较高的原料，其鱼糜制品的弹性也都比较强。一般来讲，白色肉鱼类肌球蛋白的含量较红色肉鱼类的含量高，所以制品的弹性也就强些。另外，即使是在同一种鱼类中，也存在这种盐溶性蛋白含量与弹性强弱之间的正相关性，研究数据表明，肌肉中盐溶性蛋白含量越高，肌球蛋白 Ca^{2+}-ATP 酶活性越大，其相应的凝胶强度和弹性也越强。

3. 肌原纤维 Ca^{2+}-ATP 酶的热稳定性

热稳定性是指鱼体死后在加工或贮藏过程中肌原纤维蛋白质变性的难易和快慢程度。肌动球蛋白 Ca^{2+}-ATP 酶活性对热的稳定性由于鱼种不同有明显差异，这与原料鱼栖息环境水域的水温有较强的相关性。

鱼种之间的这种差异为如何更好地利用不同鱼类资源加工鱼糜制品提供了重要的理论依据，具体表现在两个方面。第一，对捕获到的冷水性的鱼类应予以及时加工处理，以免肌原纤维蛋白质的迅速变性而导致鱼糜制品弹性的下降；对暖水或热带水域中捕获的鱼类在加工能力有限的情况下，则可适当延后处理，因为肌原纤维蛋白质的变性速度较慢，然而绝不意味着可以无限期地延长，一般还是尽早处理为宜。第二，对冷冻鱼糜在解冻、保藏中的质量变化应予以重视。冷水性鱼类鱼糜质量不稳定，在解冻、保藏中凝胶形成能的下降速率很快。因此，对冷水性的鱼类一般采用较低的温度进行解冻并在解冻后应立即进行加工处理，以免肌动球蛋白的变性而引起制品弹性的下降。

4. 鱼肉的化学组成

鱼类肌肉的凝胶形成能力和制品的弹性与鱼肉的化学组成成分相关，这表现在白色肉鱼类和红色肉鱼类在弹性上的差异：一般白色肉鱼类蛋白质变性比红色肉鱼类要慢，红色肉鱼类蛋白质容易变性的原因并不一定是由于蛋白质本身的稳定性与白色肉鱼类不同，而是由于红色肉与白色肉在化学组成和性质上的差异，这种差异主要表现在红色肉的 pH 偏低和水溶性蛋白质含量较高。红色肉鱼类肌肉中水溶性蛋白质的含量较白色肉鱼类为多，它与肌动球蛋白一起加热时，会影响肌动球蛋白的充分溶出和凝胶网状结构的形成，从而导致鱼糜制品弹性的下降，这种对鱼糜制品弹性影响的程度基本上与水溶性蛋白质的含量成正比。

5. 漂洗

鱼糜漂洗与否将直接影响到制品的弹性，对红色肉鱼类的鱼糜或鲜度下降的原料尤其如此。鱼糜经过漂洗后，其化学组成成分与未漂洗鱼糜相比发生了很大的变化，这种变化主要表现在经过漂洗后，水溶性蛋白质、灰分和非蛋白氮的含量均大量减少。

① 去除水溶性蛋白　水溶性蛋白质中含有影响凝胶形成的酶和诱发凝胶劣化的活性物质，这些因素对弹性的影响在原料鱼鲜度下降时尤为明显，所以通过漂洗可将水溶性蛋白质等影响因素除去，同时又起到提高肌动球蛋白相对浓度的作用，使制品形成凝胶质量变好，弹性变强。

② 去除部分无机离子　肌肉在正常生理盐溶液浓度下，其细胞内的离子强度在 0.1 ~ 0.15mol/L，主要是由 NaCl、KC1、$MgCl_2$ 等形成。一般来讲，鱼肉中肌原纤维蛋白质在离子强度为 0.1 ~ 0.2mol/L 范围内比较稳定，形成的制品弹性也较强。通过漂洗能除去部分无机盐离子，即降低了鱼肉的离子强度，漂洗次数越多，下降得就越严重。当低于 0.1mol/L 时，鱼肉充分吸水膨胀，蛋白质容易变性。因此，鱼糜在漂洗脱水以后，必须添加复合磷酸盐，使离子强度恢复到 0.1mol/L 以上，促使肉质稳定，才能使弹性增加。

③ 除去部分脂肪　通过漂洗，脂肪含量也会明显下降，脂肪含量在 15%以下时，对凝胶形成能力没有什么影响，鱼糜制品中脂肪含量过多时，容易氧化酸败，对产品的保藏不利。

6. 冻结贮藏

鱼类经过冻结贮藏，凝胶形成能力和弹性都会有不同程度的下降，这是肌肉在冻结过程中由于细胞内冰晶的形成产生很高的内压，使肌原纤维蛋白质发生变性，一般称为蛋白质冷冻变性。一旦发生冷冻变性，盐溶性蛋白质的溶解度就下降，从而引起制品弹性下降。弹性下降的速度因鱼种不同有所不同，下降速度慢的鱼种可以较长时间保藏，称为耐冻性强的鱼种；反之，弹性下降速度快的鱼，不适合较长时间保藏，称为耐冻性差的鱼种。

耐冻性的强弱与红色肉鱼类或白色肉鱼类均无关。以鱼糜形式冻结贮藏，由于肌原纤维大部分都已破裂，比整条鱼冻结贮藏更容易导致肌原纤维蛋白质的变性，因而必须添加抗冻剂才能有效地防止鱼糜蛋白质的冷冻变性。冻结速率对整条鱼肌肉蛋白质变性的影响明显高于鱼糜蛋白质，而冻藏温度对两种不同形态的肌肉蛋白质都有明显的影响。

六、水产品罐头

食品罐藏是将经过一定处理的食品装入容器中，经密封杀菌，使罐内食品与外界隔绝而不再受微生物污染，同时又杀死罐内绝大部分微生物并使酶失活，从而消除了引起食品变质的主要原因，使之在室温下长期贮存。这种密封在容器内并经杀菌而在室温下能够较长时间保存的食品称为罐藏食品，俗称罐头。

水产罐头（图 3-8）加工原理是将初加工的水产品装入罐头容器内，然后排气、密封，再经高温加热处理，使水产品中的大部分微生物被杀灭并破坏酶的活性。同时，通过排气密封以防外界的再污染和空气氧化，所以使水产品得以长期保藏。

图 3-8　即食带鱼罐头

（一）水产罐头的基本加工工艺

水产罐头的基本加工工艺包括原料的预处理、装罐、排气、真空密封、杀菌、冷却、保温、检查、包装和贮藏等。水产罐头根据加工方法不同，可分为清蒸、调味、油浸、鱼糜及水产软罐头等。

1. 原料的预处理

（1）冷冻原料的解冻

水产原料的品种很多，采用合格的原料是保证水产罐头产品质量的前提条件。罐头生产是工业化的规模生产，需要大量原料。目前，大多数罐头厂都使用冷冻品作为原料，在加工前需要先进行解冻处理。罐头厂一般采用空气解冻和水解冻两种方法。空气解冻法是在室温低于15℃的条件下进行自然解冻，此法适宜于春秋季节，并适于体型较大的原料；水解冻一般分为流动水解冻和淋水解冻，适用于体型较小的水产原料。水产原料的解冻程度需要根据原料特性、工艺要求、解冻方法、气温高低等来掌握。例如，在炎热季节只要求基本上解冻即可；对鲐等容易产生骨肉分离、肉质散碎的原料，只需达到半解冻即可。

（2）原料处理

鲜活原料或经过解冻的原料需经过一系列的前处理过程，包括去内脏、去头、去壳、去皮、清洗、剖开、切片、分档、盐渍和浸泡等。一般先将原料进行流水洗涤，去除表面附着的黏液及污物，并剔除不合格的原料。用手工或机械去除鳞、鳍、头、尾，并剖开去内脏，再经流动水洗净腹腔内的淤血等残留物，以保持原料固有的色泽。大中型鱼还需要切段或切片，再按照原料的薄厚、鱼体和块形大小进行分档，以利于盐渍、预热处理和装罐工序。

（3）盐渍

盐渍的主要目的是调味并增加产品的风味。鱼肉在盐渍过程中，由于盐水的渗透脱水作用，鱼肉组织会变得较为坚实，有利于预热处理和装罐工序。盐水中也可加入其他辅料，例如色素、烟熏风味料、醋酸等。盐渍的方法有盐水渍法和拌盐法，其中盐水渍法比较常用，盐水浓度一般为5%~15%，原料盐水比例为1:（1~2），使原料完全浸没为宜，盐渍时间一般为10~20min。罐头成品中的食盐含量一般都控制在1%~2.5%。

（4）预热处理

原料经盐渍后的预煮、油炸或烟熏等，在罐头生产上统称为预热处理，其主要目的是脱去原料中的部分水分；使蛋白质加热凝固，而使组织紧密，具有一定的硬度，便于装罐；同时，水分的脱除可使调味液能充分渗入组织，使产品具有合乎要求的质地和风味；此外，还能杀死部分微生物，对杀菌起到一定的辅助作用。

2. 装罐

装罐可采用人工装罐和机械装罐两种。一般包括称量、装入鱼块和灌注液汁三部分。称量按产品标准准确地进行，一般允许稍有超出，而不应低于标准，以确保产品净重。在称量时，对块数、块形大小、头尾段及鱼块色泽进行合理搭配，以保证成品的外观、质量。把称重的鱼块装入容器时，排列整齐紧密、块形完整、色泽一致、罐口清洁，且鱼块不得伸出罐外，以免影响密封。装罐后注入液汁，目的在于调味。

罐藏容器按其材料性质，大体可分为金属容器和非金属容器两大类。作为合适的罐头容器，在加工过程中和加工完成后，它应具备下面两个特点：①密封性，能经受内外的压力差，无泄漏的危险；②耐高温性，在加热过程中能耐高温，不会熔化或与内容物相互作用。

(1) 金属容器

金属容器主要有以镀锡薄钢板（俗称马口铁）为材料的镀锡板罐及以铝合金薄板为材料的铝罐，它们可制成各种形状与尺寸。镀锡板罐是罐头生产中最为广泛使用的一种容器。镀锡板主要采用电镀工艺在薄钢板上镀以锡层制造，锡层的厚度影响容器的耐腐蚀性，减少锡层厚度会增加内容物与软钢薄板之间的相互作用，发生腐蚀的危险。由于国标对食品内重金属含量的限制越来越严，甚至不允许检出，因此在罐头内壁加以涂料非常必要。鱼品通常具有接近中性的pH，但茄汁或醋渍制品，需要防酸的涂料；某些种类水产食品在加热杀菌过程中由于含硫蛋白质的降解，会释放出硫化氢。硫化氢与暴露的铁表面作用，在容器壁上生成难看的黑色硫化铁。在硫化氢与铁反应的同时，会释放出氢气。氢气能降低罐内的真空度，甚至引起“氢胖罐”。为了防止发生这种现象，在罐内壁应涂以一种混有氧化锌或碳酸锌的特种涂料。铝制易开罐发展较快，在法国约35%的鱼罐头是用铝罐。铝罐的主要形式是冲底罐（二片罐），罐身和罐底为一体，由薄板直接冲压而成，无罐身接缝及罐底卷封。与通常的镀锡罐有三个接缝相比，它只有一个接缝，因而具有密封性良好的优点。

(2) 玻璃容器

与金属容器相比，玻璃容器有一定缺点，例如加工的冷却过程如不小心控制会发生爆裂，受机械撞击时易于破碎等，但由于它具有能展示内容物，避免内容物与容器作用的优势，在水产品罐头的生产中仍占有一席之地。玻璃罐有多种类型，主要是它们的封口形式不同，常见的有卷封式玻璃罐、螺旋式玻璃罐、压入式玻璃罐以及垫塑螺纹式玻璃罐等。在水产食品罐头中常用的是卷封式玻璃罐，其罐盖用镀锡薄板或涂料铁制成，橡胶圈嵌在罐盖盖边内，通过玻璃罐封罐辊轮的推压作用，将盖边及橡胶圈紧紧滚压在瓶口边缘，形成卷封结构。这种卷封式玻璃罐的密封性良好，能承受加压杀菌，但罐盖开启较困难。在大部分玻璃罐的瓶盖上有一"变质"指示器，即当罐内真空度一旦变坏，瓶盖中心部分会外突。

(3) 硬塑容器

硬塑容器是由多层共挤压塑料制成的，如聚偏氯乙烯等热成型的塑料罐，它装有带拉环的金属盖或罐口热封有铝箔层压薄膜，后者撕去铝箔层压薄膜后，可采用微波进行加热。塑料罐可加工成各种形状和尺寸，使产品更具有吸引力，并且不会腐蚀。塑料罐的充填方法与金属罐一样，在真空条件下密封以减少加热杀菌时内外压力的不平衡。所用塑料可以耐热到正常杀菌温度 121℃，但需要类似于蒸煮袋杀菌的反压力杀菌方式。塑料罐与通常的镀锡罐相比，主要存在的缺点是密封失败发生率较高；且为达到同样尺寸金属罐头的相同杀菌效果，加热时间需稍长。

3. 排气

排气是食品装罐后，排除罐内空气的技术措施，是罐头生产中必不可少的重要工序。排气的作用主要表现在：防止罐头在高温杀菌时内容物的膨胀而使容器变形或损坏，影响金属罐的卷边和缝线的密封性，防止玻璃罐跳盖等现象；防止或减轻罐藏食品在贮藏过程中金属罐内壁常出现的腐蚀现象；防止氧化，保持食品原有的色香味和维生素等营养成分；抑制罐内需氧菌和霉菌的生长繁殖，使罐头食品不易腐败变质而得以较长时间的贮藏；有助于"打检"，检查识别罐头质量的好坏。

罐头的排气方式主要有抽空排气与加热排气两种。抽空排气是在真空封罐机内完成的。罐头在进入封罐机前被自动加盖，然后在真空室中抽空排气的同时被密封。操作时真空室中的真空度一般应不低于 53.29kPa，可使罐内真空度达到 33.3 ~ 45kPa，甚至更高。加热排气是将装好食品的罐头通过蒸汽或热水进行加热，或预先将食品加热后趁热装罐，利用罐内食品、气体受热膨胀和产品的水蒸气而排除罐内的气体，排气后立即封罐。罐头经杀菌冷却后，由于罐内的食品和水蒸气的冷凝而形成一定的真空度。一般加热温度为 90 ~ 100℃，时间为 6 ~ 15min，对于大型罐、生装鱼块罐、装罐紧密不易传热的罐头，加热时间可延长到 20min，甚至更长时间。

加热排气可在排气箱内进行，也可采用将食品趁热充填，并注入烧热的油、盐水和调味料等立即密封的方法。

4. 密封

为了防止外界空气和微生物与罐内食品的接触，必须将罐头密封，使罐内食品保持完全隔绝的状态。封罐是借助封罐机完成的，封罐机的种类很多，包括半自动真空封口机、真空自动封口机等。对应于不同的排气方式，密封可分为热充填热封、蒸汽压力下密封以及真空密封等形式。不同种类的容器采用的密封方法也不同。马口铁罐的密封，主要靠封罐机两道滚轮，将罐盖与罐身边缘卷成双重卷边，罐盖外缘沿槽内填有橡胶，因此卷成的双重卷边内充填着被压紧的橡胶，从而使罐头内隔绝空气得到密封。玻璃罐的密封，借助封罐机一道滚轮的滚压作用，使罐盖封口槽内的橡胶圈紧压在瓶口的封口线上，从而得到密封。

5. 杀菌

罐头加热杀菌的方法很多，应根据其原料品种、包装容器的不同等采用不同的杀菌方式。根据食品对温度的要求将杀菌分为常压杀菌（温度低于100℃）、高温高压杀菌（温度高于100℃而低于125℃）和超高温杀菌（温度高于125℃）三大类。各种水产品罐头均采用高温高压杀菌，可依据具体条件确定杀菌工艺，并选用杀菌设备。

罐头的杀菌效果与传热效果密切相关。罐头容器的传热主要是传导，受容器材料传热系数的影响，一般马口铁的传热要比玻璃好很多；罐头的大小、形状也影响热量传至罐头中心所需的时间，小容器的罐头比大容器的罐头升温时间短，即使同样的体积，扁罐的升温要快于矮罐。此外，罐内食品的状态也影响杀菌效果，包括食品含水量的多少、汁液多少、液汁的浓度、块形大小、装填松紧程度等，都影响罐头的传热速度。大部分鱼罐头，是鱼块浸渍于液汁中，故热量的传入，既有传导也有对流，因而中心点（冷点）的位置并非简单的是容器的几何中心而往往是最厚的鱼块的几何中心，这是由于导热传热要比对流传热慢得多。为了提高杀菌效果，使罐头在杀菌过程中做回转运动，在罐内形成机械对流，这样可缩短杀菌时间，提高罐头食品的质量。

杀菌强度的控制，既要达到灭菌的目的，又要尽可能保持食品的风味与营养价值。根据杀菌温度，有低温杀菌与高温杀菌之分。前者的加热温度在 80℃以下，是一种可杀灭病原菌及无芽孢细菌，但对其他无害细菌不完全杀灭的方法。后者是在 100℃或以上的温度条件下，对罐内微生物进行杀灭的方法。为了保证食品的色、香、味和营养价值，罐头食品的杀菌通常要求杀菌后不含有对人体健康有害的致病菌，同时也不含有在通常温度下能在其中繁殖的非致病性微生物，从而达到罐头贮藏所规定的保存期，这种杀菌方式也成为“商业杀菌”。

6. 冷却

罐头加热杀菌后应迅速进行冷却，因为杀菌结束后的罐内食品仍处于高温状态，会使罐内食品因长时间的热作用而造成色泽、风味、质地及形态等变化，使食品品质下降。同时，较长时间处于高温下，还会加速罐内壁的腐蚀，特别是对含酸高的食品来说，此外，较长时间的热作用也为嗜热性微生物的生长繁殖创造了条件。对于海产罐头食品来说，快速冷却能有效地防止磷酸铵镁结晶的产生。

罐头冷却的方法根据所需压力的大小可分为常压冷却和加压冷却两种。冷却的速度越快，对食品品质的保持越有利。罐头冷却所需要的时间因食品的种类、罐头大小、杀菌温度、冷却水温等因素而异。一般认为罐头冷却的终点即罐头的平均温度降到 38℃左右，罐内压力降至常压为宜。用水冷却罐头时，要特别注意冷却用水的卫生。一般要求冷却用水必须符合饮用水标准，必要时可进行氯化处理，处理后的冷却用水的游离氯含量控制在 3 ~ 5mg/kg。特别注意的是，玻璃瓶罐头应采用分段冷却，并严格控制每段的温差，防止玻璃罐炸裂。

7. 保温检验、包装和贮藏

罐头食品如因杀菌不充分或其他原因有微生物残存时，在适宜的温度，就会生长繁殖而使罐头食品变质，而且大多数腐败菌会产生气体而使罐头膨胀。根据这个原理，用保温贮藏的方法，给微生物生长繁殖创造适当的条件，放置一段时间后，观察罐头是否膨胀，以鉴别罐头的质量是否可靠，杀菌是否充分，即为罐头的保温检验。保温检验的温度和时间，应根据罐头食品的种类和性质而定，水产罐头采用（37±2）℃保温 7 昼夜的检验法，要求保温室四周的温度均匀一致。如果罐头冷却至 40℃左右即进入保温室，保温时间可缩短至 5 昼夜。但是，保温检验会造成罐头色泽和风味的损失，因此目前许多工厂已不采用，而进行商业无菌的检验。此外，罐头还应经过外观、敲音、真空度、开罐检查等，衡量其各项指标是否符合标准，是否符合商品的要求，完全合格后才可出厂。

罐头经检查合格后，擦去表面污物，涂上防锈油，贴上商标纸，按规格装箱。罐头在销售或出厂前，需要专用仓库贮藏，库温以 20℃左右为宜，仓库内保持通风良好，相对湿度一般不超过 75%。在雨季要做好罐头的防潮、防锈和防霉工作。

（二）水产软罐头的基本加工工艺

软罐头的加工原理和工艺方法类似于刚性罐头，因为这类罐头是用塑料薄膜、铝箔或其他多层复合薄膜制成的软包装容器装入经加工调制过的食品，所以被称为软罐头食品。软罐头的一般加工工艺包括原料处理、装袋、封口、杀菌、冷却、干燥、检查、包装等，其中主要生产工序是封口、杀菌与冷却。软罐头的主要特点有：①可采用高温杀菌，且杀菌时间短，内容物营养素较少受到破坏；②可在常温长久贮藏或流通，且保存性稳定；③携带方便，开启简单，安全省时；④节约能源，降低成本；⑤容易受损、泄气，使内容物腐败变质。

软罐头所用蒸煮袋一般根据包装食品的要求采用两种或两种以上的材料制成复合薄膜。通常，外层材料为 PET（聚酯）和 Ny（尼龙），它们具有较强的机械强度、耐热性和阻气性。内层材料一般为聚烯烃类薄膜，如 PP（聚丙烯）、CPP（未拉伸聚丙烯）、OPP（拉伸聚丙烯）、PE（聚乙烯）、LDPE（低密度聚乙烯）和 HDPE（高密度聚乙烯）等，这些材料热封性能好，无毒、耐湿、气体渗透率低。若为三层袋，中间一层多为铝（铝箔），可阻隔光线（紫外线）及气体通过，使复合材料达到金属罐的要求。由于各种材料的性能不同，应根据具体情况选择相应的蒸煮袋。若采用 105℃杀菌、贮存期要求 3 个月，可选择 Ny/PE 袋，既经济又实惠；若采用 120℃杀菌，贮存期要求达到 6 个月，则应选用 PET/CPP 或 Ny/CPP 袋；若要采用 120℃以上的高温杀菌或贮存期要求在 1 年以上，要保持内容物的固有香气并防止油脂氧化，应选择 PET/AL/CPP 袋。

（三）水产罐头常见质量问题及防止措施

1. 腐败变质

（1）杀菌前腐败

此类型的腐败发生在罐头产品热处理之前，它可能因微生物或酶的作用而引起，导致气体堆积、产生恶臭和微生物数目过多。有些情况下，这些微生物是能产生耐热性毒素的病原菌，并可能引起食物中毒。原料的品质是决定成品品质最重要的因素之一，因此加工前原料的检验是很重要的，品质差的原料必须剔除。

（2）杀菌不足

杀菌不足可能因热处理设计错误或操作不当而引起，若热处理中的一些重要因素，例如产品初温、处理时间和产品中含菌量偏离最佳状况时，微生物孢子可能残存。充填后的罐头必须在密封后 1h 内进行热处理，且超过 1h 的迟延时间需列入加工偏差。所使用的热处理设备、工序、处理时间和温度必须严密地监控、控制和记录以确保符合商业杀菌要求。杀菌釜操作者必须接受适当训练，以执行热处理作业。

（3）嗜热菌腐败

低酸性食品若贮存在高温（40℃以上）时，可能因各种嗜热性、耐热产孢子非病原菌的生长而导致腐败，孢子常少量出现于商业杀菌的产品中，但在以淀粉、糖或香辛料为原料的产品中则可能大量存在。此类罐头在热处理后若冷却太慢或在较高温度下贮存、运输将导致腐败。因此，此类罐头必须在杀菌处理后迅速冷却至 35 ~ 40℃。

（4）杀菌后腐败

处理后腐败或泄漏腐败发生在微生物污染物渗入杀菌后的罐头内。此类型的腐败占腐败鱼罐头的 60% ~ 80%。主要原因：罐头二重卷封有瑕疵；冷却水中或混罐的滑道上有微生物污染；罐装填充处理设备的操作或调整不良；杀菌处理后对热罐的处理不当。为减少杀菌处理后腐败，必须确保空罐检验与处理系统控制良好，冷却用水要经氯化处理，并减少在厂内作业、运输、销售期间对罐头的损伤。

2. 硫化物污染

清蒸鱼类等含硫蛋白质较多，在加热和高温杀菌过程中会产生挥发性硫（若罐内残存细菌分解蛋白质，也能生成硫化氢），这些硫化物与罐内壁锡反应生成紫色硫化斑（硫化锡），与铁反应则生成黑色硫化铁而污染内容物变黑。水产原料挥发性硫生成量的多少，与其 pH、新鲜度等有关。一般新鲜度差、碱性情况下易发生。在一般情况下，加热杀菌时会黑变，若罐头冷却不充分，在贮藏期间也会黑变。控制方法如下：①加工过程严禁物料与铁铜等工器具接触，并控制用水及配料中这些金属离子的含量；②采用抗硫涂料铁制罐；③空罐加工过程，应防止涂料划伤，罐盖代号打字后补涂；④选用活的或新鲜原料加工，并最大限度地缩短工艺流程；⑤煮沸水中加入少量的有机酸、稀盐水或以 0.1%的柠檬酸、酒石酸溶液，将半成品浸泡 1 ~ 2min。

3. 血蛋白的凝结

清蒸、茄汁、油浸类罐头，内容物表面及空隙间常有豆腐状物质，一般称为血蛋白。血蛋白是由于热凝性可溶蛋白质受热凝固而成的，它有损于成品外观。其形成与原料的种类、新鲜度和洗涤、盐渍、脱水等条件有关。为了防止和减少血蛋白的形成，应采用新鲜原料，充分洗涤，去净血污，并用盐渍方法除去部分盐溶性热凝性蛋白，一般采用10.91g/100mL的盐水浸泡25 ~ 35min，能有效地防止血蛋白形成。同时，还应在脱水前洗净血水，并做到升温迅速，使热凝性蛋白在渗出鱼表面前在内部就凝固。

4. 茄汁鱼类罐头色泽变暗

茄汁鱼类罐头生产过程中常出现茄汁变褐、变暗现象，从而降低了产品质量。影响茄汁鱼色泽的因素，一般与番茄酱的色泽、鱼的种类及新鲜度、茄汁配料过程的工艺条件以及产品的贮藏条件有关，其中与番茄的品质和受热时间有密切的关系。影响番茄汁色泽的主要因素是番茄红素在高温长时间受热和接触铜时易氧化成褐色，与铁接触生成鞣酸铁，因此配制茄汁最好使用不锈钢容器。茄汁应按生产需用量随时配用，防止因积压使茄汁变色。

5. 水产罐头的结晶

清蒸鱼类、油浸烟熏带鱼和鳗等罐头，在贮藏过程中，常产生无色透明的玻璃状结晶——磷酸铵镁，从而显著降低商品价值。控制方法如下：①采用新鲜原料，原料越新鲜，蛋白质因微生物作用及肉质自溶作用而分解产生的氮量也越少；②控制pH，磷酸铵镁结晶在pH 6.3以上时易形成，在pH 6.3以下时，因溶解度大，难以析出，但经酸处理后对成品的风味有不良影响，因而对酸液浓度、浸泡时间等条件应严格控制；③避免使用粗盐或用海水处理原料，粗盐和海水含镁量较高，能促进结晶析出；④杀菌后迅速冷却，冷却迅速，仅能形成微型结晶，而缓慢冷却易形成大型结晶；⑤添加增稠剂，添加明胶、琼脂等增稠剂，提高罐内液汁黏度，可使结晶析出变慢，但不能完全防止结晶析出；⑥添加螯合剂，添加0.05%乙二胺四乙酸二钠、六偏磷酸钠螯合剂或0.05%植酸，可使镁离子生成稳定的螯合物，从而防止结晶的析出。

6. 黏罐

成品开罐检查时，鱼皮或鱼肉黏于罐内壁，影响形态完整，这是因为鱼肉和鱼皮本身具有黏性，加热时首先凝固，同时鱼皮中的生胶质受热水解变成明胶，极易黏附于罐壁，产生黏罐现象。防止方法：①选用新鲜度较高的原料；②采用脱膜涂料膜或在罐内涂植物油；③鱼块装罐前烘干表面水分或浸5%醋酸液（只适用于茄汁鱼类），也能防止或减轻黏罐发生。

7. 瘪听

一些鲜炸五香鱼（如凤尾鱼、荷包鲫等）罐头，由于装罐时不加或少加汁，在杀菌后冷却过程中往往因真空度极大易引起瘪听现象。为此，宜选用厚度适当的镀锡薄板，并选用强度高的膨胀圈罐盖；罐头在杀菌终了降温降压时要平稳，宜用温水先冷却罐头，然后再分段冷却至 40℃左右；控制罐内真空度不宜过高，并应防止生产过程中罐头的碰撞。

8. 罐内涂料脱落

油浸及油炸调味鱼类罐头，由于涂料固化不完全或涂料划伤，经一定时间贮藏后，罐内涂料膜发生脱落现象。此外，有些涂料铁的涂料中氧化锌含量较高，油脂中的油酸与氧化锌结合而生成锌皂，使油浸入涂料膜内层，致使涂料膜起皱而脱落。因此，应采用固化完全的涂料铁，涂料中氧化锌含量适当减少，采用酸价低的精炼植物油。

9. 罐内油的红变

油浸鱼类罐头经过一段时间贮藏后，罐内油会变成显著的红褐色。罐内油变红的主要原因是植物油中含有色素或呈色物质。含呈色物质的油对各种刺激（如紫外线）很不稳定，生产过程中受到热和光的作用而变色。当植物油中混有胶体物质及氧化三甲胺还原而成的三甲胺时，油脂更容易变红。为防止红变，应尽可能采用新鲜的原料，充分去除内脏；避免光线，特别是紫外线的影响；加注的油要适量；工艺过程要迅速，尽量减少受热时间。

第二节　生物技术在鱼体加工中的应用

生物技术是以现代生命科学为基础，结合其他基础学科的原理，采用先进的科学手段，按照预先的设计改造生物体或加工生物原料，以提供产品为人类社会服务的技术。随着水产品资源的供求变化和人们生活品质的提高，传统的水产品加工技术已面临着巨大的挑战。将先进的新技术应用到水产品的加工及保鲜就显得越来越重要。将低值水产品加工成高附加值产品、延长保鲜期限等都能明显增加经济效益。将现代生物技术应用于水产品中能解决这一系列问题，为水产品加工业开辟新的途径。本节主要介绍酶技术和微生物技术在鱼体加工中的应用。

一、酶技术

长期以来，酶都是以一种经验式方式应用于鱼体及水产品的生产和加工。最近数十年以来，酶技术越来越多地被有目的性和计划性地应用于鱼体加工。这一趋势的发展得益于酶活力的提高、来源的扩大、酶制剂制备技术的改善等，以及对鱼体加工成本和环境要求的日益提高。将酶技术更好地应用于鱼体加工将对整个水产品加工行业都有重要意义，其不仅有助于新产品开发和产品质量的提高，还将有助于生态环境保护，最终实现可持续绿色加工。下面将对目前已有的酶技术在鱼体加工中的应用做一介绍。

（一）脱皮去鳞

目前，鱼体脱皮主要是由机械操作完成，但这会造成鱼肉较大的损失并产生大量废弃物，而利用酶法脱皮可显著提高可食用鱼肉的产量。现已有针对鲱鱼、鳕鱼、鱿鱼、鳐、虾、金枪鱼等鱼体的酶技术去皮法。这些方法通常会涉及利用多种来源于水产品的酶，如来源于鳕鱼内脏的酸性蛋白酶用于鲱鱼处理，来源于剑齿比目鱼的蛋白酶用于鳕鱼处理，来源于鱿鱼本身的酶可用于鱿鱼处理。最近已有商业化蛋白酶（Proleather FG-F®和 Protease N®）和胶原酶（CLS1®）被尝试用于鲇鱼的脱皮处理。Proleather FG-F®已被证实脱皮效率高，且优化确定了去除腹膜的最佳处理条件，包括酶的浓度、作用时间、孵育温度等。目前去鳞也主要由机械方法进行，但这同样会导致鱼体皮肤的损伤和鱼肉产量的降低。因此，利用酶法脱磷可有效克服上述不足，如果能够利用鱼体的消化蛋白酶则在较低温度下即可实现。

（二）生产水解蛋白产品

生产鱼蛋白水解物（FPH）是酶技术在鱼体加工中的重要应用之一。FPH 是鱼类加工中富含蛋白质的副产品废物（如头部、皮肤、鱼肉和内脏）的酶（内肽酶和/或外肽酶）或化学水解的产物，它主要是含有 2 ~ 20 个氨基酸的肽，其数量取决于所使用的酶的种类、被加工物的来源、作用时间等。FPH 具有多种食品的功能特性，如乳化和发泡能力、凝胶活性、油结合能力等。鉴于 FPH 的氨基酸组成均衡，且更容易被人体胃肠道吸收，因此其营养价值较高。此外，FPH 还具有抗氧化、调节血压、调节免疫能力和抗菌等功能。最近，有人提出用 FPH 作为冷冻保护剂来保存冷冻鱼。FPH 作为碎鳕鱼肉的冷冻保护剂与蔗糖-山梨醇混合物相比，具有类似或更好的低温保护性能。

传统的 FPH 生产是通过酸或碱的水解作用。前者包括使用浓盐酸，或偶尔使用硫酸，在高温高压下操作，最后用氢氧化钠对水解产物进行中和。这种方法水解迅速、彻底，但制得的 FPH 含有大量氯化钠，部分敏感氨基酸如色氨酸、丝氨酸和苏氨酸等会被不同程度破坏，且会形成有一定毒性的氯丙醇类物质，需进行脱除处理至标准限量以下。碱水解是利用高浓度氢氧化钠在高温下进行，在这一过程中，也会发生一些不必要的反应，从而导致有毒化合物的生成。酶法制备 FPH 虽然复杂，但条件（温度、压力和 pH）温和，副反应少，不破坏敏感氨基酸，水解程度容易控制，特别是在营养成分和风味的保留上，具有不可比拟的优点。生产 FPH 需要的酶种类繁多，如来源于植物的木瓜蛋白酶、菠萝蛋白酶，商业酶制剂[碱性蛋白酶（alcalase）、复合风味蛋白酶（flavourzyme）、中性酶（neutralase）、复合蛋白酶（protamex）]，粗酶制剂[木瓜蛋白酶（papain）、胰蛋白酶（trypsin）、嗜热菌蛋白酶（thermolysin）]和鱼类消化酶[胃蛋白酶（pepsin）、胰蛋白酶（trypsin）、糜蛋白酶]等，实际应用中通常会联合应用内源酶（如组织蛋白酶 L）和外源酶。目前利用酶法制备 FPH 案例如表 3-1 所示。

表 3-1　利用酶技术生产 FPH 研究案例

研究内容	D_h/%	参考文献
使用响应面方法（RSM）优化碱性蛋白酶催化的军曹鱼骨架水解。酶浓度为 8.3%，温度为 58℃，水解时间为 134min，pH 为 9.4 时，D_h 达到最大。水解产物含有 88.8% 的蛋白质，0.58% 的脂肪和 5.05% 的灰分	96	Amiza M A et al.
评估碱性蛋白酶水解罗非鱼片加工副产物的能力。最终产品的蛋白质含量高（62.71%），每克包含 199.15mg 必需氨基酸，并显示出高的血管紧张素转化酶抑制活性	20	Roslan J et al.
木瓜蛋白酶催化水解鱼片生产副产物的优化。确定最佳操作条件为温度 60℃、pH 5、酶浓度 4%（质量分数）和水解时间 48 h	n.d.	Utomo B S B et al.
使用 RSM 优化中性酶催化鱼肉水解制备 FPH，旨在获得最高含量的甜味和鲜味氨基酸。最佳温度、pH 和酶/底物比例分别为 40.7℃、7.68 和 0.84%	17	Shen Q et al.
通过木瓜蛋白酶催化水解鳕鱼和黑线鳕鱼骨架，以 50 L 的中试规模，分批生产 FPH。在 40℃下 1h 内几乎可以完成水解，酶/底物比为 0.5%。FPH 产品适合人类和动物食用	约 100	Himonides A T et al.

注：D_h 指水解度。

（三）生产鱼露

鱼露是以低值鱼虾或水产品加工下脚料为原料，在酶及微生物共同作用下，经发酵分解、酿制而成的一种调味品。鱼露的生产主要依赖酶的作用，包括胰蛋白酶、糜蛋白酶以及组织蛋白酶等。发酵过程中鱼露的 pH 值从 7 降低到 5，酶在此过程中的作用是互补的，因为前二者在 pH 值为 7 时活性最高，而后者在酸性环境中活性较高。

传统制备鱼露的工艺仅依靠鱼体自溶作用（发酵和内源性酶），过程费时耗力，通常需要数月到数年的时间才能完成。添加外源酶可显著加速鱼露制备过程。目前已被用于鱼露生产的外源酶有菠萝蛋白酶、无花果蛋白酶、木瓜蛋白酶，以及商业酶制剂 Protamex、Protex 51FP、中性蛋白酶等。使用外源酶还可以降低产品中不良风味物质的含量，提高鱼露的营养价值和风味特征。此种方法更类似于罗马尼亚鱼露传统生产方法，其生产的鱼露中多不饱和脂肪酸含量较高，盐含量较低，蛋白质含量高于目前东南亚生产的鱼露。

虽然外源酶的使用可显著加快鱼露发酵的速度，但产品的品质受原料和发酵生产工艺的影响。对几种以冷水鱼和热带鱼为原料制备的鱼露的比较发现，产品的蛋白质含量、氨基酸组成以及脂肪酸含量等都显著不同，这表明除工艺条件外，产品的功能性、感官特性以及最终性质都受到原材料的显著影响。Le 等以沙丁鱼和凤尾鱼为原料所制得的鱼露进行比较也发现，二者的蛋白质和脂含量均不同。此外，盐与鱼的比例也会影响酶活性，从而影响最终产品的特性。因此，利用外源酶法制备鱼露需要从化学、物理和感官评估以及微生物分析等多角度进行表征分析，以优化得到最佳的制备条件。

（四）TG 酶的应用

转谷氨酰胺酶（TGase），又名蛋白质-谷氨酰胺 γ-谷氨酰转移酶（EC2.3.2.13），是一种促进酰基转移反应的酶，包括以肽键结合的谷氨酰胺残基的 γ-羧酰胺基作为酰基供体和伯胺作为酰基受体（如赖氨酸的 ε-氨基）参与的反应。其催化的结果是分子内和分子间形成 ε-（γ-谷氨酰胺基）-赖氨酸共价键，导致肽和蛋白质的共价交联和聚合。当没有伯胺时，水作为酰基受体，谷氨酰胺残基的 γ-羧酰胺基脱氨后转变为谷氨酸残基。TGase 可从哺乳动物、植物和微生物获得，前二者是钙离子依赖型 TGase，而后者（微生物 TGase；MTGase）是钙离子非依赖性。基于这一特点，另外还因为从微生物中生产酶较简便且更具成本效益，所以微生物成为各种商业化 TGase 的主要来源。

鉴于其交联能力，MTGase 可用于鱼肉功能和机械性能的改善和提高，常被用于重组鱼肉和鱼糜的生产，使产品更具有纤维感。此外，TGase 还可用于鱼鳍的改性、鱼翅的加工、胶原蛋白和明胶键的形成以及减小鱼体解冻后的汁液流失。内源性 TGase 在鱼干和冷冻保存的鱼糜中的 ε-（γ-谷氨酰）-赖氨酸交联以及 kamaboko（日式鱼糕）制造中肌球蛋白重链聚合中都发挥重要作用。目前，成本问题仍然是限制 MTGase 广泛应用的主要问题。TGase 在鱼体加工中的应用案例如表 3-2 所示。

表 3-2　MTGase 在鱼体加工中应用举例

研究内容	参考文献
用商品化 MTGase 处理膨化鱼饲料以改善产品的物理特性	Wolska J et al.
添加 MTGase 可以改善太平洋白粉鱼糜的质地，从而提高鱼丸的品质	Park J W and Yin T
评估添加 MTGase 和鱼明胶对鱼翅束鱼糜的质构、物理和感观特性的影响	Kaewudom P et al.
MTGase 与冷凝胶技术的结合使用，从切碎鱼肉中获得不同的原料	Moreno H et al.
通过与商业 MTGase 制剂 Activa®交联作用，改善斑点叉尾鮰（*Ictalurus punctatus*）皮肤明胶的成膜特性	Oh J H
使用 Activa®改善鱼明胶的流变和成膜性能	Liu Z Y et al.
MTGase 浓度的优化，用于从白花鱼（石首鱼 *Micropogonias furnieri*）生产鱼重组的去骨鱼片	Goncalves A and Passon M G

（五）分析应用

鱼体一旦死亡，其体内的三磷酸腺苷（ATP）即停止合成/再生，并迅速分解为一磷酸腺苷（AMP），后者进一步分解为一磷酸肌苷（IMP），前者主要在甲壳类动物中积累，而后者在鱼类中积累并使得鱼体呈现一种令人愉快的新鲜味道。IMP 自发地缓慢降解为肌苷（INO）。生成的 INO 继而转化为次黄嘌呤（HX），后者被黄嘌呤氧化酶氧化成黄嘌呤（XA）并释放过氧化氢（H_2O_2），生成的 XA 进一步被黄嘌呤氧化酶氧化为尿酸并再次释放 H_2O_2。生产的 INO 和 HX 含量变化通常用作新鲜度的指标。但鉴于单核苷酸的降解受多个因素影响，如原料来源和加工方法等，因此通常建议使用多参数指标，例如：

$$K_i = \frac{[\mathrm{INO}]+[\mathrm{HX}]}{[\mathrm{INO}]+[\mathrm{HX}]+[\mathrm{IMP}]} \times 100$$

$$H = \frac{[\mathrm{HX}]}{[\mathrm{INO}]+[\mathrm{HX}]+[\mathrm{IMP}]} \times 100$$

酶法可实现基于上述生化过程的鱼体鲜度检测。可以利用一种或多种酶在溶液中对上述各种鱼体新鲜度的关键因子实现定量分析，也可将酶固定化后形成生物传感器，从而实现对上述各生物成分的检测，并将检测信号转变为光电信号。基于碱性磷酸酶（Alp）、核苷磷酸化酶（Np）和黄嘌呤氧化酶（Xo）并结合使用 WST-8（一种与过氧化氢反应的显色剂，可产生分光光度读数），可用于 INO、IMP 和 HX 的比色法定量测定。使用明胶和蔗糖制备的无定形冻干酶制剂可长时间保持稳定，其在 40℃下储存 6 个月后测定的 K_i 值与新制备的制剂相比没有显著差异。通过使用固定化酶可避免样品中可能存在的过氧化氢、尿酸或抗坏血酸等干扰物对检测的影响，并可保持酶的活性和稳定。

生物胺（biogenic amines，BAs）是一类非挥发性的低分子量有机物，包括组胺、尸胺、腐胺和酪胺等，是鱼体中相应氨基酸经微生物脱羧或经氨基酸转氨酶对醛和酮的转氨作用而生成。由于 BAs 是由腐败菌产生的，其含量变化可作为评价水产品新鲜度的一个重要指标。摄入大量 BAs，特别是组胺，会导致食物中毒。因此，各国相关机构对组胺的最大含量均制定了规定。在欧洲，鱼类的组胺含量要求在 100 ~ 200mg/kg 之间，酶加工食品的组胺含量要求在 200 ~ 400mg/kg 之间。目前，基于组胺脱氢酶氧化组胺的酶联免疫试剂盒和组胺特异性酶试剂盒均实现了商业化，能够实现水产品鲜度的快速检测。

（六）保鲜

内源酶和微生物是引起水产品腐败变质的主要原因，对水产品的保鲜主要通过抑制其体内酶活性，阻止引起腐败变质的微生物生长繁殖，延缓腐败。溶菌酶对水产品的保鲜作用国内外均有报道。有学者研究发现，日本囊对虾的 C 型溶菌酶对多种弧菌及鱼类的病原菌都有不同程度的杀灭作用。蓝蔚青等研究发现，在 4℃条件下，溶菌酶对带鱼具有明显的保鲜作用。但从报道来看，单独使用溶菌酶对水产品进行保鲜的不多，主要是与溶菌酶复合生物保鲜剂联合应用。如 Wang 等利用溶菌酶-EDTA 复合剂有效降低了鳕鱼李斯特菌数量，延长了鳕鱼保质期。蓝蔚青等将溶菌酶与壳聚糖联合应用对带鱼也具有较好的保鲜作用。目前，国内外有关溶菌酶复合保鲜剂在水产品中的应用研究已经较为成熟，但关于溶菌酶的最适作用条件及其纯化等问题还有待进一步研究。

（七）其他应用

脂肪酶，又名三酰甘油酰基水解酶（EC 3.1.1.3），能在水过量的情况下催化甘油三酯、甘油二酯、甘油一酯等水解为甘油和脂肪酸，而在水分不足的情况下，它又会促进酯合成。脂肪酶多用于分离海洋副产物中的油和脂肪，如 ω-3 多不饱和脂肪酸（ω-3PUFA）和浓缩海洋油脂，与化学浓缩方法相比，脂肪酶促进酯交换所需的条件温和，对底物不会造成任何损害，因此受到人们的极力推荐。

酶在鱼类和海产品加工中的其他应用还包括鱼制品熟化，鱼子酱的生产，从鱼体副产品中回收胶原蛋白、风味分子、矿物质和色素，其具有去除不需要的异味，提高保质期和保持色泽等优点。

蛋白酶参与了鲱鱼、凤尾鱼、鳕鱼和鲑鱼等咸鱼的熟化过程，这是一个复杂的生化过程，主要特征是肌肉蛋白质在内源酶的作用下降解成肽和游离氨基酸。其中，来自于消化道的糜蛋白酶和胰蛋白酶发挥主要作用，但肌肉蛋白酶（组织蛋白酶）也起着不可忽视的作用。胃蛋白酶已被证实可用作替代机械和手工方法生产鱼子酱。与其他方法相比，酶法从鱼卵囊中提取鱼子酱可最大限度地减少对鱼卵的损害，并清除结缔组织，相比于其他方法显著提高了产量。

胶原蛋白是一种存在于动物皮肤、骨骼和结缔组织中的纤维蛋白，约占总蛋白质含量的 30%。其作为抗氧化剂、乳化剂、增稠剂和防腐剂被广泛应用于食品和饮料行业，也可作为食用薄膜和涂料。此外，胶原蛋白还可用于生物医学、制药、组织工程和化妆品领域。由于来自牛、猪的胶原蛋白存在动物病原性疾病的影响，人们对鱼类胶原蛋白的需求不断增加，鱼皮、鱼鳞、鱼鳍和鱼骨骼皆可提取胶原蛋白。提取胶原蛋白通常在 4℃的条件下进行，以减少蛋白的降解。胃蛋白酶是提取胶原蛋白最常用的酶，偶尔配合醋酸一起使用。这种酶法具有一特别的优点，它会引起非胶原蛋白的水解，而胶原蛋白仅在末端水解，提高其在酸中的溶解度，从而提高提取量，同时降低末端肽引起的抗原性。最近，有报道称菠萝蛋白酶能有效地从海产品副产物中回收类似于海洋食品风味的物质。蛋白酶也可用于从海产品副产品中回收矿物质，例如鱼骨中富含的钙和磷。

二、微生物技术

微生物千姿百态，人类对它的应用也涉及各个领域，其在鱼体加工中也有着广泛应用。一方面是利用有益微生物，制造发酵的鱼类制品，以及用于鱼类制品的生物保鲜，降低腥味物质，降低亚硝酸盐含量及生物胺含量；另一方面通过预测特定腐败菌的生长情况可以预测鱼类产品的货架期。

（一）微生物发酵在鱼类加工中的应用

生物发酵技术是最古老的食品保藏技术之一，不仅可以延长食品的保藏时间，还可改善食品的风味和营养品质。发酵肉制品有着明显的地域性，不同国家和地区的发酵产品在大小、形态、质地、外观和风味等方面有很大的差别。发酵鱼制品也多种多样，如中国的臭鳜鱼、酸鱼和醉鱼，原产于印度东北部地区的无盐发酵鱼产品 Shidal 以及泰国传统发酵鱼糜制品 Som-fug 等。发酵鱼制品是蛋白质、脂肪、必需氨基酸、矿物质、益生菌以及其他功能性营养素的重要来源。其发酵过程伴随着许多物理、生化及微生物方面的变化，而这些变化通常是由内源酶和微生物共同作用引起的，包括酸化（糖类分解代谢）、肌原纤维及肌浆蛋白的溶解和凝胶化、蛋白质和脂质的降解、硝酸盐向亚硝酸盐的还原、亚硝基肌红蛋白的形成和脱水等。发酵鱼制品独特的风味主要归因于发酵过程中乳酸和低分子量风味化合物的生成。微生物发酵技术应用于鱼体加工，除了可以延长产品货架期外，还能赋予产品一定的营养和抗氧化活性。例如，有学者利用米曲霉发酵鳕鱼皮制取低分子肽，马丽杰等将鳕鱼皮洗净去杂质后，采用微生物发酵法制备鱼皮胶原蛋白多肽。另外，还可利用微生物发酵制备酸鱼、鱼露等产品。

（二）微生物的保鲜作用

海产品的表面黏液、鳃和肠道中，分布着大量的微生物，容易加快产品腐败甚至还具有致病性。产品上岸后，生存环境急剧变化，体内酶活性降低，抑菌机制减弱，极易发生腐败变质。一些微生物防腐剂对于保持水产品的鲜度及冷藏过程中的贮藏品质有很好的效果。有研究者通过对菌种的分离鉴定，找到了海鲶鱼肉中主要的致腐菌种，在此基础上，将 3 种微生物防腐剂 ε-聚赖氨酸、乳酸链球菌素和溶菌酶以最优复配比应用于海鲶鱼的贮藏，使其货架期延长了一倍。官爱艳等通过单因素和正交实验，发现乳酸链球菌素与竹叶抗氧化物（AOB）和茶多酚（TP）复配可以有效抑制冰藏海鲈鱼肉中挥发性盐基氮（TVB-N）的生成，保持鱼肉蛋白质含量，保鲜效果良好。徐钰等通过 pH、挥发性盐基氮、微生物和组胺几个指标来分析调理蓝点马鲛鱼片的贮藏品质，结果发现：纳他霉素和乳酸链球菌素可以有效抑制各指标的变化，提高鱼片的贮藏品质和贮藏期限。

（三）微生物的脱腥作用

微生物脱腥技术是指在脱腥过程中将特定微生物引入到鱼肉中，通过微生物新陈代谢降解腥味物质。微生物脱腥法不仅能够去除鱼体中的土腥味，而且还能够产生特殊的香味物质，将鱼肉蛋白质的损失降到最低。但是在脱腥过程中微生物的用量不能过大，不然会产生异味。有学者在使用酵母细胞液法脱腥的研究中发现，脱腥处理后的泥鳅的腥味物质含量均有所减小，其中己醛、壬醛、辛醛、庚醛含量分别减少了 58.75%、39.79%、53.36%、42.51%。有学者在研究使用酵母脱除草鱼腥味物质的工艺时发现，酵母脱腥工艺中的各因素影响程度大小为：酵母溶液浓度>浸泡温度>浸泡时间。经过响应面法得到的最优条件为：酵母溶液浓度为 1.20g/100mL，浸泡时间为 51min，浸泡温度为 31℃。王旭冰以美国红鱼为研究对象，比较了几种微生物的脱腥效果，发现 0.25mL/g 植物乳杆菌在 28℃下作用 5h 能够改善鱼肉风味。

（四）微生物降解亚硝酸盐的作用

咸鱼是一种具有浓郁中国特色的传统腌制水产品，它具有营养丰富、风味浓郁、便于贮藏、食用方便等特点，具有悠久的加工和食用历史，目前在国内及东南亚沿海地区拥有广阔的消费市场。然而，流行病学调查表明，沿海地区经常食用腌制水产品的人群胃癌发病率较高，这与腌制水产品中亚硝酸盐含量较高关系密切。因此，如何确保咸鱼等传统水产食品的食用安全性，是当前腌制水产品加工业急需解决的问题之一。生物方法主要是利用微生物降低腌制品中的 pH 值、利用产生亚硝酸还原酶的微生物或者直接利用亚硝酸还原酶降低腌制品中亚硝酸盐含量，其中，以利用乳酸菌降解亚硝酸盐的报道最多。有学者从传统工艺制得的咸鱼中分离筛选出能够降低亚硝酸盐含量的乳酸菌，对其降解亚硝酸盐的条件进行了研究，确定了最佳工艺条件，并应用于咸鱼加工生产中。贺瑶研究表明，通过接种复合微生物可降低腌鱼中84.34%的亚硝酸盐，同时可降低组胺含量，得到的腌鱼制品各项品质指标均优于未接种组。

（五）微生物预测货架期

通过数学建模快速预测水产品中腐败菌和致病菌的生长规律，从而可以预测水产品的货架期。特定腐败菌的繁殖与水产品的腐败速度和程度有很强的相关性。因此通过预测特定腐败菌的生长情况就可以预测水产品的货架期。有学者利用 Arrhenius 模型研究了渗透脱水对假单胞菌生长的影响，并开发金头鲷的货架期预测模型，验证表明该模型可以很好地预测在恒定和非等温条件下渗透预处理的金头鲷鱼片中假单胞菌属的生长，并且可应用于真实冷链条件。

第三节　鱼体加工新技术

传统鱼体加工技术具有鱼体种类开发不足、原料利用不完全、营养成分遭到破坏和加工过程中生成有害成分等诸多缺点。为了满足消费者对高品质和安全食品的需求，我们有必要在生产中应用新的食品加工技术，如超高压技术、超声波技术、脉冲电场技术、低温等离子体技术等，以最大限度地保证鱼体的安全和品质，同时延长货架期。本节要讨论几种新型鱼体加工技术。对其概念、原理及在鱼体加工应用方面进行了阐述，对其优势进行了分析，以期促进技术的改进与革新，实现这些新技术在鱼体加工中更好的发展与应用。

一、超高压技术

超高压（ultra-high pressure，UHP）又称为高压加工（high pressure processing，HPP）或高静水压（high hydrostatic pressure，HHP），是指采用100MPa以上（一般100～1000MPa）的静水压力在常温或较低温度下对食品物料进行处理，以达到灭菌、钝酶、物料改性和改变食品的某些理化反应速度的效果。作为一种新型食品处理加工技术，该技术不仅能高效灭活多种食品腐败菌和内源酶，还能保留食品营养和感官特性。1991年，日本首次将超高压技术应用于水果泥、果汁等产品的加工。在近 20 年里，得益于高压容器方面的科技进步，超高压技术被越来越多地应用于包括肉制品、水果、蔬菜、水产品等在内的多种食品加工。目前，其已被美国农业部批准可用于灭活加工肉制品中的单核细胞增生李斯特菌，并被美国加利福尼亚州确认为灭活水产品中弧菌的有效方法。

（一）超高压技术的作用机制

超高压技术的作用机制主要包括勒夏特列原理以及帕斯卡原理，属于物理过程。超高压处理主要通过减少物质分子间、原子间的距离，使物质的电子结构和晶体结构发生变化。其对物料分子中的非共价键有破坏作用，但对共价键影响微弱，即对食品中的氨基酸、维生素等成分的破坏较小，从而能够较好保持食品原有的营养、色泽和风味。蛋白质是微生物细胞膜的重要组成成分，当进行超高压处理时，蛋白质的氢键遭到破坏，使得微生物蛋白质的二、三、四级结构发生变化，致使蛋白质变性，微生物细胞膜破裂，最终导致微生物死亡。当微生物细胞处于低压环境时其形态结构只会部分改变，无法导致细胞死亡，但压力超出限定值后细胞会出现死亡。不同种类的微生物所承受的超高压的限定值不同。除作用于细胞膜外，超高压对微生物的核糖体、酶活性等也会产生影响，并能抑制微生物 DNA 的复制。

（二）超高压技术在鱼体加工中的应用

1. 杀菌

微生物生长繁殖是影响鱼体货架期的重要因素，而超高压处理能有效减少鱼体中微生物的数量进而延长其货架期。相较于传统的热加工处理方法，超高压技术具有灭菌均匀、瞬时高效等优点。经超高压处理后的鱼体，能最大限度保持原有的营养成分，易被人体吸收。加压温度、时间和压力的大小均会对其作用产生直接影响。温度越高，杀菌作用越明显。在合适的压力范围内，超高压处理对食品物料的加压大小与杀菌保鲜效果成正比，压力越高，杀菌保鲜效果越显著。在一定的保压温度与压力条件下，适当延长保压时间有助于杀菌。鱼体易被革兰氏阴性菌感染，这些细菌对压力比较敏感。例如，有学者研究表明，250MPa 和 400MPa 超高压作用 5min 的海鲈鱼片经真空包装在冷藏条件下储存 14 天后，其菌落数分别为 3.2log CFU/g 和 1.4log CFU/g，远低于对照组的 7log CFU/g，从而延长了保质期。Reyes 等人对僵硬前后的智利竹筴鱼分别进行了 450MPa、3min 和 550MPa、4min 的超高压处理，结果表明，虽然超高压对鱼片的质地、保水性和超微结构均有一定程度的影响，但两种条件下的超高压处理都显著延缓了鱼片的腐败变质，保质期延长 14 ~ 23d。另外，还有研究显示超高压处理可有效抑制鲑鱼、鳕鱼和鲭鱼等多种水产品中细菌的增殖。冷熏三文鱼在 220MPa、250MPa 和 330MPa 的压力下，在不同温度下处理 5min 和 10min，总嗜冷菌量（TPC）和菌落总数（TVC）均受到显著抑制，货架期延长到 8 周，比未处理的对照组延长了 2 周。此外，Karim 发现，鲱鱼和黑线鳕在 200MPa 下处理 3min，并在 2℃的冰上储存，货架期从对照组的 6d 增加到 13d。

2. 改性

凝胶强度、持水性是衡量鱼糜制品特性的重要指标，但目前的热加工方式（如传统水浴加热，又称"二段式加热"）对于改善鱼糜凝胶特性还不够理想。超高压作为一种新型技术，通过诱导鱼糜蛋白质变性，破坏原有空间结构，构造新的凝胶网络结构，可以得到凝胶特性更好的鱼糜制品。超高压（300MPa）应用于低盐阿拉斯加鳕鱼鱼糜凝胶可以诱导肌原纤维蛋白质展开，使其理化性质和感官特性优于普通食盐添加量（3%）的鱼糜凝胶。同时，超高压对鱼糜凝胶特性的影响与压力、保压时间、温度、鱼糜种类等有密切关系，在 400MPa 处理马鲛鱼糜 30min 后，其硬度和咀嚼度分别提高了 2.87 倍和 2.70 倍。

3. 快速冻结与解冻

低温保藏是现代鱼体原料与鱼体加工制品的主要保存方式之一，其中冷冻与解冻是其加工处理的重要环节，且在这两个环节中，冷冻水产品的最终食用价值、品质都会受到很大影响。

（1）超高压应用于水产品快速冷冻

冷冻水产品的品质受到冰晶大小、位置和数量的直接影响。在传统冷冻中，冷空气传导速率较慢，冰晶的形成从表面向中心逐渐移动，冰晶大且不均匀，导致细胞破裂，进而对产品的贮藏品质产生不利影响。超高压辅助处理可加快冻结过程，显著提高结晶速率，减小冰晶尺寸，使得形成的冰晶细小且分布均匀，从而减小了冻品解冻时的汁液流失和蒸煮损失，保护食物的色、香、味及营养价值，显著提高冻品品质。由于超声辅助冻结的上述优点，其在近年来成为了一种实现水产品快速高品质冷冻的潜在工具。有研究显示，与空气冻结和普通的浸渍冻结相比，超高压辅助浸渍冻结使鱼体中冰晶小且分布均匀，结合水与自由水的流动性和损失减小，解冻后汁液流失和蒸煮损失降低，贮藏期间的脂质氧化程度减小，冻品品质得到了明显提高。

（2）超高压应用于水产品快速解冻

在解冻过程中，压力辅助解冻可理解为超高压辅助冻结的逆过程，它通过提高冷冻品相转变温度和热源间的温度差，提高热源传递效率，进而达到快速解冻的目的。相较于空气和水解冻，在压力 100MPa、150MPa、200MPa 的超高压条件下，−20℃冻结虾的解冻时间分别缩短了 34.3%、42.9%、51.4%。加压除了能加快解冻速度，还能抑制解冻过程中微生物的生长繁殖，这对大块头的肉类和海产品特别重要。与常压流动水解冻相比，加压解冻更省水，且能降低冻品解冻时的汁液损失。

（三）超高压技术的不足

然而，超高压处理对水产品也会造成一些负面影响。已有多项研究显示超高压处理会加剧水产品脂质的氧化。例如，有研究显示超高压处理会加速鲑鱼、金枪鱼、黄鱼、鲈鱼、鲭鱼等多种鱼体的脂质氧化。有研究人员认为超高压加速鱼体脂质氧化并不简单是由于其对脂质的直接作用，而是由于包括氧气与金属离子、蛋白质、酶等催化剂协同作用的结果。超高压处理的另一个显著缺点就是它会改变鱼体的感官品质。经超高压处理后，多种水产品的亮度（L*）和黄度（b*）有所增加，而红度（a*）有所减少，导致外观变得苍白和不透明，就像熟制的产品一样。一般认为超高压引起的水产品色泽的变化是由其引起的活性色素的降解和蛋白质凝固所致，后者导致光反射增加，从而形成白色外观，且外观变化与所施加的压力大小呈正相关。超高压技术的上述缺点限制了其在鱼体加工中的应用，将其与其他技术联用从而减小该技术引起的负面作用是未来该领域的重要研究方向。

（四）展望

超高压技术在鱼体加工中有着广泛应用前景，能够强力杀灭鱼体中的有害微生物，快速有效地改性鱼糜凝胶等。在当代社会，人们对食品的营养安全需求越来越高，绿色、安全、无污染已经变成一种趋势。虽然当前超高压技术在鱼体加工中的应用仍然处于初步阶段，但相信在未来的发展中其应用范围必将得到拓展，为消费者带来更加健康、安全的食品。

二、超声波技术

超声波（ultrasound，US）是一种频率高于 20kHz 的声波，具有穿射性强和易于通过聚焦集中能量的特点，按频率范围可分为低能（频率：5 ~ 10MHz，强度<1W/cm^2）和高能（频率：20 ~ 100kHz，强度>1W/cm^2）两种。作为机械波的一种，因其自身与媒介的热效应、机械效应和空化效应，而被广泛应用于食品加工、保鲜和安全控制等领域，包括微生物灭活、质地嫩化、乳化、提取、冻融等。

（一）超声波技术的作用机制

超声处理设备通常由超声波发生器、换能器和样品室组成，其效应主要可以通过空化现象、剪切破坏、局部加热和自由基形成来解释。超声波在介质中的传播产生了一系列压缩。当能量达到一定程度时，超声波产生的作用力将超过分子间的吸引力，随后就会产生空化气泡。不稳定的气泡剧烈崩塌，产生向外传播的冲击波，容易破坏微生物细胞壁或断裂高分子链。这些效应还可能导致水分子的分解以及高活性自由基（$H_2O \longrightarrow H^+ + \cdot OH$）的生成。这些自由基可以修饰或破坏细胞内的成分，包括 DNA。超声处理的效果取决于超声强度、超声频率、温度、处理时间和波形，即脉冲或连续波。

（二）超声波技术在鱼体加工中的应用

1. 在鱼糜制品加工中的应用

超声波可促进鱼糜蛋白分子间的交联和交叠，因此可用于提高鱼糜制品的凝胶强度，但作用效果受超声条件影响。采用 28kHz、45kHz 和 100kHz 三种频率的超声（均为 250W）处理罗非鱼鱼糜发现，3 种频率的超声波都会增强鱼糜制品的凝胶强度，并且与对照组相比，处理组中盐溶性蛋白质、水溶性蛋白质的含量都明显升高，表明超声波破坏了罗非鱼的肌肉组织且提高了鱼糜的凝胶强度。还有研究发现，无论是在 40 ~ 90℃进行升温式加热，还是分别在 65℃和 90℃这 2 个温度下恒温加热，超声处理都显著增加了罗非鱼鱼糜的凝胶强度。类似结论在非洲大砍刀鱼中也得到了验证。Fan 等发现，在 0.35W/cm^2 ~ 0.82W/cm^2 范围内，随着超声波强度的增大，被处理的鲢鱼鱼糜凝胶强度增加。其认为超声波的机械效应提高了蛋白质分子间作用力，从而提高了鱼糜的凝胶强度。

持水性、乳化性等也是鱼糜制品品质的评价指标。胡爱军等人在研究超声波（160 ~ 320W，5 ~ 25min）对鲢鱼鱼肉蛋白性质的影响时发现，随着超声功率增大，样品的溶解度、乳化性、乳化稳定性、起泡性、气泡稳定性的变化趋势都是先升高再降低。其中，溶解度、乳化性及乳化稳定性的最佳超声功率是240W；而在160W时，起泡性和气泡稳定性达到最优。超声时间也会对各指标产生相同的影响，但乳化稳定性与其他性质存在差异。由此得出结论，超声波处理中的功率和时间变量与凝胶强度性质的变化具有一定相关性。其他研究者也发现超声波处理还会提高鱼糜的持水性、硬度和咀嚼性，并且提出这是超声波脉冲对肌原纤维蛋白分子间的空间结构产生作用的结果。

2. 在鱼体有效成分提取中的应用

超声波目前已经广泛应用于药物、油脂、蛋白质和植物中生物活性物质的提取，且超声波辅助提取也已经在工业中得到应用。在鱼体中，超声波技术也已被用于多种有效成分的提取。梁健华在使用超声波辅助分离鱼皮中杂蛋白的研究中发现，超声波协同处理能够显著缩短除杂的时间，改善除杂效果，使后续提取的胶原蛋白纯度更高；随着超声波功率的增加，杂蛋白溶出速率显著增加。陈胜军等研究了超声波辅助酶解法提取罗非鱼眼玻璃体中透明质酸，通过单因素实验、正交实验分析了超声波功率、超声处理时间及蛋白酶种类、酶解时间、酶解pH、酶量、酶解温度等对透明质酸提取率的影响，确定了最佳提取工艺条件为：超声功率200W、处理时间15min、酶作用时间3h、酶解温度40℃、酶解pH9.0、酶用量6000U/g，在上述条件下提取透明质酸的平均得率为11.44%。

3. 对鱼肉的嫩化作用

肉类产品的质量由其气味、外观、嫩度和汁液等共同决定。而消费者行为学研究显示，肉类的嫩度是决定其品质最重要的一个因素。超声处理可通过嫩化肉品而增强其适口性。现有研究发现，高强度超声可通过两个方面显著提高肉类的嫩度：即打断肌细胞的完整性和提高酶促反应速率。Chang和Wong使用超声波对鳕鱼片进行嫩化处理发现，处理60min和90min可获得最佳的硬度。与传统的老化过程相比，US的效率明显更高而且还保证了鱼的新鲜度和感官品质。另外，采用超声对巨型鱿鱼进行嫩化处理，并采用响应面法优化最佳工艺条件。通过组织学检测和十二烷基硫酸钠-聚丙烯酰胺凝胶电泳（SDS-PAGE）分析发现，也进一步表明获得了满意的嫩化效果。

除了上述作用以外，还有研究显示超声波处理可显著促进鱼体腌渍过程、减少鱼体微生物含量。王腾发现，超声波处理可显著加速鲩鱼盐渍速度，缩短盐渍时间，减少传统盐渍工艺中因盐渍时间过长引起的规模化生产不便的行业共性问题。超声波功率越大，其作用越明显。显微观察结果表明，超声波处理破坏了鱼体肌纤维，清除了缠绕肌纤维的丝状物质，使纤维表面出现多孔洞、坍塌的现象。Pedrós-Garrido 等人研究了 30kHz 超声处理 5 ~ 45min 对高脂鱼（鲑鱼、鲭鱼）和白色鱼（鳕鱼）表面微生物含量的影响，发现前者微生物含量下降较后者显著，他们认为这是前者体内的高含量脂肪促进了超声的减菌作用。

三、高压脉冲电场技术

高压脉冲电场（high intensity pulsed electric fields，PEF）是指在一定电场强度范围内施加短时电脉冲（1 ~ 10μs），是一种新型非热快速（毫秒）食品加工处理技术，在保障食品安全、维持食品的营养价值和风味、延长保质期等方面都可发挥重要作用。PEF 已被证明能够灭活多种微生物，包括大肠杆菌、金黄色葡萄球菌、枯草芽孢杆菌等。已被广泛应用于多种液体食品的减菌、抑菌处理，如牛奶、果汁、酒精饮料和蔬菜汁等。

（一）高压脉冲电场技术的作用机制

高压脉冲电场系统主要由高压脉冲供应装置和食品处理室两部分构成，其脉冲有指数衰减波、方波、振荡波和双极性波等形式，处理室有平行盘式、线圈绕柱式、柱-柱式、柱-盘式、同心轴式等。高压脉冲电源与食品处理室相连，用一定的频率、电压峰值，产生连续不断的高压脉冲，以使每单位体积食品受到足够数目的高压脉冲电场的作用。高压脉冲电场会在细胞膜上形成孔洞，从而增加细胞膜的通透性。随着气孔数量的增加，细胞内容物会丢失或周围物质侵入，从而导致细胞的死亡。食品中的微生物、酶和营养成分受到高压脉冲电场作用会发生杀菌、钝酶、组织结构变化等。高压脉冲电场的抑菌效果与电场强度、处理时间、温度、脉宽、形状、电导率、pH 等外在因素有关，也与微生物的种类、大小、微生物负荷、生长阶段等内在因素有关。

（二）高压脉冲电场技术在鱼体加工中的应用

1. 对鱼体的杀菌作用

目前，高压脉冲电场技术在多种食品加工中的应用都有报道，例如纯净水、鲜橘汁、鲜牛奶、胡萝卜汁、苹果汁、苹果酒、鸡蛋等。其也已被证实能够有效灭活多种微生物。高压脉冲电场技术对液态介质中的微生物的灭活是非常有效的。不同细菌对电场的敏感度不同，因此，它们在高压脉冲电场中的存活率也存在差异。和水产品质量密切相关的是霍乱弧菌（*Vibrio cholerae*）、弧菌（*Vibrio parahaemolyticus*）等，多种病原菌如沙门氏菌种类（*Salmonella*）、大肠杆菌（*E. coli*）、志贺氏菌（*Shigella*）、耶耳森氏属（*Yersinia*）、小单核细胞增生李斯特氏菌（*Listeria monocytogenes*）、金黄色葡萄球菌（*Staphylococcus*）和仙人掌杆菌（*Bacillus cereus*）等也可能存在。研究表明：用20kV/cm的高压脉冲电场作用30次，可使单核李斯特氏菌的数量减少2～3个对数级；同样的方法处理金黄色葡萄球菌和大肠杆菌可以使其数量减少3～4个对数级。此外，其他研究显示：当电场从20kV/cm升高到70kV/cm，大肠杆菌数量降低2～9个对数级；27.5kV/cm的电场作用能够使金黄色葡萄球菌数量降低2个对数级；沙门氏菌在18kV/cm的电场作用下，数量可降低4个对数级。一般而言，高于20kV/cm的电场，能够使大多数种类的微生物数量降低2～3个对数级。用高压脉冲电场对鲂鱼卵进行处理，经11kV/cm电场7次脉冲处理（2μs宽度）后，细菌总数减少1个对数。

2. 对鱼体质地和微观结构的影响

关于高压脉冲电场处理技术对食品质量影响的报道很少，主要是在一些汁液、浆类和其他可吸液体食品中。有研究表明，高压脉冲电场几乎不会影响食品的感官质量。对于肉和海洋食品的研究非常有限。例如：新鲜猪肉经高压电场处理后，其浸出汁中总氨基酸含量明显增加，在5kV/cm的高压场强下处理30s，总氨基酸含量增加了37.56%，其嫩度也明显增加。说明高压电场破坏了多肽链，促进了蛋白质分子的降解。谷氨酸是食品中最主要的呈鲜物质，也是味精的主要成分。高场强下经10s的短时处理后，肉类浸出汁中谷氨酸含量增加82.3%，这表明高压电场处理能明显增加肉类的鲜味。用1.36kV/cm、脉冲为40的高压脉冲电场处理鲑鱼，能引起鱼肉的裂开，在显微镜下可看到胶原蛋白泄漏到肌肉细胞间的特殊网状间隙。细胞越大，越容易受到高压脉冲电场处理的影响。新鲜鱿鱼卵在12kV/cm电场下1次脉冲（2μs）处理后，鱼卵边缘处坚固性受到明显影响。

根据Guerrero-Beltran和WeltiChanes的研究，超过10kV/cm的高压脉冲电场处理会改变肉类和鱼类的肌肉质地，这与Gudmundsson和Hafsteinsson的研究一致。他们发现低场强（低于2kV/cm和20～40个脉冲）可有效抑制微生物的生长，但对鲑鱼的质地和显微结构有负面影响。然而，块状鱼卵经12kV/cm、12个脉冲的脉冲电场处理后，其质地和微观结构也没有受到影响，这可能是因为外围三层膜结构提供了较强保护作用。因此，高压脉冲电场处理可以作为鱼卵的预处理和从水产废弃物中提取物质的有效方法。

四、低温等离子体技术

等离子体是继固态、液态和气态之后的物质第四态，它是一种气体形式的中性体系，由离子、电子、中性粒子（原子、分子）、光子、活性氧基团（ROS）、活性氮基团（RNS）等组成。根据电子温度的不同，等离子体可分为高温等离子体和低温等离子体，前者的电子温度与中性粒子和整个体系的温度基本相同，后者的中性粒子温度和体系温度则显著低于电子温度。近年来，由于处理时不再需要真空，在大气压或接近大气压时即可产生低温等离子体，该技术引起了食品从业者的广泛关注。目前，低温等离子体已在多种食品和食品包装材料中表现出优异的减菌作用，如牛肉、猪肉、鸡肉、水果、蔬菜等，其中介质阻挡放电（DBD）和等离子体射流是食品研究最多的两种等离子体处理技术。

（一）低温等离子体的作用机制

低温等离子体导致微生物失活的机制尚不完全清楚，但目前认为主要包括等离子体产生的 ROS/RNS 引起的细胞膜或细胞内成分（如脂、蛋白质和碳水化合物）等的氧化损伤，以及紫外线辐射引起的 DNA 损伤等。另外，也有人认为等离子体产生的带电粒子在细菌细胞膜上的积累而产生的静电力导致的细胞膜损伤也是引起细菌死亡的重要原因。影响低温等离子体灭活微生物的因素包括工艺参数，如输入功率（电压和频率）、气体组成、气体流量、处理时间、应用类型（间接或直接处理）、食物基质组成，以及微生物的内在因素，如类型、大小、生长阶段和微生物负荷等。

（二）低温等离子体在鱼体加工中的应用

目前，低温等离子体在水产品加工中也有较多的应用研究。Chiper 研究了介质阻挡放电（DBD）等离子体对包装在 Ar/CO_2 气氛中的冷熏三文鱼微生物含量的影响。作者分别用两种腐败菌［沙克乳酸杆菌（*Lactobacillus sakei*）和发光杆菌（*Photobacterium phosphoreum*）］和一种食源性致病菌单核细胞增生李斯特菌（*L.*

monocytogenes）接种于三文鱼片，然后分别用 DBD 处理 0s、60s 和 120s。结果表明，DBD 等离子体处理 60s 可减少 *Photobacterium phosphoreum* 3 log CFU/g，而对包装在 Ar 中的样品则需要处理 120s 才能达到相同的效果。Albertos 等研究了 DBD 等离子体处理对鲭鱼片微生物含量和其他品质指标的影响。他们发现 DBD 等离子体处理可显著减少样品中的总需氧嗜冷菌（TAP）、假单胞菌和乳酸菌（LAB）等多种腐败菌，减菌效果依赖于等离子体处理电压和作用时间。品质分析显示 DBD 等离子体处理对样品的颜色和 pH 没有影响，但却导致脂质发生明显的氧化。此外，有人研究了在电压为 70kV 和 80kV，等离子体暴露时间为 1min、3min 和 5min 的条件下，大气 DBD 等离子体对鲱鱼鱼片微生物灭活及品质指标的影响。研究人员发现，所有腐败细菌（TAP、假单胞菌和 LAB）都明显减少，其减小程度取决于等离子体电压和时间。品质结果显示，处理样品的 pH 和颜色几乎保持不变，但脂质氧化显著增加，这表明抗氧化剂与低温等离子体的结合可将负面影响降至最低。Choi 等研究了电晕放电等离子体射流（CDPJ）对干燥阿拉斯加鳕鱼丝和鱿鱼丝的微生物含量、理化和感官特性的影响。他们发现 CDPJ 处理能显著减少两种样品中所有腐败菌和病原菌、霉菌和酵母菌含量而对水分、TBARS、pH 值等没有显著影响。

（三）影响低温等离子体效应的因素

1. 处理参数

低温等离子体的减菌效果取决于多种处理参数，包括处理时间、处理电压、处理方式和气体类型。处理时间的延长会使低温等离子体中 ROS 等活性物质的浓度增加，施加更高的处理电压会使产生的低温等离子体中粒子的密度增加，进而使工作效率提高。低温等离子体的处理方式包括直接处理和间接处理。其中直接处理是将样品作为接地电极直接暴露于低温等离子体区域中，间接处理是将金属网作为接地电极置于样品与等离子体区域之间。直接处理比间接处理显示出更好的效果，这主要是由于接地金属网屏蔽掉了低温等离子体中的带电粒子。另外，工作气体种类决定了产生的活性物质的种类和数量，进而影响减菌效果。

2. 环境因素

环境因素如 pH 值、相对湿度和样品性质对低温等离子体的作用效果也有显著影响。相对湿度的增加会使附加的水分子分解成更多的羟基自由基，增加其灭菌效率。另外，pH 值较低的样品对热、压力和脉冲电场的反应更加敏感。研究发现，与 pH7 相比，肠炎沙门氏菌细胞更容易在 pH5 环境下被低温等离子体灭活。

（四）优点及不足

低温等离子体作为一种新型高效保鲜技术，规避了传统灭菌保鲜技术的一些局限性和弊端，给水产品灭菌保鲜提供了新方向。该技术的环境温度要求低，可以在低温或者常温下操作，有效解决了传统热力保鲜灭菌的弊端，对不宜于高温高压保鲜技术的食品提供了新的方案。低温等离子体灭菌保鲜技术有以下优点：①杀菌速度快，效果显著，食品在该技术下只需几秒至几分钟即可达到很好的减菌保鲜效果；②杀菌温度低，在常温状态下即可达到杀菌作用；③无副产物，环保清洁。

尽管低温等离子体灭菌技术具有多种优点，但其在实际加工处理中仍存在许多问题。比如其所需的设备较为先进，增加了食品企业的投资预算，增加了企业的生产成本，使低温等离子体灭菌技术与传统灭菌工艺相比并不具备性价比优势。未来的研究应集中于等离子体灭杀微生物作用机理、等离子体相关技术和设备的功能开发以及成本的控制等领域，同时完善低温等离子体设备的安全性能。

五、臭氧杀菌技术

臭氧（O_3）是氧（O_2）的同素异形体，是最强的氧化剂之一。过量的臭氧会自动迅速分解生成氧气，因此在食物中不会留下任何残留。臭氧的多功能性使其在食品加工中具有广阔的应用前景。1997 年，其获得了美国食品和药物管理局（FDA）的 GRAS（公认为安全）认证。2001 年，FDA 正式批准臭氧可与食品直接接触。如今，臭氧在食品工业中已被认为是一种成本低、效益高、安全和无添加剂的杀菌方法，对革兰氏阳性和革兰氏阴性细菌、真菌和酵母菌、孢子等均有显著灭活作用。目前，臭氧已应用于包括水果、蔬菜、肉制品、水产品等多种食品的消毒，还应用于设备和包装材料、饮用水等的消毒。

（一）臭氧的作用机制

臭氧引起的细胞各成分的氧化是其灭活微生物的主要机制。臭氧杀灭病毒是通过直接破坏 RNA 或 DNA ，而杀灭细菌、霉菌类微生物则是首先作用于细胞膜，使其组成成分发生氧化损伤，进而导致新陈代谢障碍并抑制微生物生长，直至破坏膜内组织，最终导致微生物死亡。臭氧作用于细胞膜使其通透性增加，细胞内物质外流，细胞失去活力；另外，臭氧还会使维持细胞正常活动所必需的酶失去活性，包括与基础代谢相关的酶及合成细胞重要成分的酶；臭氧还可破坏细胞质内的遗传物质或使其失去功能。臭氧灭菌效率取决于多个因素，包括 pH、相对湿度、温度和是否存在有机物等。

（二）臭氧在鱼体加工中的应用

1. 减菌保鲜

臭氧的抗菌作用已经在多种水产品中进行了研究，包括鲑鱼、鳕鱼、沙丁鱼、大菱鲆、红鱼、鲈鱼和虾等（表 3-3）。Bono 等研究了不同的臭氧冰与低温储存（-1℃）相结合的方法对欧洲凤尾鱼和沙丁鱼的影响。结果表明，两种方法组合应用中臭氧的多次重复处理的杀菌效果优于一次性处理，尤其对 TVC 和假单胞菌属（*Pseudomonas* spp.）作用显著。De Mendonca Silva 和 Goncalves 对罗非鱼（整鱼和鱼片）进行不同浓度和时间的臭氧水处理。他们发现，随着臭氧浓度的增加和作用时间的延长，其对罗非鱼鱼片的抑菌效果成正比增加，1.5mg/L 臭氧作用 15min 可分别减小罗非鱼体和鱼片的细菌含量 88.25%和 79.49%。除了 TBARS 略微增加以外，臭氧水对样品的 pH 值、色泽等都没有明显影响。Crowe 等首次探究了 1.0mg/L 和 1.5mg/L 的臭氧水喷雾对储存在 4℃ 下的高脂大西洋鲑鱼鱼片的抑菌作用。在不影响脂质氧化的情况下，臭氧水喷雾处理有效地降低了样品中的需氧细菌和无毒乳杆菌的数量，但 TBARS 和丙醛值有一定增加。Feng 等研究了茶多酚涂膜结合臭氧水清洗对 4℃贮藏 15 天的条纹黑鲷的影响。茶多酚+O_3 处理显著降低了微生物负荷、脂肪氧化和蛋白质分解，而与对照（未处理、单独茶多酚处理或单独臭氧处理）相比，处理组的颜色、质地和感官特性都得到明显改善。以上研究表明，臭氧在鱼体的减菌保鲜中具有广阔的应用前景，特别是当臭氧与其他技术相结合时。

表 3-3　鱼产品中臭氧对微生物的灭活作用

产品	目标微生物	处理条件	微生物减少量	参考文献
尼罗罗非鱼及鱼片	嗜温菌总数	0.5mg/L、1.0mg/L、1.5mg/L 臭氧在 11℃下处理样品 5min、10min、15min	从低浓度到最高浓度，臭氧分别减少了嗜温菌总数 58.77% 至 88.2% 和 25.3%至 79.4%	De Mendonça Silva and Gonçalves

续表

产品	目标微生物	处理条件	微生物减少量	参考文献
欧洲凤尾鱼和沙丁鱼	菌落总数、假单胞菌、芽孢杆菌、希瓦氏菌	0.3mg/L 臭氧水一次性处理和/或反复处理	反复处理对 TVC 和假单胞菌抑菌作用显著高于一次性处理组	Bono et al.
大西洋鲑鱼片	需氧菌、李斯特菌	先经 3 次喷雾（1mg/L 臭氧）处理，再经 3 次喷雾（1.5mg/L 臭氧）处理	1.17log CFU/g，1.05log CFU/g	Crowe，Bushway，Davis Dentici
红鲻鱼	活菌总数	在 5℃下 0.3mg/L 臭氧水处理 10min+MAP（50%N_2+50%CO_2）	1.2log CFU/g；在 1℃储存 21 天后，TVC（6log CFU/g），仍可接受	Bono and Badalucco
养殖黑点鲷	菌落总数、嗜冷菌	0.2mg/L 臭氧与流态冰（40%冰+60%水）协同处理	与单独的液态冰处理相比，微生物增殖低（1.00～3.53log CFU/g）	Álvarez et al.
养殖鳕鱼	嗜冷菌、需氧菌总数、产 H_2S 菌	臭氧水（2mg/L）处理 30min+MAP（60%CO_2+40%N_2）	在 4℃下保质期没有明显延长	Hovda et al.
养殖大菱鲆	嗜冷菌数	0.2mg/L 臭氧与-1.5℃冰浆（40%冰+60%水）协同处理	在 2℃下放置 28 天后为 1.79 log CFU/cm^2	Campos et al.
沙丁鱼	厌氧菌、嗜冷菌	0.17mg/L 臭氧与-1.5℃冰浆（40%冰+60%水）协同处理	厌氧菌、嗜冷菌、蛋白质和脂质水解菌均显著减少	Campos et al.

2. 漂白除味

臭氧水具有高氧化性，会增加鱼体白度与亮度，在一定条件下会产生与 H_2O_2 相同的漂白效果。同其他减菌技术相比，还可有效去除水产品中的土腥素，保持其水分含量和良好的蛋白特性，且对产品的质构特性不会产生显著影响。研究表明，浓度为 5mg/L 和 7mg/L 的臭氧水可有效延缓鲶鱼（*Silurus asotus*）TVB-N 值、pH 值、b*值的升高，延缓 L*值和 a*值的下降；还有研究显示，3.3～7.6mg/L 臭氧水与 0.3m^3/h 臭氧气体处理 5～20min 可分别消除鱼肉中 42.09%～54.28%与 42.78%～69.19%的土腥素，并可改善鳙鱼蛋白的理化特性；有人用臭氧水洗涤鲭鱼（*Pneumatophorus japonicus*）肉末 10～20min 具有较好的脱色效果，但会加速脂肪氧化、pH 值下降，并损害凝胶强度。

（三）问题与不足

臭氧水虽具有高氧化性，但其易分解为 O_2，稳定性不佳；同时，其在水溶液中半衰期短，杀菌能力也会随之下降；O_3 制取条件严格（纯氧、低温、干燥），且在相对湿度大的水产品加工车间，制得的 O_3 气体浓度不高，一般为 3% ~ 6%，加之 O_3 的溶解度小，其实际利用率达不到预期效果。同时，高压电晕条件下制 O_3 伴随 N_2O、NO 与 N_2O_3 等毒氮氧化物生成，会损伤呼吸道与肺泡，甚至引发呼吸道窘迫综合征。此外，臭氧还会加速鱼肉蛋白质变性与脂肪氧化，使产品的质地与口感下降。水产品长时间浸泡在臭氧水中，会使其蛋白质溶解性下降，并发生交联聚集，影响其弹性、嫩度及风味等。在实际生产中，低浓度臭氧水或短时间处理的减菌效果不理想，而高浓度长时间处理又会损坏水产品品质，且操作人员长期在高浓度臭氧水环境下可能会出现呼吸道损伤，头疼乏力与记忆减退等症状。将臭氧水与其他处理方式相结合，既可减少其用量，还能更好发挥协同效应。

六、辐照技术

食品辐照，也被称为“冷巴氏杀菌”，已被证明是一种有效的食品减菌保鲜技术。用于食品减菌保鲜的辐射源包括 X 射线、γ 射线和电子束。1950 年美国科学家 Nickerson 等以 387C/kg 能量的 ^{60}Co 对鲭鱼进行辐照保鲜，开创了水产品辐照保鲜研究和应用的先河，我国自 1958 年开始研究食品的辐照保鲜。

（一）辐照杀菌机理

辐照技术是经过放射性同位素（^{60}Co 或 ^{37}Cs）产生的 γ 射线或电子加速器产生的电子束对食品进行辐照，以达到灭菌、保鲜、钝化污染物等目的。辐照灭菌中常用的射线有 X 射线、γ 射线和电子束，其共同特点是波长短，具有足够高的破坏共价键的能力，无明显的升温现象，可保持食品的原有特征。食品上所附生的微生物经过这些射线照射后，其新陈代谢、生长繁殖等生命活动受到抑制或破坏，从而发生死亡。

辐照杀菌对微生物细胞的影响有直接作用和间接作用两种。其直接作用是射线或电子束直接作用于微生物的遗传物质（DNA 和 RNA），导致微生物的死亡；间接作用是射线或电子束间接作用于水分子，后者发生解离而生成多种自由基，生成的各种自由基进一步损害细胞的各成分，最终导致微生物死亡。

（二）辐照对水产品的影响

辐照已成为维持水产品质量和延长其保质期的有效替代方法。大量关于辐照对鱼类和海产品保质期影响的早期研究表明，水产品的最佳辐照剂量为 1 ~ 5kGy。辐照产品的微生物货架期是对照样品的 1 ~ 2 倍。Mahmoud 等人研究表明，低剂量 X 射线照射（0.6kGy）可使得接种有沙门氏菌的生金枪鱼片中微生物量减少 > 7log CFU/g。Krizek 等研究了辐射对冷藏鳟鱼鱼片生物胺的影响，发现在 0 ~ 2kGy 剂量范围内，随着剂量增加，腐胺、尸胺和酪胺的生成明显受到抑制，样品的感官特性得以保持。然而，辐照处理也会对水产品品质产生如下影响。

1. 辐照对水产品营养品质的影响

（1）蛋白质和氨基酸

辐照会导致水产品蛋白质分子发生变性，同时辐照也会使有些蛋白质中的部分氨基酸发生脱氨、脱羧以及氧化作用，部分蛋白质还会发生交联或裂解。

（2）脂肪和脂肪酸

水产品中含有的脂质不饱和程度较高，所以在辐照时易发生氧化、脱羧、氢化、脱氨等作用。将其他技术与辐照相结合，例如真空包装和可食性涂料，以期达到减少氧化损伤和延长水产品货架期的目的。有研究证实，辐照与食用涂料结合可有效抑制脂质氧化和细菌生长，并保持冷藏鲤鱼鱼片的感官特性。

（3）糖类

一般情况下，糖类对辐照相对稳定。采用杀菌所需的辐照剂量照射，对糖类的消化率和营养价值几乎没影响。使用 20 ~ 50 kGy 的剂量不会使含糖类的食品质量发生明显变化，其营养价值并不会因辐照而改变。

（4）维生素

维生素分子对辐照比较敏感，脂溶性维生素中以维生素 E、维生素 K 最为敏感，水溶性维生素中以维生素 C、维生素 B 的敏感性最强。

2. 辐照处理对水产品感官品质的影响

低剂量的辐照对水产品色泽、气味和滋味无明显影响，而在高剂量下，辐照处理会不同程度地损坏水产品的滋味，且辐照剂量越大，损坏程度越大。因为辐照产生一定的生物化学反应，可使脂肪氧化，大分子物质分解或聚合等，必然会改变产品的滋味。同时，在高剂量下辐照，常会产生辐照异味。为了降低辐照对产品感官品质的影响，一般采用低温辐照，也可将辐照和冷藏相结合。

3. 辐照处理对产品挥发性盐基氮的影响

挥发性盐基氮含量是判断水产品新鲜程度的重要指标。对新鲜鲤鱼和出口冷冻生虾仁的辐照保鲜研究表明，辐照能有效抑制产品在储藏过程中挥发性盐基氮的生成，辐照后样品在储藏过程中挥发性盐基氮的增加速率远低于未辐照的样品。

4. 辐照处理对水产品中残留的有害物质的影响

辐照在提高水产品卫生品质的同时，还有引发诸如氯霉素等多种渔药和兽药的降解等附加效应。辐照引起的氯霉素降解受辐照剂量和药物浓度的影响。例如，辐照可显著降低河虾中氯霉素残留量，且随着辐照剂量的增加，降解率明显提高。另外，辐照对水产品中残留的抗生素也有一定的降解作用。

（三）辐照效果的影响因素

1. 辐照剂量

辐照剂量的大小直接影响作用的效果，剂量越大杀菌效果越好。有研究表明，0.1 ~ 1kGy 剂量范围内的辐照可抑制微生物的生长和繁殖，提高食品的保质期；5 ~ 10kGy 的剂量范围内，可杀灭一些非芽孢致病菌，如沙门氏菌、大肠埃希菌等；10 ~ 50kGy 的剂量范围内，可以杀死除芽孢以外的所有微生物。但剂量过大，则需要考虑辐照对蛋白质分子结构、脂肪、糖类和维生素等的影响。为了保证产品的质量，通常应根据食品种类及处理要求将剂量限定在一个合适范围内，如在 γ 射线辐照对鲤鱼和贝类中微生物的致死效应的研究中发现，辐照剂量为 1.5kGy 时，能杀死 90%的微生物，当辐照剂量为 2.5kGy 时，灭菌率达 99%以上。对水产品采用中高剂量辐照时，会产生较大的异味，所以一般采用 3kGy 左右的低剂量辐照。

2. 微生物种类

不同种类的微生物对辐照的耐受能力不尽相同。一般认为，生活史越简单的微生物对辐照的耐受力越强，反之，生活史越复杂的微生物对辐照越敏感。如病毒对辐照的耐受力远强于细菌的芽孢，芽孢对辐照的耐受力又强于生长期的细菌，而霉菌的耐受力则更弱。昆虫和寄生虫的细胞对射线很敏感，尤其是幼虫的细胞。成虫的性腺细胞对射线也相当敏感，低剂量辐照就可造成雄性不育和遗传紊乱，稍高的剂量就可将其杀死。

3. 食品基质

微生物所处的食品基质也可影响微生物对辐照的抵抗力。不同基质造成同一菌株 D_{10} 值（杀灭 90%微生物所需要的辐射剂量）不同的主要原因是不同的基质对微生物提供的保护作用不同。食品中含有大量的巯基、氨基酸和磷脂类等保护微生物的物质，辐照产生的一级、二级辐照产物会首先与这些物质发生反应，生成对微生物无抑制作用的终产物，最终减弱了辐照对微生物的杀灭作用。

4. 酶

食品中的酶一般比微生物更能耐受辐照。要求稳定贮藏而需要破坏酶的食品只靠辐照处理是不适宜的。酶容易被热和某些化合物所钝化，将辐照与热处理综合进行，非常有效。

5. 包装条件

包装条件不同，也会影响辐照对微生物的杀灭作用。当辐照与适当的包装条件联合使用时，可大大延长食品的保质期。目前，常用的食品包装有普通包装、真空包装和气调包装，这三种包装对辐照杀灭微生物的影响各异。有氧存在的条件下（如普通包装），射线对微生物的杀灭作用较无氧存在（如真空包装）的条件下要强，但是氧的存在又促进了需氧型微生物的复活，而且当辐照剂量超过 1kGy 时，食品就可能出现辐照味道。而在真空包装条件下，虽然辐照的杀菌作用减弱，但由于缺氧，需氧型微生物一旦被杀伤后很难再复活，而且真空包装条件下，即使辐照剂量达到 2.5kGy，食品也不会出现辐照味，因此真空包装与辐照相结合是一种较为有效且理想的保存食品的手段。

6. 温度

低温可有效阻止或减缓辐射分解，防止辐照异味及感官品质变化，减少营养成分的损失，提高辐照食品的品质。虽然温度对辐照杀灭微生物的影响因菌种而异，但在一定温度范围内，随着温度的升高，微生物对辐照的敏感性增强。此外，冰点以下由辐照产生的一级、二级辐射产物迁移严重受限，因而减弱辐照对微生物的杀灭作用。

（四）食品辐照的安全性

辐照是近几十年发展起来的一种新型杀菌方式，人们对辐照杀菌保鲜技术的安全性仍表示担忧。从 1998 年开始，国际食品辐照咨询小组根据研究结果，对食品辐照通用标准进行了修改，明确提出“对任何食品的辐照，应在规定的剂量范围内进行，其最低剂量应大于达到工艺目的所需要的最低有效剂量，最大剂量应低于综合考虑食品的卫生安全、结构完整性、功能特性和食用品质所确定的最高耐受剂量”。因此，合格的辐照食品是卫生安全的。值得注意的是，在有机淡水产品加工和贮藏过程中，禁止采用辐照技术和设备，绿色食品则没有此规定。我国农业部在2002 年 4 月份成立了辐照产品质量监督检验测试中心，以确保辐照食品质量，为食品辐照行业健康发展创造了良好的条件。

七、欧姆加热技术

将热能作用于食品原料，可以达到烹饪、提取、降低酶活和杀灭微生物等多种目的。传统的食品热加工方法主要基于热的传导和对流模式，欧姆加热技术被认为是可以替代传统加热技术的新型食品加热技术。与传统加热处理相比，欧姆加热时间更短，产品外观更均匀，且有更高的蒸煮得率和更好的食用品质，因此逐渐引起国内外食品科学工作者的关注。

（一）欧姆加热技术原理

欧姆加热原理是把食品物料作为电路中的一段导体，利用导电时物料内的电能转变为热能，从而达到加热的目的。欧姆加热的电导方式是离子的定向移动，如电解质溶液或熔融的电解质等。当溶液温度升高时，由于溶液的黏度降低，离子运动速度加大，离子水化作用减弱，其导电能力增强。由于大多数食品含有可电离的酸和盐，当在食品物料的两端施加电场时，食品物料中通过电流并使其内部产生热量。当物料不导电时，此方法不适用。对于极低水分、干燥状态的食品，这种方法也不适用。电源为该过程提供加热所需的电能，电压和电流频率是决定加热速率的两个主要参数。加热室两侧与食品材料直接接触的两个电极来提供电能。电极与食品材料的接触面积和电极之间的距离也会影响加热速度。加热速度还取决于食物原料特性，如食物的化学成分、物理状态和温度。此外，在加热过程中，食品材料的物理状态的变化，如淀粉糊化、蛋白质变性和水分蒸发等，都会影响欧姆加热过程的升温速率。在连续欧姆加热过程中，电极数量及其位置等参数也会影响加热速率。

（二）欧姆加热技术在鱼体加工中的应用

传统的食品解冻原理都是基于热传导：通过传热介质向食品内部传热，实现食品的解冻。但是，由于传热介质自身的特性，传统食品解冻时间一般较长，无法保证食品品质。一般情况下，冷冻食品中有5%～10%的水以较高浓度液态溶液的形式存在，为欧姆加热提供了有利条件。欧姆加热解冻的原理是利用冷冻食品物料自身的电导特性，当给物料两端施加电场时，食品物料自身的阻抗会在电流作用下产生热量。与其他电物理解冻方式相比，欧姆加热解冻对物料的厚度、形状等没有限制，食品物料无局部过热现象，电能利用率较高。

传统加热条件下，样品中肌原纤维蛋白的变性程度越高，其切割强度越高。在欧姆加热温度90℃、频率为60Hz和电场强度为9V/cm条件下，当欧姆加热过程在高加热速率下进行时，阿拉斯加鳕鱼糜凝胶的硬度和黏合性下降；当在阿拉斯加鳕鱼糜和太平洋鳕鱼糜凝胶中加入胡萝卜丁时，它们的黏附性和硬度值就会降低，这是由于胡萝卜丁的存在干扰了鱼类蛋白质之间的传热并阻碍了相互间的交联。欧姆加热与传统的水浴加热方法相比，处理后鱼糜一般具有更好的凝胶强度。在频率5kHz、3.5～13V/cm的电压梯度和加热温度85℃的条件下对鱼糜制品进行欧姆加热，样品的剪切力值均高于常规处理样品。加热速度快，加热时间短，肌原纤维蛋白展开均匀，且加热均匀。

八、膜分离技术

膜分离技术是建立在高分子材料基础上的新兴边缘学科的高新技术，与其他分离方法相比具有许多优点：不发生相变，能耗低；分离效率高，效果好；通常在室温下工作，操作、维护简便，可靠性高；设备体积较小，占地面积少。按成膜材料不同，膜可以分为有机膜和无机膜。有机膜制备工艺简单方便，膜产品易变形，膜组件的装填密度高受热不稳定，不耐高温，在液体中易溶胀，强度低，再生复杂，使用寿命短；无机膜制备工艺较复杂，具有不易变形、耐高温、耐有机溶剂、抗微生物腐蚀、刚性及机械强度好、再生性能好、不老化等特点，因而有更大的发展潜力。

（一）膜分离技术的原理

膜分离技术的原理为天然或人工合成的高分子薄膜以压力差、浓度差、电位差和温度差等外界能量位差等为推动力，对双组分或多组分的溶质和溶剂进行分离、分级、提纯和富集。膜分离技术具有节能、高效、简单、造价较低、易于操作等特点，可代替传统的如精馏、蒸发、萃取结晶等分离方法，被公认为20世纪末至21世纪中期最有发展前景的高新技术之一。

（二）膜分离的种类

应用于膜分离的膜种类主要有微孔过滤膜、超滤膜、反渗透膜和纳滤膜四种。微孔过滤膜的孔径一般在0.1～10μm，多为对称性多孔膜，可分离大的胶体粒子和悬浮微粒，适用在低压（<0.3MPa）条件下过滤，如应用于制备无菌水、药品、饮料和酒类过滤。超滤膜孔径为0.001～0.1pm，一般为非对称性膜，可分离淀粉、果胶及悬浮固形物等大的合成分子，截留分子质量范围一般在500～50000Da，纯水工作压力为0.3MPa，特别适用于热敏性物质的浓缩与分离，如乳制品、生物制品、果酒、果汁的分离和蛋白质的提纯浓缩等。反渗透膜孔径为0.0001～0.001μm，工作压力比超滤膜的高，其截留分子质量通常小于500Da，能截留盐或小分子量有机物，使水选择性通过或气体通过。可应用于海水脱盐、天然气提纯、有机物蒸气回收、气体分离、富氧空气制备、氮气干燥、氧氮分离、氢氮分离、果汁和蔬菜汁加工等。纳滤膜孔径为0.0005～0.005μm，截留分子质量为200～1000Da。通过纳滤膜的溶质介于超滤和反渗透之间，如盐类。可用于海水淡化，超纯水制备，多糖、乳酸、酪素和抗生素浓缩等。

（三）膜分离技术在鱼体加工中的应用

由于膜分离过程在常温下即可进行，不需要采取加热措施，从而可有效避免对热敏物质的破坏，且无相态变化和化学变化，集分离、提纯、浓缩和杀菌为一体，分离效果良好，操作较简单，故非常适合应用于食品工业。如酱油、啤酒、食醋、果蔬汁和茶汁等生产中用膜分离技术进行澄清；饮料如纯生啤酒生产中，用膜分离技术代替热杀菌，既能有效去除其中的微生物，又能有效地保证了产品纯正的口味，减少营养物质的损失。近年来，膜分离技术在水产品加工方面的应用也越来越受到人们的关注。

水产品加工中产生的大量下脚料及废弃物，如鱼类加工中的各种废弃液，长期以来未得到有效、合理利用，不仅污染环境而且造成资源浪费。经研究，水产废弃物中含有丰富的核苷酸类和蛋白质等物质，如果能经过一定的加工，除去其中所含的杂物以及苦味成分，不仅可以有效增加水产品的整体效益，还可以保护环境。水产品蒸煮废液中含有的蛋白质多为水溶性蛋白，若用它来加工天然调味产品，必定香气浓郁、味道鲜美。而且除了蛋白质外，废液中还含有一定量的核苷酸类物质，而核苷酸对鲜味贡献最大。因此，充分利用水产品废液加工成水产调味料具有良好的发展前景和重大意义。

在水产品废液蛋白质的回收中，普通方法的回收效率往往很低。超滤及反渗透较适合用于水产品废液中蛋白质的回收与富集，若再加以合适的蛋白质水解酶，即可形成一个酶膜反应器，不仅可以提高酶反应的速率，又可以有效去除杂质，保证调味液纯正的风味。膜分离技术可除去酶解液中的高分子物质、微粒和胶体等物质，截留腥、苦味成分，使之不能进入调味液中，进而产品具有风味纯正、品质高等优点。

九、脉冲光技术

脉冲光（pulsed light，PL），也称为脉冲紫外线（pulsed UV light，PUV），又称强脉冲光（intense pulsed light，IPL）、脉冲白光（pulsed white light，PWL）、高强度广谱脉冲光（high intensity broad - spectrum pulsed light）等，是一种非热物理加工技术，起源于 20 世纪 70 年代后期的日本，于 1984 年在美国注册专利，1996 年美国食品药品监督管理局的 21 条法案允许其在食品加工中使用，剂量不得超过 $12J/cm^2$。它主要利用短时间、高峰值功率的宽光谱脉冲光，波长范围为 100 ~ 1100nm，其中包括 54%的紫外线（100 ~ 400nm）、26%的可见光（400 ~ 700nm）和 20%的近红外光（700 ~ 1100nm）。

（一）脉冲光作用机理

光化学、光热和光物理机制被认为是 PL 引起微生物失活的主要原因，不同机制间可能相互作用。光化学作用是指分子吸收了光子的能量后激发的化学反应，主要是由短波长紫外线引起的。细菌核酸的嘧啶碱基对短波 UV-C（200 ~ 280nm）范围内的紫外线具有较强的吸收能力，从而导致 DNA 复制中断，最终引起细胞死亡。光热作用是指材料受光照射后，光子能量与晶格相互作用，振动加剧，温度升高。PL 中的近红外光可使细胞表面局部升温至 50 ~ 150℃，破坏细菌细胞壁，使细胞液蒸发，破坏细胞结构。除了光化和光热作用之外，PL 的穿透性和瞬时冲击能力使其具有强大的光物理作用，能够损坏细胞壁和其他细胞成分。影响 PL 杀菌效果的因素主要有工艺参数（光通量、电功率、靶与光源的距离、灯的类型和脉冲时间等）、食品特性（如厚度和组成）以及微生物特性，革兰氏阴性菌较革兰氏阳性菌和真菌孢子对 PL 更加敏感。

（二）脉冲光在鱼体加工中的应用

PL 杀菌具有无残留的优点，目前已被广泛应用于果汁、牛奶、水果、蔬菜、肉类、食品包装材料等灭菌。Ozer 和 Demirci 用 5.6J/cm^2 PL 在距离 3cm、5cm、8cm 处处理生鲑鱼鱼片不同时间，发现一些鱼样在距离 3cm 和 5cm、处理 60s 后微生物虽然明显减少，但表面温度升高了 100℃，这导致了颜色和品质的显著变化。然而，当鱼片在距离 8cm 处处理 60s 时，在不影响质量的情况下，大肠杆菌 O157:H7 或单核细胞增生李斯特菌减少了约 1log 10CFU/g。Hierro 等人的研究发现，2.1J/cm^2 强度的 PL 处理可显著降低贮藏一周后的金枪鱼鱼片的微生物含量，改善鱼片的感官特性，而 8.4J/cm^2 和 11.9J/cm^2 的 PL 处理则会对产品感官品质产生负面影响。Cheigh 等研究了强脉冲光（IPL）对虾、鲑鱼和比目鱼鱼片色泽的影响，并未发现受试海产品的色泽变化。Nicorescu 等人研究发现，30J/cm^2 的 PL 处理引起的新鲜鲑鱼脂肪氧化程度显著高于 3J/cm^2 和 10J/cm^2 的 PL，这表明为了保持被处理水产品微生物安全和高品质，需要选用适中的处理强度。上述研究证明 PL 在水产品表面杀菌中具有明显作用，在水产品种类不同、染菌种类不同的情况下，均可达到良好的除菌效果，可将 PL 进一步推广到其他水产品除菌保藏的应用中。表 3-4 列举了应用 PL 处理水产品的研究案例。结果表明，功率越大、距离越近、处理时间越长，减菌效果越显著，但水产品品质下降程度也显著增加。因此，需要寻找最佳的处理条件，保证被处理水产品的安全性和感官品质，表 3-4 列举了应用 PL 处理水产品的研究案例。

表 3-4　鱼产品中 PL 对微生物的灭活作用

产品	目标微生物	处理条件	微生物减少量（log CFU/g）	参考文献
生鲑鱼片	单核细胞增生李斯特菌、TVC	紫外线（254nm）（距离 8cm，5min）+超声（45kHz，200W，1min）	0.79、0.59	Mikš-Krajnik et al.

续表

产品	目标微生物	处理条件	微生物减少量（log CFU/g）	参考文献
生三文鱼	好氧荧光菌群、荧光假单胞菌	在 3cm 处的通量为 30J/cm²	分别为 0.8、1.0	Nicorescu et al.
虾、生三文鱼片和比目鱼鱼片	单核细胞增生李斯特菌	总通量为 6.3 J/cm²，持续 720s；总通量为 12.1J/cm²，持续 380s	分别为 2.2、1.9 和 1.7；2.4，2.1 和 1.9	Cheigh，Hwang，and Chung
金枪鱼片	副溶血性弧菌单核细胞增生李斯特菌	11.9 J/cm²	分别减少 1.0 和 0.7	Hierro et al.
三文鱼鱼片	大肠杆菌 O157：H7，单核细胞增生李斯特菌	5.6J/cm² 在距灯 3cm、5cm 和 8cm 下持续 15s、30s、45s 和 60s	在肌肉一侧最大减少量 1.09、1.02，鱼皮边两种细菌分别最大减少 0.86、0.74	Ozer and Demirci

参考文献

[1] 汪之和，王慥，苏德福. 冻结速率和冻藏温度对鲢肉蛋白质冷冻变性的影响[J]. 水产学报，2001，25（6）：564-569.

[2] 曾名湧. 食品保藏原理与技术[M]. 北京：化学工业出版社，2014.

[3] Li D，Qin N，Zhang L，et al. Degradation of adenosine triphosphate，water loss and textural changes in frozen common carp（*Cyprinus carpio*）fillets during storage at different temperatures[J]. International Journal of Refrigeration，2019，98：294-301.

[4] Li D，Zhu Z，Sun D W. Effects of freezing on cell structure of fresh cellular food materials：A review[J]. Trends in Food Science & Technology，2018，75：46-55.

[5] Sun Q，Zhao X，Zhang C，et al. Ultrasound-assisted immersion freezing accelerates the freezing process and improves the quality of common carp（*Cyprinus carpio*）at different power levels[J]. LWT-Food Science and Technology，2019，108：106-112.

[6] Zhu Y，Ma L，Yang H，et al. Super-chilling（−0.7℃）with high-CO_2 packaging inhibits biochemical changes of microbial origin in catfish（*Clarias gariepinus*）muscle during storage[J]. Food Chemistry，2016，206：182-190.

[7] 吴佰林，薛勇，王玉，等. 鲅鱼热风干燥动力学及品质变化研究[J]. 食品科技，2018，10：179-185.

[8] 张燕平，岑琦琼，戴志远，等. 梅鱼热风干燥工艺模型及脂肪氧化规律初探[J]. 中国食品学报，

2013，9：39-47.
[9] 郑海波. 水产品低温低湿及红外协同干燥理论分析和试验研究[D]. 杭州：浙江工商大学，2011.
[10] Duan Z H，Jiang L N，Wang J L，et al. Drying and quality characteristics of tilapia fish fillets dried with hot air-microwave heating[J]. Food & Bioproducts Processing，2011，89（4）：472-476.
[11] Fu X，Lin Q，Xu S，et al. Effect of drying methods and antioxidants on the flavor and lipid oxidation of silver carp slices[J]. LWT-Food Science and Technology，2015，61：251-257.
[12] Sampels S. The effects of processing technologies and preparation on the final quality of fish products[J]. Trends in Food Science & Technology，2015，44：131-146.
[13] Nguyen M V，Arason S，Thorarinsdottir K A，et al. Influence of salt concentration on the salting kinetics of cod loin（*Gadus morhua*）during brine salting[J]. Journal of Food Engineering，2010，100（2）：225-231.
[14] Nguyen M V，Thorarinsdottir K A，Gudmundsdot A，et al. The effects of salt concentration on conformational changes in cod（*Gadus morhua*）proteins during brine salting[J]. Food Chemistry，2011，125（3）：1013-1019.
[15] 夏文水，食品工艺学[M]. 北京：中国轻工业出版社，2011.
[16] Nieva-Echevarria B，Goicoechea E，Guillen M D. Effect of liquid smoking on lipid hydrolysis and oxidation reactions during in vitro gastrointestinal digestion of European sea bass[J]. Food Research International，2017，97：51-61.
[17] 焉丽波. 鳕鱼液熏制品的研制及品质特性的研究[D]. 青岛：中国海洋大学，2013.
[18] 陈申如，倪辉，张其标，等. 液熏法生产熏鳗的工艺研究[J]. 中国食品学报，2012，12（5）：41-48.
[19] Ayvaz Z，Balaban M O，Kong K J. Effects of different brining methods on some physical properties of liquid smoked king salmon[J]. Journal of Food Processing and Preservation，2017，41（1）：e12791.
[20] 王涛. 食品组分与抑菌剂对嗜热脂肪芽孢杆菌芽孢耐热性的影响[D]. 无锡：江南大学，2011.
[21] 汪秋宽. 食品罐藏工艺学[M]. 北京：科学出版社，2016.
[22] Evans K D. Validation of moist heat sterilization processes：cycle design，development，qualification and ongoing control[J]. PDA Journal of Pharmaceutical Science and technology，2007，61：2-51.
[23] 李学鹏，励建荣，李婷婷，等. 冷杀菌技术在水产品贮藏与加工中的应用[J]. 食品研究与开发，2011，32（6）：173-179.
[24] 郑志强，刘嘉喜，王越鹏. 软包装主食罐头杀菌工艺研究[J]. 食品科学，2012，33（20）：56-60.
[25] 张莉莉. 高温（100～120℃）处理对鱼糜及其复合凝胶热稳定性的影响[D]. 青岛：中国海洋大学，2013.
[26] 刘芳芳，林婉玲，李来好，等. 鱼糜凝胶形成方法及其凝胶特性影响因素的研究进展[J]. 食品工业科技，2019，40（8）：292-296，303.
[27] 杨方，夏文水. 鱼肉内源酶对发酵鱼糜凝胶特性的影响[J]. 食品与发酵工业，2015，41（11）：

18-22.

[28] 徐莉娜，贺海翔，罗煜，等. 鱼糜 pH-shifting 工艺及其胶凝机制研究综述及展望[J]. 食品工业科技，2018，39（11）：301-306.

[29] Maity T，Saxena A，Raju P S. Use of hydrocolloids as cryoprotectant for frozen foods[J]. C R C Critical Reviews in Food Technology，2018，58（3）：420-435.

[30] Cao H，Fan D，Jiao X，et al. Effects of microwave combined with conduction heating on surimi quality and morphology[J]. Journal of Food Engineering，2018，228：1-11.

[31] Zhang L，Li Q，Shi J，et al. Changes in chemical interactions and gel properties of heat-induced surimi gels from silver carp（*Hypophthalmichthys molitrix*）fillets during setting and heating：Effects of different washing solutions[J]. Food Hydrocolloids，2018，75：116-124.

[32] Priyadarshini B，Xavier K A M，Nayak B B，et al. Instrumental quality attributes of single washed surimi gels of tilapia：Effect of different washing media[J]. LWT-Food Science & Technology，2017，86：385-392.

[33] Haard N F，Shmpson B K. Proteases from aquatic organisms and their uses in the seafood industry[M]//Fung D Y C. Fisheries Processing. Boston：Springer，1994：132-154.

[34] Simpson B K. Food biochemistry and food processing[M]. Ames，IA：John Willey & Sons.2012.

[35] Kim T，Silva J L，Parakulsuksatid P et al. Optimization of enzymatic treatments for deskinning of catfish nuggets[J]. Aquatic Food Prod. Technol. 2014，23：385-393.

[36] Gildberg A，Simpson B K，Haard N F. Uses of enzymes from marine organisms in Seafood Enzymes：utilization and influence in postharvest seafood quality[M]. New York：Marcel Dekker，2000：619-640.

[37] Cheung I W，Liceaga A M，Li-chan E C. Pacific hake（*Merluccius productus*）hydrolysates as cryoprotective agents in frozen pacific cod filletmince[J]. Journal of Food Science，2009. 74：C588-C594.

[38] He S，Franco C，Zhang W. Functions，applications and production of protein hydrolysates from fish processing co-products（FPCP）[J]. Food Research International，2013，50（1）：289-297.

[39] Amiza，M，A，Mohamad J，Hasan R. Optimization of enzymatic protein hydrolysis from cobia（*Rachycentron canadum*）frame using alcalase®[J]. Journal of Aquatic Food Product Technology，2014，23：303-312.

[40] Roslan J,Yunos K F M，Abdullah N，et al. Characterization of fish protein hydrolysate from tilapia（*Oreochromis niloticus*）y-product[J]. Agriculture and Agricultural Science Procedia，2014，2：312-319.

[41] Utomo B S B，Suryaningrum T D，Harianto H R. Optimization of enzymatic hydrolysis of fish protein hydrolysate（FPH）processing from waste of catfish fillet production[J]. Squalen Bulletin of Marine and Fisheries Postharvest and Biotechnology，2014.9：115-126.

[42] Shen Q，Guo R，Dai Z，et al. Investigation of enzymatic hydrolysis conditions on the properties of protein hydrolysate from fish muscle（*Collichthys niveatus*）and evaluation of its functional properties[J]. Journal of Agricultural and Food Chemistry，2012，60：5192-5198.

[43] Himonides A, Taylor A, Morris A.Enzymatic hydrolysis of fish frames using pilot plant scale systems[J]. Food & Nutrition Sciences, 2011, 2: 586-593.

[44] Le C M, Donnay-moreno C, Bruzac S, et al. Proteolysis of sardine (*Sardina pilchardus*) and anchovy (*Stolephorus commersonii*) by commercial enzymes in saline solutions[J]. Food Technology and Biotechnology, 2015, 53: 87-90.

[45] Wolska J, Jonkers J, Holst O, et al. The addition of transglutaminase improves the physical quality of extruded fish feed[J]. Biotechnology Letters, 2015, 37: 2265-2270.

[46] Kaewudom P, Benjakuln S, Kijroongrojana K. Properties of surimi gel as influenced by fish gelatin and microbial transglutaminase[J]. Food Bioscience, 2013, 1: 39-47.

[47] Moreno H, Carballo J, Borderías J.Raw-appearing restructured fish models madewith sodium alginate or microbial transglutaminase and effect of chilled storage[J]. Food Science and Technology (*Campinas*), 2013, 33: 137-145.

[48] Liu Z, Lu Y, Ge X, et al. (2011) .Efeets of transglutaminase on rheological and film forming properties of fish gelatin.Advanced Materials Research, 2011, 236-238: 2877-2880.

[49] Zhao Q, Shen Q, Guo R, et al. Characterization of flavor properties from fish(*Collichthys niveatus*) through enzymatic hydrolysis and the maillard reaction[J]. Journal of Aquatic Food Product Technology, 2016, 25 (4): 482-495.

[50] Zilda D Z. Microbial transglutaminase: source, production and its role to improve surimi properties[J]. Marine and Fish. Postharvest Biotechnol, 2014, 9: 35-44.

[51] Yin T, Park J W, et al. Optimum processing conditions for slowly heated surimi seafood using protease-laden Pacific whiting surimi[J]. LWT-Food Science & Technology, 2015, 63: 490-496.

[52] Oh J H. Characterization of edible film fabricated with channel catfish ictalurus punctatus gelatin by cross-linking with transglutaminase[J]. Fisheries & Aquatic ence, 2012, 15 (1): 9-14.

[53] Goncalves A, Passos M G. Restructured fish product from white croacker (*Micropogonias furnieri*) mince using microbial transglutaminase[J]. Brazilian Archives of Biology and Technology, 2010, 53 (4): 987-995.

[54] Yaldagard M, Mortazavi S A, Tabatabaie F. The principles of ultra high pressure technology and its application in food processing/preservation: A review of microbiological and quality aspects[J]. African Journal of Biotechnology, 2008, 7 (16): 2739-2767.

[55] Norton T, Sun D. Recent advances in the use of high pressure as an effective processing technique in the food industry [J]. Food & Bioprocess Technology, 2008, 1 (1): 2-34.

[56] Reyes J E, Tabilo-Munizaga G, Pérez-Won M, et al. Effect of high hydrostatic pressure (HHP) treatments on microbiological shelf-life of chilled chilean jack mackerel [J]. Innovative Food Science & Emerging Technologies, 2015, 29: 107-112.

[57] Campus M. High pressure processing of meat, meat products and seafood[J]. Food Engineering Reviews, 2010, 2 (4): 256-273.

[58] Rode T M, Hovda M B. High pressure processing extend the shelf life of fresh salmon, cod and mackerel[J]. Food Control, 2016, 70: 242-248.

[59] Medina-meza I G, Barnaba C, Gustavo V B C, et al. Effects of high pressure processing on lipid oxidation: A review[J]. Innovative Food science & Emerging Technologies, 2014, 22:

1-10.

[60] Yang T, Sun D W. Enhancement of food processes by ultrasound: a review[J]. Critical Reviews in Food Science and Nutrition, 2015, 55 (4): 570-594.

[61] Pedrós-Garrido S, Condón-Abanto S, Beltrán J, et al. Assessment of high intensity ultrasound for surface decontamination of salmon (*S. salar*), mackerel (*S. scombrus*), cod (*G. morhua*) and hake (*M. merluccius*) fillets, and its impact on fish quality[J]. Innovative Food Science & Emerging Technologies, 2017, 41: 64-70.

[62] Chang H C, Wong R X. Textural and biochemical properties of cobia (*Rachycentron canadum*) sashimi tenderised with the ultrasonic water bath[J]. Food Chemistry, 2012, 132 (3): 1340-1345.

[63] Cheng X, Zhang M, Xu B, et al. The principles of ultrasound and its application in freezing related processes of food materials: A review[J]. Ultrasonics - Sonochemistry, 2015, 27: 576-585.

[64] Fan D M, Huang L L, Li B, et al. Acoustic intensity in ultrasound field and ultrasound-assisted gelling of surimi[J]. LWT, 2017, 75: 497-504.

[65] Wang Q, Li Y, Sun D W, et al. Enhancing food processing by pulsed and high voltage electric fields: Principles and applications[J]. Critical Reviews in Food Science and Nutrition, 2018, 58 (13): 2285-2298.

[66] Gudmundsson M, Hafsteinsson H. Effect of electric field pulses on microstructure of muscle foods and roes[J]. Trends in Food ence & Technology, 2001, 12 (3-4): 122-128.

[67] Chiper A S, Chen W, Mejlholm O. et al. Atmospheric pressure plasma producedinside a closed package by a dielectric barrier discharge in Ar/CO_2 for bacterial inactivation of biological samples[J]. Plasma Sources Science and Technology, 2011, 20 (2): 025008.

[68] Bintsis T, litopoulou-Tzanetaki E, Robinson R K. Existing and potential applications of ultraviolet light in the food industry-a critical review[J]. Journal of the Science of Food and Agriculture, 2000, 80 (6): 637-645.

[69] Gomez-Lopez V M, Ragaert P, Ragaert J, et al. Pulsed light for food decontamination: A review[J]. Trends in Food Science & Technology, 2007, 18 (9): 464-473.

[70] Cheigh C I, Hwang H J, Chung M S. Intense pulsed light (IPL) and UV-C treatments for inactivating Listeria monocytogenes on solid medium and seafoods[J]. Food Research International, 2013, 54 (1): 745-752.

[71] Nicorescu I, Nguyen B, Chevalier S, et al. Effects of pulsed light on the organoleptic properties and shelf-life extension of pork and salmon[J]. Food Control, 2014, 44: 138-145.

[72] Flora-Glad E C, Sun D W, Cheng J H. A review on recent advances in cold plasma technology for the food industry: Current applications and future trends[J]. Trends in Food Science & Technology, 2017, 69: 46-58.

[73] Liao X, Liu D, Xiang Q, et al. Inactivation mechanisms of non-thermal plasma on microbes: A review[J]. Food Control, 2017, 75: 83-91.

[74] Albertos I, Martin-Diana A, Cullen P, et al. Effects of dielectric barrier discharge (DBD) generated plasma on microbial reduction and quality parameters of fresh mackerel (*Scomber scombrus*) fillets [J]. Innovative Food Science & Emerging Technologies, 2017,

44: 117-122.

[75] Choi S, Puligundla P, Mok C. Microbial decontamination of dried Alaska pollock shreds using corona discharge plasma jet: Effects on physicochemical and sensory characteristics [J]. Journal of Food Science, 2016, 81 (4): M952-M957.

[76] O' donnell C, Tiwari B K, Cullen P, et al. Ozone in food processing [M]. New York: John Wiley & Sons, 2012.

[77] Bono G, Okpala C O R, Vitale S, et al. Effects of different ozonized slurry—ice treatments and superchilling storage (−1°C) on microbial spoilage of two important pelagic fish species [J]. Food Science & Nutrition, 2017, 5 (6): 1049-1056.

[78] De Mendonça Silva A M, Gonçalves A A. Effect of aqueous ozone on microbial and physicochemical quality of Nile tilapia processing[J]. Journal of Food Processing and Preservation, 2017, 41 (6): e13298.

[79] Crowe K M, Skonberg D, Bushway A, et al. Application of ozone sprays as a strategy to improve the microbial safety and quality of salmon fillets [J]. Food Control, 2012, 25 (2): 464-468.

[80] Bono G, Badalucco C. Combining ozone and modified atmosphere packaging (MAP) to maximize shelf-life and quality of striped red mullet (*Mullus surmuletus*) [J].LWT—Food Science and Technology, 2012, 47: 500-504.

[81] Álvarez V, Feás X, Barros-Velazquez J, et al.Quality changes of farmed blackspot seabream (Pagellus Bogaraveo) subjected to slaughtering and storage under flow ice and ozonized flow ice[J]. International Journal of Food Science & Technology, 2009, 44 (8): 1561-1571.

[82] Hovda M B, Sivertsvik M, Lunestad B T, et al.Microflora assessments using PCR-denaturing gradient gel electrophoresis of ozone-Treated and modified-atmosphere-packaged farmed cod fillets[J]. Journal of Food Protection, 2007, 70 (11): 2460-2465.

[83] Campos C A, Losada V, Rodríguez Ó S.et al.Evaluation of an ozone-slurry ice combined refrigeration system for the storage of farmed turbot (*Psetta maxima*) [J]. Food Chemistry, 2006, 97 (2): 223-230.

[84] Campos C A, Rodríguez Ó, Losada V, et al.Effects of storage in ozonised slurryice on the sensory and microbial quality of sardine (*Sardina pilchardus*) [J]. International Journal of Food Microbiology, 2005, 103 (2): 121-130.

[85] Feng L, Jiang T, Wang Y, et al. Effects of tea polyphenol coating combined with ozone water washing on the storage quality of black sea bream (*Sparus macrocephalus*) [J]. Food Chemistry, 2012, 135 (4): 2915-2921.

[86] Ozer N P, Demirci A. Inactivation of *Escherichia coli* O157: H7 and *Listeria monocytogenes* inoculated on raw salmon fillets by pulsed UV-light treatment[J]. International Journal of Food Science and Technology, 2006, 41 (4): 354-360.

[87] Hierro E, Ganan M, Barroso E, et al.Pulsed light treatment for the inactivation of selected pathogens and the shelf-life extension of beef and tuna carpaccio[J]. International Journal of Food Microbiology, 2012, 158 (1): 42-48.

[88] Mikš-Krajnik M, Feng L X J, Bang W S, et al. Inactivation of *Listeria monocytogenes*

and natural microbiota on raw salmon fillets using acidic electrolyzed water, ultraviolet light or/and ultrasounds[J]. Food Control, 2017, 74: 54-60.

[89] Mahmoud B S M, Nannapaneni R, Chang S, et al. Improving the safety and quality of raw tuna fillets by X-ray irradiation [J]. Food Control, 2016, 60: 569-574.

[90] Krizek M, Matejkova K, Vacha F, et al. Effect of low-dose irradiation on biogenic amines formation in vacuum-packed trout flesh (*Oncorhynchus mykiss*) [J]. Food Chemistry, 2012, 132 (1): 367-372.

[91] 胡爱军，陈琼希，郑捷，等. 超声波处理对鲢鱼鱼肉蛋白性质的影响[J]. 食品工业，2012，2：47-49.

[92] 陈胜军，陈辉，高瑞昌，等. 超声波辅助酶解法提取罗非鱼眼透明质酸工艺条件，核农学报，2014，28（08）：1446-1452.

[93] 朱蓓薇，董秀萍. 水产品加工学[M].北京：化学工业出版社，2019.

[94] 蓝蔚青，谢晶. 溶菌酶对带鱼冷藏保鲜效果的影响[J]. 湖南农业科学，2010（17）：114- 117.

[95] 任西营，胡亚芹，胡庆兰，等. 溶菌酶在水产品防腐保鲜中的应用[J]. 食品工业科技，2013，8：390-399.

[96] 吴海滨，刘尊英，曾名湧，等. 米曲霉发酵鳕鱼皮制取低分子肽条件的优化及活性研究[J]. 食品与发酵工业，2011，05：110-114.

[97]凌泽兴，孙曼钰，钟成，等. 复配生物防腐剂延长海鲶鱼肉的贮藏时间[J]. 现代食品科技，2017，33（10）：192-200.

[98] 官爱艳，谭贝贝，卢佳芳，等. 生物保鲜剂对海鲈鱼冰藏保鲜效果的影响[J]. 核农学报，2017，31（8）：1528-1536.

[99] 王晓君，王振华，王亚娜，等. 泥鳅不同脱腥方法比较及腥味物质分[J]. 食品科学，2016，37：124-129.

[100] 杨兵，李婷婷，崔方超，等. 响应面法优化草鱼脱腥工艺[J]. 食品科技，2015，040（002）：174-180.

[101] 马丽杰，梁丽坤，黎乃为，等. 微生物发酵法制备鳕鱼皮胶原蛋白多肽及其脱腥工艺[J]. 农产品加工，2013，9：29-31.

[102] 李林. 微生物在发酵酸鱼中对脂质变化和风味组成的影响[D]. 无锡：江南大学，2019.

[103] 柯欢，张崟，陈平平，等. 鱼露加工工艺研究进展[J]. 中国调味品，2020，45（4）：136-140.

[104] 徐钰，孔繁东，刘兆芳. 生物防腐剂对调理蓝点马鲛鱼片贮藏品质的影响 [J]. 食品工业，2017，38（4）：174-177.

[105] 游丽君，赵谋明. 鱼肉制品腥味物质形成及脱除的研究进展[J]. 食品与发酵工业，2008，034（002）：117-120.

[106] 王旭冰. 养殖美国红鱼微生物去腥技术研究[D]. 宁波：宁波大学，2010.

[107] 贺瑶. 复合微生物发酵剂消减腌制水产品中亚硝酸盐的研究[D]. 无锡：江南大学，2017.

[108] 沈勇，梅俊，谢晶. 预测微生物学在水产品货架期中应用研究进展[J]. 食品与机械，2019，1：221-225.

[109] 杨宏. 水产品加工新技术[M]. 北京：中国农业出版社，2013.

[110] 纵伟，梁茂雨，申瑞玲. 高压脉冲电场技术在水产品加工中的应用[J]. 水产加工，2007，51-52.

[111] 蓝蔚青，赵亚楠，刘琳，等. 臭氧水处理在水产品杀菌保鲜中的应用研究进展[J]. 渔业科学进展，2020，41（4）：190-197.

[112] 熊瑶，李倩如，刘云，等. 超声波在鱼糜制品中的应用进展[J]. 农产品加工，2019，3：55-61.
[113] 梁健华，超声波辅助提取罗非鱼皮胶原蛋白及其功能结构性质的研究[D]. 华南理工大学，2015.
[114] 王腾，超声波辅助盐渍对盐渍鲩鱼和鲩鱼干理化性质及品质的影响研究[D]. 华南理工大学，2018.

第四章

鱼类资源的综合利用

第一节　蛋白质资源的综合利用

一、鱼肌肉蛋白质种类及生化特性

蛋白质作为鱼肉的重要组成成分和营养成分，占整个鱼体重的17%~19%。根据鱼肌肉中蛋白质的溶解特性可将其分为盐溶性蛋白质（肌原纤维蛋白）、水溶性蛋白质（肌浆蛋白）和不溶性蛋白质（肌基质蛋白质）。表4-1列出了鱼类肌肉中肌浆蛋白、肌原纤维蛋白和基质蛋白的含量、存在位置及代表性蛋白质。

表4-1　鱼类肌肉中蛋白质的分类

分类	比例/%	溶解特性	存在位置	代表蛋白
肌浆蛋白	20~50	可溶于低离子强度的中性缓冲液	肌细胞间或肌原纤维	糖酵解酶 肌酸激酶 血清蛋白 肌红蛋白
肌原纤维蛋白	50~70	可溶于高离子强度的中性缓冲液	肌原纤维	肌球蛋白 肌动蛋白 原肌球蛋白 肌钙蛋白
肌基质蛋白	<10	不溶于高离子强度的中性缓冲液	肌隔膜 肌细胞膜 血管等结缔组织	胶原蛋白 弹性蛋白 网状蛋白

（一）肌原纤维蛋白

肌原纤维蛋白（myofibrillar protein，MFP）对肉制品的质量起着重要作用，肌原纤维蛋白主要由收缩蛋白、调节蛋白和细胞骨架蛋白等构成。它们除了影响肌肉的收缩运动外，还和鱼糜制品的凝胶特性和保水性密切相关。肌球蛋白和肌动蛋白与肌肉的收缩-松弛直接相关，分别是肌原纤维蛋白粗丝和细丝的主要组成部分。

1. 肌球蛋白

肌球蛋白（myosin）是鱼糜凝胶网络结构形成的主要蛋白质。肌球蛋白含有六条肽链，由2条分子质量220kDa的重链（MHC）和两对4条分子质量18~22kDa

左右的轻链（MLC）组成一个长杆尾部和两个球状头部。重链亚基由球状头部（S1）和α-螺旋的杆部（rod）组成，重链含有两个柔软的可转动铰链区（hinge region），可使分子灵活地与肌动蛋白结合。在胰蛋白酶的作用下，肌球蛋白分子可在铰链区被水解成重酶解肌球蛋白（HMM）和轻酶解肌球蛋白（LMM）。其中HMM在木瓜蛋白酶的作用下，又可水解成S1和S2。头部S1的主要功能有：①结合肌动蛋白；②结合ATP；③酶活性，可以催化ATP水解成ADP和磷酸，进而将化学能转化为机械能，引发运动。当鱼肉进行加热或者是冷冻储藏，会导致ATP酶活性的降低或者消失，因此可以用肌球蛋白ATP酶活性来判断蛋白的变性程度。肌球蛋白不溶于水，但溶于0.6mol/L的NaCl和KCl溶液，因此鱼糜擂溃过程是将肌肉绞碎后并用一定浓度盐溶液使肌球蛋白溶出伸展。

2. 肌动蛋白

肌动蛋白约占MFP的22%，是MFP中含量次高的蛋白。肌动蛋白包括两种存在方式：单体（G-肌动蛋白）和多聚体（F-肌动蛋白）。G-肌动蛋白分子质量约为43kDa，约含376个氨基酸，在肌肉收缩时肌动蛋白可暂时与肌球蛋白形成复合物，但是在尸僵阶段则与肌球蛋白形成永久性的复合物。

（二）肌浆蛋白

肌浆蛋白主要是指糖酵解酶、肌红蛋白、血红蛋白等。目前认为肌浆蛋白中的内源性蛋白酶是引起凝胶劣化的主要原因。因此，一般通过漂洗的手段来降低鱼糜中肌浆蛋白的含量。早前研究发现肌浆蛋白会抑制凝胶特性。而另一部分学者认为肌浆蛋白可使凝胶强度得到提高，0.2%的太平洋沙丁鱼的肌红蛋白降低了太平洋鳕鱼的凝胶特性，而1.0%的太平洋沙丁鱼的肌红蛋白和1.0%的牛血浆蛋白却增强了太平洋鳕鱼的凝胶特性，可能是因为肌浆蛋白中也存在谷氨酰胺转氨酶（TGase）的缘故。

（三）基质蛋白

基质蛋白为结缔组织蛋白质，主要是胶原蛋白。明胶作为胶原蛋白的水解产物之一，会破坏胶原蛋白分子内的氢键，使其紧密超螺旋结构变成较为松散的小分子，从而改善肉的嫩度，增加其适口度。胶原蛋白对蒸煮后的生鱼片质构有显著影响，且胶原蛋白含量高的生鱼片韧性大。煮制鲍鱼的松弛时间比新鲜的长，是因为加热使得胶原蛋白明胶化。

二、胶原蛋白类型及生化特性

作为细胞外基质的主要结构蛋白，胶原蛋白广泛分布于鱼体的皮、鳞、鳍和鳔等部位。抗冻胶原蛋白是由 3 条肽链形成的三螺旋结构，维持这种胶原结构稳定性的是几乎遍及 α 链所有部分的“Gly-*X*-*Y*”（*X*、*Y* 代表 Gly 之外的任何氨基酸残基，*X* 往往是脯氨酸，*Y* 往往是羟脯氨酸）特征性氨基酸排列结构的不断重复。每条 α 链自身形成左手螺旋，3 条链在氨基酸残基的相互作用下，以同一轴为中心，以右手螺旋方式形成稳定的三股螺旋结构，分子质量约 300kDa。

水生动物胶原蛋白与陆地动物相比，有以下几个特点：①羟脯氨酸的含量较低，导致水产胶原蛋白的耐酶解性以及热稳定性较差；②鱼类胶原蛋白的热稳定性呈现鱼种特异性，一般冷水性鱼类的胶原蛋白的热稳定性相对较低。

三、抗冻蛋白类型及生化特性

抗冻蛋白，又称冰结构蛋白（ice structuring proteins，ISPs），是一类可以非依数性降低溶液冰点，而对溶液熔点影响甚微的蛋白质。DeVeries 于 1969 年首次在一种南极海鱼的血液中发现了抗冻蛋白，其后几十年里研究者的研究对象遍及鱼类、昆虫、蜈蚣、螨虫、蜘蛛、细菌、真菌及植物材料。但相比而言，鱼类 ISPs 的研究起步较早，研究也较为深入。鱼类 ISPs 可分为：抗冻糖蛋白（AFGPs）和 ISPs，ISPs 根据结构不同又可分为Ⅰ、Ⅱ、Ⅲ和Ⅳ型。

AFGPs 的分子质量通常在 2.5 ~ 33.7kDa 之间，结构主要以重复度为 4 ~ 50 的三肽糖单位[-Ala-Ala-Thr(双糖基)-]组成，AFGPs 抗冻活性的主要贡献者是结构中的糖基基团，AFGPs 的分子量越大，活性往往越高。AFGPs 在溶液中多以左手螺旋结构存在，结构中的双糖疏水基团面向碳骨架，亲水基团面向溶液，这种结构有助于 AFGPs 的亲水基团和水分子之间形成氢键，阻止冰晶的形成和生长。

I型 ISPs 主要由 3 个[-Thr-X(2)-Asx-X(7)-]单位串联形成的 *α*-螺旋单体构成，研究者最早在冬鲽鱼（*pseudopleuronectus americanus*）中发现这种蛋白质，它的结构中不含糖基，氨基酸组成中丙氨酸含量占 60%以上，分子质量在 3.3 ~ 4.5 kDa 之间。结构中含有双亲结构，因亲水性氨基酸与冰晶之间相互结合，产生了这种 ISPs

的抑制冰晶生长效应，且I型 ISPs 结构具有较好的热稳定性。

Ⅱ型 ISPs 是研究者从鲱鱼体内分离得到的，分子质量约为 15kDa，分子中含有 2 个 α-螺旋、2 个 β-折叠和大量无规卷曲结构。美洲绒杜父鱼（*hemitripterus americanus*）ISPs 也属于Ⅱ型，其二级结构中 18%为 α-螺旋结构，38%为 β-折叠结构，44%为无规卷曲结构。另外，研究者也从日本胡瓜鱼（*hypomesusnipponensis*）体内提取分离到Ⅱ型 ISPs，其分子质量约为 16.7kDa，分子中至少含有一个与 Ca^{2+} 结合的结构域，去除 Ca^{2+}后，此种 ISPs 的抗冻活性仍然存在，因为结构中含有 80%以上的半胱氨酸（Cys），而部分 Cys 之间能够形成二硫键，有助于维持分子结构的稳定，能够维持 ISPs 的抗冻活性。另外，胡瓜鱼 ISPs 结构 N 端的氨基酸序列有 75%与鲱鱼中 ISPs 具有同源性，且二者 85%的核苷酸顺序都相同，其中 8 个共同形成类似于三明治夹心结构，这种“夹心”结构主要由两个反向平行的折叠片状结构组成，而每个片状结构由 3 个 β-折叠结构串联而成，外层同样是两个反向平行的 β-折叠结构。此种 ISPs 的三级结构是 3 个 β-折叠结构反向排列形成的川字形，而三级结构的主体正是由两个川字结构相互垂直排列形成的，其余 β-折叠结构则处于连接位置。这种 ISPs 的结构中含有亲水域，能够与冰晶表面相结合，从而阻止冰晶生长。

多棘杜父鱼皮中纯化出的 ISPs 被定义为Ⅳ型 ISPs，其氨基酸组成中含有约 108 个氨基酸残基，分子质量约为 12.3kDa，谷氨酸（Glu）含量达到 17%，这种 ISPs 与膜载脂蛋白约有 22%的同源性。圆二色性光谱（CD）分析结果显示，二者结构类似，都含有较多的 α-螺旋结构，4 个 α-螺旋结构反向平行排列，蛋白质疏水基团朝内，亲水基团朝外，因而使得亲水基团易于与冰晶表面相互作用，阻止冰晶形成和生长。最近从冬鲽中提取出的一种高活性 ISP 也被归于Ⅳ型 ISP，其活性和分子量都较来源于冬鲽中的I型 ISPs 高，这种Ⅳ型 ISPs 可以使冬鲽在−1.9℃的海水中生存，而冬鲽I型 ISPs 只能使冬鲽耐受的低温极限达到−1.5℃。ISPs 具有三个主要功能特性：热滞活性（THA）、冰晶重结晶抑制（RI）效应和冰晶形态修饰效应。

1. 热滞活性

热滞活性（THA）这一概念首先由 Ramsay 提出，最初，这一概念被用于表达粉虱体液较高的持水能力，几年后，当科学家研究极地鱼类体液时，这一现象才被赋予现在的生物学含义，即阻止过冷体液中冰晶的生长。冰晶形成温度和冰晶融化温度二者分离这一现象被定义为热滞现象，滞后的冰晶形成温度被定义为滞后冻结点，冰晶形成温度的滞后量被称为滞后间距，而冰晶融化温度和滞后冻结点之间的定量差异被称为热滞活性，即 THA。极地鱼类体液的 THA 通常超过 1℃，这一 THA 值足以保护鱼类在低温环境不冻结。ISPs 来源不同，其结构和功能也明显不同。研究显示，鱼类和昆虫 ISPs 的 THA 通常较植物 ISPs 高。

2. 冰晶重结晶抑制效应

重结晶是指体液中已经形成的冰晶颗粒之间进行生长重分配，有的增大，有的减小，或者小冰晶聚合成大的冰晶。在低温下，重结晶过程很慢，但是当温度接近冰点或者温度剧烈波动时，重结晶能够很快发生，形成对生物组织和细胞产生机械性损伤的体积大的冰晶。因为重结晶把小冰晶之间的界面最小化，所以在热力学上重结晶是利于进行反应。ISPs 可以吸附到冰晶表面，抑制冰晶的迁移，从而产生 RI 效应。

3. 冰晶形态修饰效应

在纯水中，冰晶通常沿着平行于基面（basal plane）的方向（a-轴）伸展，而在晶格表面方向（c-轴）伸展很少。在 ISPs 溶液中，冰晶生长习性就发生了改变。ISPs 分子与冰晶表面相互作用导致水分子在晶格表面外层的排列顺序发生改变，冰核会变得沿着 c-轴以骨针形、纤维状生长，形成对称的双六面体金字塔形冰晶。

四、鱼蛋白制备及改性技术

1. 传统漂洗法

漂洗法是生产鱼糜的传统方法，最早起源于日本。传统漂洗法是以鱼体背部肌肉为原料，利用鱼体不同成分在水中的溶解性差异，在清水或稀盐水（约 0.15% NaCl）漂洗鱼肉过程中去除肌浆蛋白、内源性酶、肌红蛋白、脂质等成分。加工的工艺流程一般在经过去骨的鱼肉中加入 1 ~ 3 倍体积的冰水进行 2 ~ 3 轮的漂洗脱水后，加入冷冻保护剂冻藏作为鱼糜制品的原材料使用，从而提高肌原纤维浓度获得凝胶性较好的鱼糜。但是在这个过程中一般会损失约 30%的水溶性蛋白质，产品得率较低。同时需要耗费大量的水资源并且产生大量的污水，其废水高达 500 万吨。这不仅造成蛋白质资源的浪费，而且给污水处理带来了巨大的压力。

2. 等电点沉淀法

等电点沉淀法（isoelectric solubilization precipitation，ISP），是利用蛋白质在等电点沉淀和远离等电点溶解的特性，通过调节溶液的 pH，分离脂质和不溶性物质，达到回收蛋白质的目的。ISP 技术的加工工艺首先是将鱼肉组织进行均质，随后在酸（pH<3.0）或碱（pH>10.0）的环境下使得蛋白质发生溶解，离心去除油脂和不溶性杂质后，调节 pH 至等电点附近，通过一定的离心力（12000r/min）使蛋白质沉淀，最后将蛋白质 pH 调至中性的一个过程。相较于传统漂洗法，ISP 法具有操作简单、蛋白质得率高、去脂效果好等优势。目前，该技术已成功应用于提取鲱鱼、岩鱼、鲶鱼、鲢鱼等鱼类肌肉蛋白质，被认为是一种提取鱼肉蛋白质的高效方法。此外，丁小强利用 ISP 法回收了鱼糜漂洗液中的蛋白质，并对其营养成分、理化性质及功能特性进行研究。结果表明，在 pH 为 5.5 时，蛋白质回收率最高，达到 50.8%，且回收蛋白为优质蛋白质。

此外，不同的提取方法或酸碱处理都会导致鱼肉蛋白质组成和结构的变化，直接影响蛋白质的功能特性，从而影响鱼肉蛋白质的加工过程和产品品质。鱼肉蛋白质具有诸多功能特性，如水合性、乳化性、成膜性、胶凝性等。其中，胶凝特性是鱼肉蛋白质最重要的功能特性。石柳等研究了传统漂洗法和 ISP 法所得蛋白质的组成和功能特性差异。研究表明，ISP 的分离方式较漂洗方式得到的氨基酸和蛋白质损失较小。且 ISP 分离方式经酸碱处理后，其蛋白质结构展开，更多的疏水基团暴露，使蛋白质的保水性降低，表面疏水性增加，凝胶强度增强。林怡晨阐释了蓝圆鲹 ISP 分离蛋白凝胶劣化内在机理。由此可见，ISP 提取蛋白质和漂洗鱼糜蛋白质方式会使蛋白质组成和功能特性发生一定的改变，从蛋白质得率和功能特性影响考虑，ISP 提取蛋白质方式一定程度上或许更有利于工业化鱼糜的生产。

五、鱼蛋白资源的营养功能特性

鱼类蛋白质含量很高，在鱼的肌肉中，蛋白质含量约占干物质含量的 80%，是优质蛋白质的重要来源。鱼类蛋白质资源中含有丰富的氨基酸组成，氨基酸总量约占干重的 50% ~ 80%，含有谷氨酸、赖氨酸、异亮氨酸、丝氨酸、甘氨酸等几乎所有的氨基酸。此外，鱼类蛋白质组成与人体蛋白质组成相近，且 8 种必需氨基酸的种类及数量也符合人体的需求，在营养上属于完全蛋白质容易被人体吸收利用，利用率高达 85% ~ 90%。

鱼类蛋白除了含量丰富、易被吸收等营养特性以外，还含有多种生物活性物质，其中种类繁多的生物活性多肽就在人类日常生活中起到了重要的生理调节功能。例如生物活性肽可以通过矿物质螯合控制饮食，调节胃肠功能；通过细胞调节、免疫调节等作用，调控免疫系统功能；通过抗高血压、抗氧化、降血脂、降血糖、降胆固醇等作用，调节心血管系统功能。

（一）抗氧化

随着经济水平的日益发展，人们越来越重视自身的健康安全，而人体内的食物代谢过程和呼吸过程产生的自由基则严重威胁着人类的健康。研究表明，众多疾病的发生都与体内过量的自由基密切相关，如过量的自由基会导致细胞损伤，继而引发动脉粥样硬化、关节炎、糖尿病和癌症等疾病。人体自身具有抗氧化防御系统，正常情况下可以通过酶促（如超氧化物歧化酶和谷胱甘肽过氧化物酶）和非酶促抗氧化剂（如微量元素、抗氧化维生素、辅酶和辅因子）去除体内的自由基反应物质。但随着年龄的增长，内源性抗氧化防御系统清除自由基的能力逐渐下降，伴随着其他因素的刺激，机体开始出现病变。因此，外源摄入抗氧化剂就成为抑制机体过量自由基积累的重要手段。外源抗氧化剂根据来源可以分为合成的和天然的两类，尽管合成抗氧化剂［如丁基羟基茴香醚（BHA）、二丁基羟基甲苯（BHT）、叔丁基对苯二酚（TBHQ）和没食子酸丙酯（PG）］抗氧化活性比天然的抗氧化剂更强，但合成抗氧化剂对人体表现出一定的毒性和有害作用限制了其在食品中的添加，因此，高效安全的天然抗氧化剂成为人们重点关注的对象。

近年来，大量研究发现鱼蛋白特别是鱼类蛋白质的水解肽具有较强的抗氧化活性，被认为是一种易吸收、低成本和高活性的天然抗氧化剂。蛋白质和多肽的抗氧化活性可能是通过抑制含氧化合物的产生、清除过氧化过程产生的自由基以及螯合过渡金属离子发挥作用的。鱼蛋白水解物具有供氢能力，其抗氧化活性可能是由于向形成的烷氧基和过氧自由基提供氢，减少了脂质体的氧化。鱼蛋白中分离的具有抗氧化活性的多肽通常只有 2 ~ 16 个氨基酸残基，分子量较低，且其氨基酸成分和肽段序列是决定鱼蛋白水解肽抗氧化活性强弱的重要因素。而疏水性氨基酸、组氨酸、脯氨酸、甲硫氨酸、半胱氨酸、酪氨酸、苯丙氨酸和色氨酸残基具有增强多肽抗氧化活性的作用。研究发现，肽段中疏水序列的存在可以与脂质分子相互作用，并通过给脂质自由基提供质子来清除。

Anusha 等研究发现太平洋鳕鱼蛋白水解物具有很强的 DPPH（1,1-二苯基-2-三硝基苯肼）自由基清除能力和 ABTS［2,2-联氮-二（3-乙基-苯并噻唑-6-磺酸）二胺盐］自由基清除活性，能够减慢自由基介导的亚油酸的氧化。阿根廷黄鱼蛋白水解物同样表现出较强的自由基清除活性、金属螯合和还原铁的抗氧化能力。并且指出，水解程度的增加导致疏水性氨基酸和芳香族氨基酸含量的增加，增强了鱼蛋白水解物的抗氧化活性。此外，鲭鱼和鲑鱼蛋白水解物也都表现出很强的自由基清除活性，具有明显的抗氧化活性。

（二）降血压、降血脂

随着人们生活方式的发展改变，人们的饮食习惯和结构也发生了很大的变化，高热量、高甜度、高脂肪食物的大量摄入导致三高（高血压、高血脂、高血糖）人群急剧增加，心血管疾病发病率不断增加。近年来，随着绿色健康的理念深入人心，人们开始重视健康饮食以及通过摄入一些具有生理调节功能的活性物质来改善和预防心血管病变。鱼类蛋白质因其绿色安全、生物活性强等特点被研究人员和消费者重点关注。

血管紧张素Ⅰ转化酶（ACE）是一种调节高血压的锌蛋白酶，可以通过测定抑制血管紧张素Ⅰ转化酶的作用来表征抗高血压的活性强弱。一些鱼类蛋白衍生肽具有抗高血压活性，其抑制血管紧张素Ⅰ转化酶的作用甚至强于很多其他的天然肽。有学者研究了从鱼蛋白中提取的抑制血管紧张素Ⅰ转化酶衍生肽对于自发性高血压大鼠的影响，研究发现，给自发性高血压大鼠口服鱼蛋白衍生肽可以显著降低大鼠的血压，表现出强烈的体内抗高血压活性。有学者研究了鲣鱼蛋白水解物抑制ACE的活性，结果表明，分子量较小的肽段以及疏水性氨基酸含量较高的蛋白水解物表现出较强的抑制ACE的活性，其中疏水性氨基酸可以与ACE的催化位点结合，从而增强抑制ACE的活性。

鱼皮胶原蛋白具有降脂作用。有学者研究了鲑鱼和虹鳟鱼鱼皮胶原蛋白水解产物对大鼠体内脂质分布的影响，研究发现，鱼皮胶原蛋白水解产物可以降低大鼠体内的脂质吸收和代谢。鱼皮胶原蛋白水解产物的降脂作用可能是由于胶原蛋白中的部分氨基酸和肽类可以控制甘油三酸酯的代谢，抑制血浆中的甘油三酸酯的瞬间增加。

（三）抗菌抗病毒

部分鱼类蛋白生物活性肽具有抗菌抗病毒的功能特性，抗菌肽多数由少于50个氨基酸组成，50%左右是疏水性的且分子质量低于10kDa。抗菌肽的杀菌机理在于：抗菌肽中带正电荷的氨基酸与病原体膜上带负电荷的分子和物质相结合，导致细胞膜电位的破坏、膜通透性的改变和细胞内容物的泄漏，最终导致细菌死亡。此外，通常的抗生素等杀菌抗菌物质的长期使用会产生一定的抗药性，但抗菌肽在体内不容易产生耐药性，因此是一种安全、应用广泛的抗菌剂。有学者研究了鲭鱼副产物水解肽的抗菌特性，源自鲭鱼副产物的蛋白质水解产物可以部分或完全抑制革兰氏阳性（李斯特氏菌）和革兰氏阴性（大肠埃希菌）的细菌菌株。

鱼类蛋白资源中除了一些抗菌肽具有抗菌抗病毒活性以外，鱼皮胶原蛋白同样是一种抗菌活性极强的抗菌剂。具有抗菌活性的鱼皮胶原蛋白水解产物的分子质量通常在 1 ~ 10kDa 或 < 1kDa 的范围内。研究认为，鱼皮胶原蛋白水解产物的氨基酸组成、肽段序列以及分子量大小是影响其抗菌效果的几个重要因素，氨基酸的疏水性可以使水解产物进入细菌膜，通过与细菌表面的相互作用达到杀菌、抑菌的效果。

（四）抑制肿瘤

在抑制肿瘤功能方面，鱼类蛋白生物活性肽发挥重要作用，生物活性肽分子量较低，容易被人体吸收利用，毒副作用小，对肿瘤细胞亲和力强且高效稳定，成为了研究人员研究抗肿瘤药物的热点。亲水性多肽（含有 Arg、Asp、His、Lys、Glu、Ser、Gln、Thr 等亲水性氨基酸）以静电吸引的方式特异性作用于肿瘤细胞，可以使其破裂死亡。鱼蛋白水解产物对人类乳腺癌细胞具有较强的抗增殖活性，能够抑制人类乳腺癌细胞的扩散。来源于凤尾鱼蛋白水解产物的分子质量为 440.9Da 的疏水性肽具有抗癌活性，能够通过增强细胞凋亡蛋白酶-3 和细胞凋亡蛋白酶-8 的活性来诱导人体 U937 淋巴瘤细胞的凋亡。

六、鱼蛋白资源的应用

（一）鱼糜制品

鱼糜是一种以鱼肉为原料，经过采肉、斩拌、漂洗、脱水、精制等步骤制得的黏稠的鱼浆，主要由肌原纤维蛋白组成，而鱼糜制品则以鱼糜为原料经过系列调味加工制成的具有一定弹性的水产制品。鱼糜制品的营养价值十分丰富，符合现代人绿色健康的生活理念，其具有脂肪含量低、胆固醇含量低、热量低、盐分低以及高蛋白的优势，受到了广大消费者的青睐。市场上常见的鱼糜制品主要有鱼丸、鱼糕、蟹肉棒、鱼肠等产品。

鱼糜制品的制备其实是一个肌原纤维蛋白凝胶化的过程。首先，鱼肉在低浓度的盐溶液中漂洗，水溶性的肌浆蛋白不断溶出，有利于后续凝胶化的形成；然后鱼糜中加入盐擂溃斩拌，鱼糜中的肌原纤维蛋白溶出；最后在热作用下，鱼糜中的肌动球蛋白结构发生改变，空间结构变得松散，构象发生一定程度的变化，独立的分子之间相互作用产生架桥，形成网状结构，鱼糜中的游离水被包裹在网状结构中，鱼糜由溶胶变成具有一定弹性的凝胶物质，完成肌原纤维蛋白的凝胶化。

鱼糜在形成具有一定弹性的鱼糜制品的凝胶化过程中有两个重要的温度带以及三个阶段。两个温度带，一是温度低于 50℃的凝胶化过程，另一个是 50 ~ 70℃的凝胶劣化过程，分别对应于弱凝胶化阶段、凝胶劣化阶段以及 90℃左右的强凝胶化阶段。凝胶劣化主要是由于鱼肉中存在的内源性组织蛋白酶类，这类酶在热的作用下活性增强，开始水解肌球蛋白，导致鱼糜发生凝胶劣化现象。在鱼糜制品加工过程中要尽量避免凝胶劣化过程才能形成具有较强弹性的鱼糜制品，因此，加热过程中要迅速通过凝胶劣化温度带。

（二）活性肽

生物活性肽是鱼类蛋白资源高效利用的典型代表。肽是以氨基酸为基本构成单位，由两个及以上的氨基酸组成的一类化合物。在结构上，肽介于氨基酸和蛋白质之间，而生物活性肽是指其中具有特殊生理活性的肽类。生物活性肽丰富的功能和结构由构成肽的氨基酸种类、数目以及排列顺序的多样性决定。

生物活性肽是从简单的二肽到结构复杂的高分子多肽，是对生物体具有有益的生理作用的活性肽类物质。生物活性肽的分子结构介于氨基酸和蛋白质间，比氨基酸更易吸收利用，相比氨基酸有独特的生理功能：具有免疫调节、抗高血压、抗血栓、抑制肿瘤、抗菌以及抗病毒等功能；可以促进矿物元素的吸收利用以及在机体内的循环，促进机体生长发育，调节食物的口感风味等；可以在食品加工中起到抗氧化、抗菌和乳化稳定等作用。

生物活性肽的生物学意义体现在两个方面：吸收机制的独特性以及生物活性功能的多样性。肽的吸收有其独特的运行机制：小肽是通过逆浓度梯度转运，转运过程中 H^+向细胞内的电化学质子梯度提供能量，其中质子运行的驱动力来源于刷状缘顶端细胞的 Na^+/H^+相互转换通道。相比于氨基酸，肽的吸收机制具有几个方面的优势：一是肽的渗透压比氨基酸低，不仅提高了肽的吸收效率，还可避免因高渗透压而引起的肠道不适的问题；二是人体的小肠壁对肽的透过性要比氨基酸的高；三是短肽吸收能耗低、载体不易饱和，而氨基酸吸收能耗高、载体容易饱和；四是肽的吸收可以避免氨基酸之间的吸收竞争。在生物活性肽的生理功能方面，其具有氨基酸与蛋白质所不具备的独特优势。研究发现具有调节生理功能的生物活性肽种类丰富多样，主要有：①在神经系统中起基础功能的神经活性肽类（类吗啡样活性肽）；②具有激素或调节激素的功能的肽类，如生长激素释放因子、白蛋白胰岛素增效肽等；③对生物体的酶具有调节功能的肽类，如雨硅肽、胰酶分泌素、促胰酶肽和能调节许多生化途径的酶等；④促进矿物质（或微量元素）吸收利用的肽类，如酪蛋白磷酸肽等；⑤增强生物体免疫活性功能的肽类，如白细胞（杀菌）素免疫活性肽和来源于致病有机物、食物的免疫诱导肽等；⑥具有抗菌、抗病毒、抑制和破坏肿瘤细胞作用的肽类，即抗菌肽，从结构上可以分为环状肽、糖肽和脂肽三类，具有抗癌活性的多肽有环己肽等；⑦具有抗氧化活性的肽类，如谷胱甘肽、肌肽以及一些鱼蛋白水解肽等。

鱼类生物活性肽的来源主要有两个：一是天然存在于鱼类体内的活性肽，主要包括肽类激素、组织肌肽、神经多肽等，这类活性肽被称为内源性生物活性肽；二是通过水解鱼类蛋白质资源获得的具有各种生理功能的活性肽，这类活性肽被称为外源性生物活性肽。目前对于鱼类蛋白生物活性肽的制备常采用酶水解法，因为从天然生物体中提取生物活性肽成本较高且难以实现大规模生产，而酶水解法可以在相对温和条件下进行生物活性肽的制备，通过控制酶的种类、水解时间以及水解度等条件可以制备具有特定生理活性功能的多肽，因此酶水解法已成为研究与应用最为广泛的鱼类生物活性肽制备方法。

（三）抗冻蛋白/肽

抗冻肽的分子结构一般具有 Gly-Pro-x 三肽重复序列、GTPG-结构指纹和 GPP（OH）G-结构指纹等结构特征，具有特定的氨基酸序列长度，其分子质量一般小于 2000Da。抗冻多肽中含有多种亲水性氨基酸，其作用机制与这些亲水性氨基酸的作用密切相关，此外，抗冻肽中的羟脯氨酸、脯氨酸及丙氨酸残基为体系提供了非极性环境，稳定了体系中多肽-多肽及多肽-水间的相互作用（图 4-1），因此抗冻多肽具有良好地抑制冰晶生成的效果。抗冻多肽中的氨基酸组成、序列及分子量大小都是影响其抗冻活性的关键因素，对于不同种类抗冻肽的作用机理仍有待深入研究。

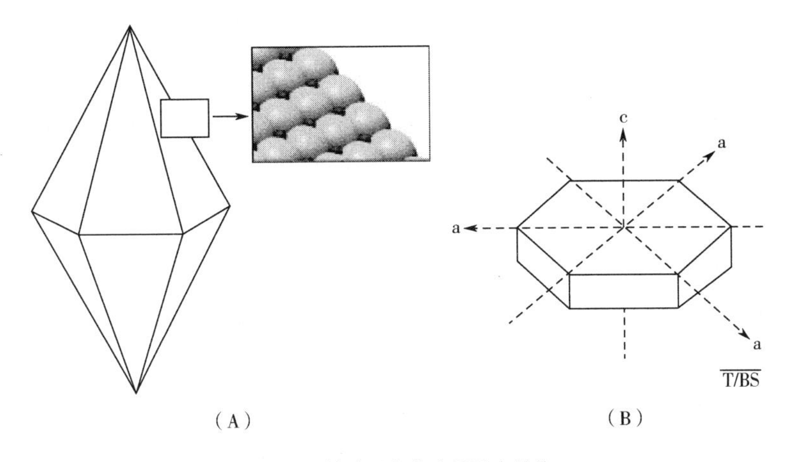

图 4-1　抗冻蛋白的冰晶形态修饰

（A）抗冻蛋白溶液；（B）纯水溶液

（四）胶原和明胶

胶原是动物组织中分布广泛、含量很高的一类结构蛋白，约占蛋白质总量的 1/3，广泛分布在动物组织的皮肤、骨骼、结缔组织等多个部位。目前已经发现了近 30 种不同类型的胶原蛋白，按功能特性可以将其分为两组，第一组是成纤维胶原，约占胶原总量的 90%；第二组是非成纤维胶原。而在成纤维胶原中，Ⅰ型胶原又是含量最多的一类，约占胶原总量的 80%以上。胶原蛋白的分子质量为 30Da 左右，由三条左手螺旋的 α 链缠绕形成右手螺旋结构，其中每条 α 链均由三部分构成：一是 N-端肽（占 11 ~ 19 个氨基酸残基）；二是构成主体的三股螺旋区域（占 1014 ~ 1029 个氨基酸残基）；三是 C-端肽（占 11 ~ 17 个氨基酸残基）。其中，三股螺旋区域存在 Gly-*X*-*Y* 三肽重复序列，Gly 为甘氨酸，*X* 通常是脯氨酸，而 *Y* 一般是脯氨酸或羟脯氨酸。

明胶是由胶原蛋白热变性或者部分降解形成的一种高分子纤维蛋白。明胶是由胶原蛋白通过预处理、热力提取和干燥得到的，不同的预处理方式得到的明胶具有不同的性质和功能特性。根据处理方法的不同，明胶可以分为酸法明胶（A 型明胶）、碱法明胶（B 型明胶）和酶法明胶。预处理过程中，在酸、碱或酶的作用下，使得分子内或分子间的离子键、氢键断裂，原料发生溶胀，组织结构变得松散，有利于明胶的溶出。然后在热的作用下，胶原分子链内或链间的共价键和氢键断裂，胶原的三股螺旋结构被破坏，向无规卷曲结构发生转变。胶原转化为明胶时，根据肽链的分离程度不同，三螺旋状态存在 3 种可能：①三股螺旋完全解旋，三条肽链完全分开，且组成和分子量各不相同；②只有一条肽链完全分开，其他两条肽链间的共价键全部断开，但仍通过氢键作用相连；③3 条肽链间处于松散状态，但仍通过氢键相连。因此，明胶是一种多肽链的混合物，其中 I 型胶原就包括了两条 α1 肽链、一条 α2 肽链、一条 β 肽链和一条 γ 肽链（由 α 肽链形成的二聚体和三聚体）以及高分子量和小分子量蛋白降解条带。

随着对胶原蛋白的研究开发，胶原蛋白已经越来越广泛地应用于食品、生物医学、化妆品等领域。胶原蛋白和明胶在食品方面的功能特性主要体现在用作乳化剂、发泡剂、胶体稳定剂、增稠剂、澄清剂、黏合剂、胶凝剂、增塑剂、可食用膜等，广泛应用于糖果、罐头食品、乳制品、饮料、烘焙制品、果酒酿造、肉制品加工等方面。鱼明胶能够吸水溶胀形成网状结构，并随着温度的下降发生凝聚，使水和糖完全充塞在糖果空隙，保持软糖的稳定形态，常用于生产果冻、果汁软糖、橡皮糖等糖果制品；鱼明胶作为胶凝剂能够防止肉制品中汁肉的分离变形，同时还起到了增稠的作用，常用于香肠、罐头制品等肉类加工制品的生产；鱼明胶能够防止尺寸较大的冰晶的形成，保持组织细腻，可以作为乳化剂和乳化稳定剂用于冰淇淋、雪糕等冷冻食品的生产；鱼明胶蛋白质含量高、脂肪含量低，且具有类似于脂肪的感官特性，因此可以作为脂肪替代物用于生产低脂食品；鱼明胶具有良好的延展性和机械性能，可以生产可食性包装膜原料，用于果脯、蜜饯、糖果等食品的内包装；鱼明胶具有优良的抗菌性能，可以作为蔬菜、水果、肉制品等的涂膜，延长生鲜食品的保鲜期限；鱼明胶还可以作为澄清剂，用于啤酒、果酒、乳饮料、果汁、黄酒等酒类及饮料产业的加工生产。

鱼明胶安全性较高，且具有良好的保湿性，可以作为化妆品填充剂的原料，还可以改性鱼明胶，扩大其在化妆品领域的应用范围，例如将鱼明胶水解后与油酰氯缩合，得到阴离子表面活性剂，用于生产洗发水、润肤膏等。明胶还能与维生素类物质配合使用，制成具有美容、护肤、抗皱等功能的化妆品。鱼明胶还可以作为生产硬胶囊、软胶囊和微胶囊的主要原料应用于制药领域，稳定药物成分，避免药物被氧化，延长药物的保存期。

（五）呈味肽

人体可以通过舌头不同部位分布的味蕾细胞感知滋味组分，滋味一般由酸、甜、苦、咸、鲜 5 种基本味觉组成，而呈味肽在天然食品和加工食品中均能产生较为鲜明的特征滋味，因而被研究开发用于食品加工生产。呈味肽可以根据其所体现的基本滋味特征分为 5 类：甜味肽、酸味肽、苦味肽、咸味肽和鲜味肽。呈味肽是分子质量低于 5000Da 的一类寡肽化合物，包括了特征滋味肽和风味前体肽，呈味肽的呈味特性一方面与氨基酸的组成相关，另一方面氨基酸的序列结构也会对肽链的呈味特性产生一定程度的影响。

咸味的产生主要归因于各种阳离子，阴离子起到辅助修饰的作用。传统的咸味物质主要是 NaCl，但近年来研究发现 Na^+摄入过多对于人体健康存在一定的安全隐患，尤其是会造成高血压和一些心血管疾病。人体感觉到的咸味由至少两个途径介导，对钠离子有选择性响应的上皮细胞阿米洛利敏感（上皮内阿米洛利敏感）的钠离子通道（epithe-lial sodium channel，ENaC），可选择性地响应钠离子；宽范围阳离子通道，对阳离子种类无特殊要求。咸味肽含有氨基和羧基两性基团，因此具有缓冲能力，对食品的风味有微妙的作用。咸味肽味觉通道受体一般是脂质，其咸味取决于氨基酸的解离程度及是否有对应的阴阳离子种类有关。目前关于咸味肽的具体作用机理的研究报道较为缺乏。

对于甜味肽的研究相对较为成熟，其中阿斯巴甜就是一种二肽衍生物质，具有较高的甜度但热量值较低。甜味物质产生甜味的条件在于呈甜物质分子结构中存在一个可以形成氢键的基团-AH，同时也存在一个电负性基团-B，且两个基团间距离应在 0.25 ~ 0.4nm 左右，为了使呈甜物质与受体相应部位进行匹配，分子结构中还应有疏水性氨基酸的存在来满足立体化学的要求。而甜味肽的结构就符合这个呈味机制，肽链中的-NH_2 能够形成氢键成为基团-AH，-COOH 的电负性恰好可以满足基团-B 的要求。在人的甜味受体 GPCRs 内，也存在类似 AH/B 结构单元，两个基团之间的距离约为 0.3nm，当甜味肽的 AH/B 结构单元通过氢键与甜味受体的 AH/B 的结构单元结合时，便对味觉神经产生刺激，从而产生了甜的味感。

鲜味肽是新型活性肽类鲜味剂，目前认为 G 蛋白偶联受体（G protein-coupled receptor，GPCR）与鲜味肽的作用机制相关。GPCR 共分为 5 个亚族：A 族-视紫红质受体、B 族-类分泌素受体、C 族-亲代谢性谷氨酸盐和信息素受体、D 族-菌信息素受体和 E 族-AMP 受体（cAMP receptor）。味觉受体存在于 GPCR 的 C 族，包括味觉受体第一家族 T1R 和味觉受体第二家族，T1R 包括 T1R1、T1R2 和 T1R3，味觉受体异源二聚体由其中的 T1R1 和 T1R3 所构成。T1R1+T1R3 在舌的菌状乳头的味觉受体细胞（test receptor cell，TRC）中共同表达，以聚合物的形式联合介导鲜味物质的信号传递。当有鲜味物质刺激时，鲜味物质会直接与 T1R1+T1R3 相结合，激活 PLC-β2，产生 DAG 和 IP3，IP3 与 IP3R3 结合，使胞内储存的 Ca^{2+}释放，激活 TRPM5 通道，Na^{+}流入细胞内，最终促使膜去极化及神经递质释放，从而使人体感知到鲜味。

大部分鲜味肽都兼具酸味，且鲜味肽中含有的 Glu、Asp 等氨基酸残基的亲水性多肽都具有酸味。肽的酸性或碱性氨基酸残基电离后可以产生大量氢离子，酸味的呈现主要依靠氢离子通过离子通道进入味蕾细胞而产生。目前普遍认为酸味的物质（HA）的受体通道是由磷脂组成的，肽分子本身电离的 H^{+}是定位基，阴离子 A^{-}作为助味基，定位基将受体头部的磷替换，疏水性氨基酸残基吸附在磷脂膜表面以增强膜对氢离子的亲和力。

苦味肽具有疏水性、平均疏水性强、碱性氨基酸含量高、端位含有疏水性或碱性氨基酸等特点。苦味肽的肽链长度从 2 ~ 8 个氨基酸组成的寡肽到由几十个氨基酸组成的多肽不等。苦味肽的疏水性较强，而其呈苦特性也和处于肽中侧链末端的疏水性氨基酸（Arg、Leu、Pro、Phe 等）有关。苦味肽的呈苦味特性和肽本身氨基酸的构效关系相关，包括了分子量、氨基酸的组成及其序列和氨基酸立体构象等。

第二节　脂肪资源的综合利用

一、鱼类脂肪类型及生化特性

油脂是长链脂肪酸与甘油通过羧基和羟基脱水结合而成的酯，是油和脂肪的统称。油脂是由 C、H、O 三种元素组成的烃的衍生物。在自然界的油脂中，甘油三酯含量较高，根据结构又有 L-构型和 D-构型之分，其中 L-构型的分子一般存在于天然的甘油三酯中。

类脂主要包括三大类，分别为磷脂、糖脂和胆固醇及其酯，前面两种复合脂质在生物体内占据重要地位。这三种类型的脂质是生物膜的主要成分，起到维持细胞结构与生理活性的作用。

动物脂肪含有高比例的饱和脂肪酸甘油酯，多为固体的存在形式。与陆地生物相比，来自海洋的脂质具有更高的不饱和度，鱼类的脂肪主要含有不饱和脂肪酸酯（表 4-2），并且多以液体存在。鱼类的脂肪中不饱和脂肪酸主要由 ω-3 和 ω-6 组成。

在鱼类脂质的构成中，长链 ω-3 多不饱和脂肪酸被认为是“必需脂肪酸”，因为它们在许多代谢过程中起着关键作用，并且它们不能被哺乳动物细胞从头合成。ω-3 脂肪酸浓缩物仍然是制药和食品工业、生产性能增强的药物以及生产营养补品的重要原料。众所周知，脂肪既是能量的来源，又是细胞膜的重要结构成分，并参与许多重要的细胞信号通路，现已证实其具有非常好的功能和营养效果。

表4-2　不饱和脂肪酸的种类和化学结构

不饱和脂肪酸	化学结构式
18：1（9c）油酸（oleic）	$CH_3(CH_2)_7CH=CH(CH_2)_7COOH$
18：2（9c，12c）亚油酸（linoleic）	$CH_3(CH_2)_4CH=CHCH_2CH=CH(CH_2)_7COOH$
18：3（9c，12c，15c）α-亚麻油酸（α-linolenic）	$CH_3CH_2CH=CHCH_2CH=CHCH_2CH=CH(CH_2)_7COOH$
18：3（6c，9c，12c）γ-亚麻酸（γ-linolenic）	$CH_3(CH_2)_4CH=CHCH_2CH=CHCH_2CH=CH(CH_2)_4COOH$
20：4（5c，8c，11c，14c）花生四烯酸（arachidonic）	$CH_3(CH_2)_4CH=CHCH_2CH=CHCH_2CH=CHCH_2CH=CH(CH_2)_3COOH$
20：5（5c，8c，11c，14c，17c）二十碳五烯酸（eicosapentaenoic，EPA）	$CH_3CH_2CH=CHCH_2CH=CHCH_2CH=CHCH_2CH=CHCH_2CH=CH(CH_2)_3COOH$
22：6（4c，7c，10c，13c，16c，19c）二十二碳六烯酸（docosahexaenoic，DHA）	$CH_3CH_2CH=CHCH_2CH=CHCH_2CH=CHCH_2CH=CHCH_2CH=CHCH_2CH=CH(CH_2)_2COOH$

在细胞培养中，ω-3 和 ω-6 多不饱和脂肪酸分别由前体 α-亚麻酸和亚油酸生成；前者生成二十碳五烯酸（EPA，20：5ω3）和二十二碳六烯酸（DHA，22：6ω3），而后者生成花生四烯酸（AA，20：4ω6）和其他长链 ω-6 脂肪酸；被人体吸收后，多不饱和脂肪酸再与甘油三酸酯（即甘油骨架上的 3 个脂肪酸分子）、磷脂（即磷脂酸骨架上的 2 个脂肪酸分子）和胆固醇酯（1 个游离胆固醇上的脂肪酸分子）结合。

α-亚麻酸向 EPA 和 DHA 的转化率很低，因此这些 ω-3 脂肪酸也被认为是必需脂肪酸，人类健康所必需的 ω-3 和 ω-6 多不饱和脂肪酸都完全来自饮食。具有降低和预防糖尿病及心血管疾病的作用，正如营养专家建议，ω-6∶ω-3 脂肪酸的比例为 5∶1 或更小。一些学者将主要由大众消费的快餐与典型的日本食品或地中海食品进行了比较，在食用日本或地中海食物的人群中，血液中 ω-6∶ω-3 的比例接近 2∶1，而在食用快餐的人群中其 ω-6∶ω-3 的比例最高可达到 25∶1。

一些研究表明，ω-3 多不饱和脂肪酸口服时以游离脂肪酸的形式从肠道吸收最迅速，以甘油三酸酯形式吸收则速率中等，而以乙酯形式的吸收则较低。但是，甘油三酸酯形式的 ω-3 多不饱和脂肪酸是最稳定、最理想的食品配方，而游离脂肪酸和乙酯型容易被氧化破坏。

饮食中的 ω-3 多不饱和脂肪酸具有丰富的营养功能特性，在治疗某些疾病方面具有重要作用。目前科学研究已证实 ω-3 多不饱和脂肪酸 EPA 和 DHA 可改善视力、视野和适应光线，改变视网膜感光膜的渗透性、流动性、厚度和脂质相特性（仅 DHA）；通过降低血压、甘油三酸酯水平和血小板凝集可预防心律不齐以降低心肌病变和冠心病的风险；通过抑制类花生酸合成对某些常见癌症（乳腺癌和结肠癌）具有保护作用；可以使人体胰岛素水平增加；通过影响中枢神经系统的功能对硬化症治疗产生有益作用；对非酒精性脂肪肝具有预防和治疗作用；对有害疗法（例如化学疗法）的耐受性增加；降低心律跳动和改善情绪状态（例如在抑郁和焦虑状态下）对自身免疫性疾病（例如类风湿性关节炎、牛皮癣、系统性狼疮、克罗恩病）的有益作用。还可以通过抑制炎症的中央调节剂，减轻与炎症相关的关节痛。由此看来，EPA 和 DHA 对人体有着非常多的益处。因此，鱼油的提取和利用显得尤为重要。

二、鱼油的化学成分分析

鱼油的化学成分分析技术主要包括：薄层色谱（TLC）定量和气相色谱-火焰离子化检测器（GC-FID）和气相色谱-质谱联用仪（GC-MS）、傅里叶变换红外光谱（FTIR）和核磁共振（NMR）等。

为了确定游离脂肪酸（FFA）的组成，包括以下三个步骤，即提取、衍生化及仪器分析。带有硅胶的一维薄层色谱（TLC）常用于脂质类分离，具有成本较低和操作灵活等优点。通常，TLC 溶剂洗脱系统由极性/非极性溶剂的混合物组成。TLC 法表征的缺点之一是某些极性相似的类共洗脱，需要使用极性/非极性溶剂的硅胶色谱柱，进行小规模的分离。

脂肪酸甲酯化的方法依赖于脂质在转化为脂肪酸甲酯（FAME）之前的皂化

作用。该方法包括用过量的稀乙醇碱性水溶液在回流下加热提取物。制备 FAME 的最常用试剂是 HCl 的甲醇溶液。建议将浓硫酸的甲醇溶液用于酯化反应。

GC 是表征和定量 FAME 的首选方法之一。火焰离子化检测器（FID）广泛用于脂肪酸定量分析，具有高灵敏度和稳定性以及在较宽检测范围内线性快速的响应性。质谱（MS）与 GC 结合使用可提供 FAME 的详细光谱信息，与 FID 相比具有两个重要优势：可基于质谱信息确认分析物的种类，以及排除嘈杂背景的干扰（如果有唯一离子）。

核磁共振（NMR）光谱分析已被用于商业鱼油的性质、成分、提炼和/或掺假的鉴别。此外，NMR 可与 GC-FID 和 FAME 结合使用。NMR 的其他优点包括样品制备简单和分析时间短。然而，较高的设备的成本限制了其进一步的使用。

三、鱼油的提取与精制技术

（一）鱼油的提取

ω-3 多不饱和脂肪酸最重要的天然来源为鱼油，例如沙丁鱼、鲭鱼、鳕鱼、鲨鱼和鲱鱼，多不饱和脂肪酸的含量高达 30%，这使它们成为商业上制备 ω-3 多不饱和脂肪酸浓缩物的常用原料（表 4-3）。其中南极磷虾和食用鱼（例如沙丁鱼、鳀鱼、鲑鱼和鳕鱼）的副产品是多不饱和脂肪酸的重要来源，其次是专为鱼粉和油脂生产而捕捞的鱼类。其中鳕鱼肝长期以来一直是最适合制备 ω-3 多不饱和脂肪酸的海洋副产品，并含有大量的维生素 A、维生素 D 和维生素 E。鳕鱼肝油含有大量脂质（约 50% ~ 80%），其中 EPA 占 23%。鳀鱼和蓝鳍金枪鱼具有较高的 DHA 含量，鲑鱼头（鲑鱼的主要副产品）也被认为是多不饱和脂肪酸的良好来源，其中的脂质含量高达 15% ~ 18%。

物理提取包括均质化、加热、加压和过滤等步骤。有研究者通过湿式还原法从金枪鱼头中分离油。他们研究发现不同加热温度和时间下对预煮的鱼（100℃，60min）和未煮的鱼中提取油的得率和品质有影响，在 85℃的温度下加热 30min 时可获得最佳结果。也有学者研究了鲱鱼副产品的油脂提取条件，最佳工艺条件为将原料切碎（16mm），在热交换器中蒸煮（95℃，8min）并在三相倾析器中（95℃，4min）回收油，具有较高得率。也研究发现了副产物新鲜度以及不同工艺参数（烹饪温度、热交换器的抽速和倾析器速度）对鱼油质量有影响。通常，从高含油量的鲱鱼、金枪鱼、沙丁鱼、鲑鱼等副产品中提取的鱼油具有较好的品质，但物理提取并不适用于低含油量原料中油脂的提取。

近年来，有大量研究报道新型鱼油提取方法，其中最重要的是超临界流体提取（最常使用二氧化碳作为提取溶剂）和酶法提取。由于超临界流体（SFE）密度取决于压力和温度，因此可以通过改变压力改变 SFE 的溶剂能力以提取不同类型的油脂，鱼油可通过分馏以分离游离脂肪酸或获得其他浓缩物。最广泛使用的 SFE 被公认为绿色溶剂的二氧化碳。CO_2 无毒、便宜且不易燃，它具有温和的临界条件（T_C=32℃和 P_C=7.38MPa），可以处理热不稳定化合物，例如 ω-3 多不饱和脂肪酸，并且在环境条件下呈气态，因此很容易从处理后的物料中分离出来，但成本相对较高。

使用酶在工业过程中提取油脂的方法是近年来兴起的，它在投资成本和能源消耗方面具有更大优势，因此它已替代传统方法。此外，这项技术既不需要有机溶剂也不需要高温。有学者研究了蛋白酶对鲑鱼骨架的酶促水解以及不同馏分的组成的影响，该过程能够获得 77%的富含 ω-3 的油，以及具有高价值的产品，例如肽或必需氨基酸。另有研究者使用不同的商业酶（蛋白酶、外肽酶和内肽酶）从中温（55℃）的鲑鱼头中提取油。他们得出的结论是，如使用蛋白酶可获得最高的采油率（2h 后为 17.4%），接近 Bligh 等人所报道的 20% 的采油率。与热处理相比，使用酶技术提取的鱼油品质更佳。

表4-3　鱼油的工业化提取方法

提取过程	方法	因素	优点	缺点
物理法	湿法炼油	均质化 蒸馏 加压 筛选	炼油和鱼粉行业的标准方法在组织中使用直接蒸汽通量比干燥提炼具有更好的产量和质量	添加化学药品会降低营养价值
	干法炼油	均质化蒸馏加压筛选	炼油和鱼粉行业的标准方法	导致过热和异味
化学法	Folch	用有机溶剂（氯仿、甲醇）萃取	简单、标准的方法直接测定总脂质	安全性差；耗时
	索氏	用非极性有机溶剂（己烷、甲苯、石油醚）萃取	简单而标准的方法；可以与非氯化溶剂一起使用；几步操作和提取循环	产量低于液-液法；需要特殊设备； 条件难以控制； 耗时
	超临界流体萃取（SFE）	用二氧化碳萃取，有时添加极性溶剂（甲醇）	快速且省力；无有机溶剂；非破坏性的（可以进一步使用脂质）	设备成本高

续表

提取过程	方法	因素	优点	缺点
生物法	自溶	使用内源酶和添加酸性催化剂	富含小肽和氨基酸的青贮饲料的生产酶促进油的释放	耗时
	水解	使用外源酶（蛋白酶和脂肪酶）并添加酸性或碱性催化剂	快速、省力的自溶作用使用商业低成本和食品级酶	对酶条件严格限制

目前，ω-3 多不饱和脂肪酸的浓缩方法很多。但只有少数适合大规模生产。由于原料成分复杂，可能产生的相对副产物含量较高，因此单一的分离纯化方法无法适用 ω-3 多不饱和脂肪酸的规模化生产。如今，多不饱和脂肪酸主要是在对鱼油进行化学或酶促水解后，以纯化后的游离脂肪酸的形式回收的。通常用的方法包括蒸馏、酶解、低温结晶、超临界流体萃取、尿素络合等。每种技术都有其自身的优缺点，也会导致 ω-3 多不饱和脂肪酸浓缩物的形式不同。色谱、结晶和尿素络合是用于收集多不饱和脂肪酸有效技术，而超临界流体萃取、蒸馏是用于制备多不饱和脂肪酸的合适技术，酶法可用于获取多不饱和脂肪酸酰基甘油。

通过蒸馏法所制备的油，其风味和氧化稳定性改善明显，其中仅含有少量的反应副产物，例如不饱和的甘油酯、反式异构体、共轭二烯和三烯、胆固醇。当前使用的两种蒸馏方法是：真空蒸汽蒸馏，以及短程分子蒸馏。前者不能显著提高 ω-3 多不饱和脂肪酸的浓度，但所得油具有很高的纯度，可以进行特定的技术处理，例如微囊化。短程分子蒸馏已用于脂肪酸酯的部分分离，可在非常高的温度（250℃）和很短的加热间隔（约几秒）内进行。采用这种方法可以使 EPA 和 DHA 的浓度分别增加至 16% ~ 28.4% 和 9% ~ 43%。但是，ω-3 多不饱和脂肪酸烷基酯形式不能直接用于食品或药品，因此需要进一步转化为脂肪酸或酰基甘油。为了回收浓缩的多不饱和脂肪酸作为酰基甘油，根据鱼油的初始组成，以二氧化碳为溶剂并在各种条件下进行了亚临界和超临界流体萃取。研究发现 28℃ 和 7.8MPa 条件下获得的 EPA 具有最大的抗分馏性。

在鱼油中，EPA 和 DHA 优先位于甘油骨架的中间碳原子上，因此，如果通过物理方法将油以三酰基甘油的形式分馏，迄今尚未达到很高的多不饱和脂肪酸浓度。在这种情况下，类似蒸馏过程，首先对油进行无规水解和酯化，然后通过碱性催化剂（KOH 或 NaOH）和醇（甲醇或乙醇）处理以达到需求。

化学方法会部分破坏天然的全顺式 ω-3 多不饱和脂肪酸结构，而酶促水解则在温度、pH 和压力方面提供了更温和的条件，从而保护 ω-3 多不饱和脂肪酸免受氧化、顺反异构化和双键迁移的影响。酶促过程是由脂肪酶引起的，即甘油酯水解酶，其催化三酰基甘油水解为脂肪酸、部分酰基甘油和甘油。

由于多不饱和脂肪酸作为酰基甘油的潜在益处，通过水解回收的甘油与单个游离脂肪酸 EPA 和 DHA 的酶促酯化以及含多不饱和脂肪酸提纯进一步发展。由于 EPA 和 DHA 对商业脂肪酶具有抗水解性，因此人们对微生物脂肪酶给予了极大的关注。通过用微生物脂肪酶（例如黑曲霉、念珠菌、黏质色杆菌或假单胞菌属）水解含多不饱和脂肪酸的油，使多不饱和脂肪酸富含游离脂肪酸，然后通过简单的醇反应将这些游离脂肪酸转化为酯化形式。

（二）油脂的精炼

从天然材料中提取的油成分复杂，包括游离脂肪酸、甘油酯、磷脂、固醇或生育酚，有时还包括重金属、二噁英等有毒物质。因此，在食用油的生产中需要进行炼油以去除非甘油三酯、着色剂、臭味和有毒化合物。工业上常规的炼油一般通过化学方法进行的，包括脱胶、中和、漂白、除臭等几个步骤，以分离出磷脂；而中和或脱酸，是为了清除游离脂肪酸并降低油酸度；漂白以除去色素或污染物，除臭是去除臭味化合物。

油的除臭也是重要的加工阶段，尤其是在粗制鱼油中，具有明显鱼腥味，这会降低其感官质量并限制其在食品工业中的应用，传统的油除臭是通过高温处理鱼油，但多项研究表明，在高于 180℃的温度下，多不饱和脂肪酸也会发生严重降解，形成了许多反应副产物，例如多不饱和脂肪酸异构体，单、双反式和环状脂肪，酸性单体。最近有人提出在活性炭上进行物理吸附以去除鱼类中的二噁英和多氯联苯等污染物。近年来采用基于低温真空蒸汽蒸馏，然后在硅胶柱中处理以及吸附或硅藻土处理来去除鱼油中的臭味化合物的应用也有新报道。

超临界流体技术以及膜和酶促工艺是替代高温炼油的新型技术。最近也报道了超临界流体技术在脱胶或漂白中的应用。Jakobsson 等提出了一种半连续萃取工艺，通过在低压下使用纯 SC-CO_2 从脱酸的油中分离出二噁英。Kawashima 等提出将萃取与 SC-CO_2 结合并吸附在活性炭上，以从鱼油中去除多氯联苯（PCB）、多氯二苯并对二噁英（PCDD）和多氯二苯并呋喃（PCDF）。超临界流体技术工艺对于去除 PCB 有效，而吸附方法对于去除 PCDD/PCDF 有效。通过将两种方法结合使用，它们可以使有害物降低约 100%。

（三）油脂的浓缩

近年来，已经开发了许多从鱼油中分离、分馏或浓缩 ω-3 多不饱和脂肪酸的方法，其中大多数是通过甘油三酯与乙醇的酯化或皂化反应形成的 ω-3 乙酯。提纯 ω-3 脂肪酸的传统方法有色谱法、真空或分子蒸馏、低温结晶、尿素络合以及其他新方法，如超临界流体分馏、超临界流体色谱法或酶法。通过对 ω-3 浓缩工艺的改进，以较低的成本获得更高的产量和纯度。其中许多涉及超临界流体色谱分离或超临界流体色谱法，还有一些其他方法是基于酶反应后再进行尿素络合。

四、鱼油的营养活性

随着人们对于营养和保健的日益重视，鱼油作为功能性油脂也受到广泛关注。鱼油富含多不饱和脂肪酸及脂溶性维生素等，可改善视力，健脑益智，降血压，降胆固醇。鱼油富含多不饱和脂肪酸（polyunsaturated fatty acids，PUFA），其中，二十碳五烯酸和二十二碳六烯酸是鱼油的特征脂肪酸，由于它们在人体内不能主动合成而成为必需脂肪酸（essential fatty acids，EFA），在人体中具有重要的生物学意义。

据报道，通过食用鱼油可以预防心血管疾病、癌症（结肠癌、乳腺癌和前列腺癌）和阿尔茨海默病。此外，鱼油中的脂肪酸可能被认为可以治疗其他疾病，包括肥胖症、II 型糖尿病、抑郁症、非酒精性脂肪性肝病和炎症。研究表明，除了降低心血管疾病的风险，ω-3 脂肪酸还能改善心律，降低心脏病发作、高血压、高血脂和动脉硬化的风险。Kaul 等人报告称，在 12 周内对 86 名健康志愿者（男性和女性）进行试验，他们食用了多不饱和脂肪酸（鱼、亚麻籽和大麻籽），补充鱼油后血浆中 DHA 和 EPA 水平升高，补充亚麻籽油后 α-亚麻酸暂时升高，补充大麻籽油后血浆中脂肪酸浓度不变。在这方面，Harris 等人调查发现通过每周两次食用油性鱼（鲑鱼和长鳍金枪鱼）或在 16 周内每天服用 1 ~ 2 粒胶囊，摄入 485mg EPA 和 DHA，对绝经前妇女心血管健康具有益处。他们认为，每周食用含有等量 EPA 和 DHA 的油性鱼或每日食用鱼油胶囊，对血脂中 ω-3 脂肪酸的含量有同样的影响。另一方面，考虑到其能降低胰岛素抵抗能力和甘油三酯含量，以及增加高密度脂蛋白，ω-3 脂肪酸的使用似乎适合与减肥计划相结合。

在人体内，丙氨酸转化为 EPA 和 DHA 的比率很低（EPA 为 5%～10%，DHA 为 1%～5%），因此，这些脂肪酸必须从饮食中摄取。EPA 和 DHA 可以从富含 α-亚麻酸的植物来源获得，如某些种子，包括亚麻籽和夹竹桃。EPA 和 DHA 最重要的天然来源是海洋生物，如鱼、海鲜和藻类。世界卫生组织和北大西洋公约组织建议每人每天摄入 0.3～0.5g EPA 和 DHA，即每周食用 2～3 次海鲜，以满足孕妇、儿童和老年人的脂肪酸建议水平。但目前全球平均消费量显著低于此限量值。在这种情况下，富含 EPA 和 DHA 的健康食品在食品市场上变得越来越重要，在不改变饮食习惯的情况下，个人每天只需食用一粒鱼油胶囊就可以达到所需的脂肪酸含量，这种胶囊含有 1g 鱼油，每天可提供约 0.3g EPA 和 DHA。

五、鱼油产品稳定性研究进展

（一）鱼油的理化变化

1. 氧化

鱼油的 ω-3 脂肪酸相关的主要问题之一就是高敏感性的氧化变质。自氧化分为三个阶段进行。分别是：引发，由不饱和脂肪酸的自由基与氧的反应形成过氧自由基，然后形成氢过氧化物；繁殖，由于过氧自由基攻击更多的双键，形成新的自由基和氢过氧化物；终止，是由自由基相互反应形成的非反应性物质，如醛、醇、酸和酮，这也是质量下降的最重要原因之一。在光氧化过程中，紫外线能量被油或含有油的食物系统吸收，移动到更高的能量状态，并产生单线态氧，单线态氧攻击不饱和脂肪酸产生过氧自由基，然后产生氢过氧化物。油的物理形态、温度和油中的微量成分（如氢过氧化物、游离脂肪酸和色素）会影响氧化变质的程度。过氧化值、硫代巴比妥酸、酸价和不皂化物等方法通常用于评估和监测油和含油食品在储存过程中的氧化降解。

2. 感官属性

感官属性是影响食品的可销售程度和消费者对其可接受性的最重要参数之一。食品中的羰基化合物和胺类化合物之间的反应会导致褐变发生，从而产生不良风味。在富含油的食物中，例如鱼或鱼油，作为羰基化合物的前体，油成分在形成褐变风味化合物中起着重要作用。在氧化过程中，由多不饱和脂肪酸降解产生的羰基化合物和自由基，与胺类化合物反应，生成包括醛和酮在内的某些风味物质。其中，2，6-壬二烯醛、4-庚烯醛和3，6-壬二烯醛在内的挥发性化合物是使含有EPA和DHA的鱼油具有不可接受鱼腥味的主要原因。

（二）增强鱼油稳定性的方法

含有鱼油的食品一般为功能性食品，因为它可以预防多种疾病并改善健康状况。尽管鱼油对健康有益，但其在食品工业中的应用因溶解度低、易氧化、不良鱼腥味和处理性能差而受到限制。目前已有许多研究是针对以上问题进行展开的，并且已经探索了用鱼油强化食品的各种方法。例如，直接添加散装鱼油、乳化和微胶囊技术是在鱼油强化食品中最常用的方法。在添加散装鱼油的情况下，通常通过加入调味料用于掩盖鱼腥味。在这些方法中，微胶囊化技术似乎在鱼油强化食品中更为有效，微胶囊化包括作为核心的封闭活性化合物和作为壁材的辅助材料。前者，鱼油可以从液体形式转化为粉末胶囊形式，从而改善其流动性，更易于加工处理；后者，壁材可以保护鱼油免受水分、热量、光或氧化等的外界环境伤害。

1. 添加抗氧化剂

在食品中直接添加散装鱼油的研究并不多，更多的是在添加了散装鱼油的食品中添加各种抗氧化化合物。通常使用抗氧化剂来改善富含鱼油的食品，以防止鱼油氧化，降低自由基和脂质过氧化物的水平，以防这些物质影响到挥发物的分布，产生令人不快的异味。为了获得散装鱼油的稳定性，评估了各种抗氧化剂［包括生育酚（α-、γ-或δ-）、迷迭香酸、富含鼠尾草酸的迷迭香提取物、卵磷脂和柠檬酸］的组合效果。结果表明，高浓度的γ-生育酚或δ-生育酚和低浓度的α-生育酚，复合使用生育酚保留增效剂，如抗坏血酸棕榈酸酯和迷迭香提取物中的鼠尾草酸，以及金属螯合剂如柠檬酸，能让散装鱼油具有较高的稳定性，但此种方式一般去除不了鱼油本身令人不快的鱼腥味。

2. 鱼油微胶囊化

鱼油微胶囊化用来保护不饱和脂肪酸免受环境条件（光、温度、氧气、湿度）的氧化和其他不必要的反应的影响，从而延长其货架期。

（1）乳液体系的制备

形成鱼油微胶囊最主要的步骤是乳液的制备。非极性的鱼油油滴可以通过表面活性载体的乳化作用分散在水性体系中，故而，鱼油乳液能够直接使用于肉类或饮料中，或者通过从系统中去除溶剂（水）而制成微胶囊粉末。

近年来，基于乳液系统用以保护脂质的相关技术越来越引起科研工作者们的兴趣。通过不同类型的乳液系统，包括固体脂质颗粒、填充水凝胶颗粒和常规、多重和多层乳液系统作为普通脂肪的替代品。乳状液在热力学上是不稳定的，因此需要采用不同的策略来克服乳状液的不稳定因素，如乳化、聚结、熟化和聚集。乳化特性对微胶囊鱼油的稳定性起着关键作用，一般越小的乳液越能生产较好包埋率的鱼油胶囊。

一般通过低压膜乳化、高压均质器、超声波处理的解聚以形成纳米尺寸的颗粒，以及微流化技术进行微胶囊化，使鱼油液滴分散到连续的水相中，制备的鱼油微胶囊具有高的包埋效率、负载能力和对鱼油氧化的强保护力。另外，包括喷雾干燥、冷冻干燥、喷雾制粒或挤出在内的各种技术也用于微胶囊的制备。为了增强微胶囊结构，也可以通过添加交联剂（例如转谷氨酰胺酶）或在干燥前用带相反电荷的多糖凝聚来固化乳液。总之，生产鱼油微胶囊所需的三个加工步骤包括：①乳化，②高压均质或超声波雾化，③冷冻或喷雾干燥。凝聚、膜乳化和冷冻干燥这三个步骤也适用于鱼油微胶囊化，并能生产出具有高负载能力的微胶囊。

目前已经开发了几种乳液作为包裹鱼油的送递系统，包括常规乳液（水包油）、微/纳米乳液、多层乳液（使用逐层沉积技术）、双乳液和凝胶乳液。例如，使用吐温 20（1.25%）、壳聚糖（0.1%）和低甲氧基果胶（0.2%）分别作为第一层、第二层和第三层的多层鱼油乳液，能维持乳液中较高的氧化稳定性和较低的鱼腥味评分。

（2）鱼油的包埋

微胶囊化用于将化学不稳定成分作为核心材料包覆或截留在由保护性外壳或壁组成的壁材中，保护不稳定成分免受环境条件（光、水分和氧气）的不利影响，也可对有效成分起到控制释放的作用，掩盖异味或气味。通过将液体转化为固体形式来改变物理属性和处理性能，同时提高氧化稳定性。目前已有许多包埋技术，包括喷雾干燥、喷雾冷却/包衣、冷冻干燥、挤出或流化床包衣在内的物理方法，以及包括单核或多核复合凝聚和脂质体包埋在内的物理化学技术（表 4-4）。

合适的包埋技术、芯材和壁材，乳化液的配方（芯壁比）的设计，是生产鱼油微胶囊的关键。良好的鱼油微胶囊化系统需要有较高的包埋率和储存期间的氧化稳定性。各种包埋技术和壁材各有优缺点，因此，设计一种乳化剂并选择合适的干燥方法，可以得到质量更高的鱼油微胶囊。

表4-4 不同壁材和方法在鱼油包埋中的应用

包埋方式	壁材组成	高效壁材组成
喷雾干燥	鱼明胶、壳聚糖、明胶和壳聚糖的混合物，以及微生物转谷氨酰胺酶和麦芽糊精的混合物	明胶-麦芽糊精或壳聚糖-麦芽糊精复合物
	新型水芹种子黏液/壳聚糖水凝胶	最佳工艺条件为黏液/壳聚糖水凝胶的体积比为 48∶52
冷冻干燥	大麦蛋白（大麦蛋白和谷蛋白）：鱼油-吐温 20 微胶囊化（1 克吐温/100 克鱼油）	15%的蛋白质、质量比为 1.0 的油/蛋白质，最佳入口温度为 150℃
	4 种壁材，包括脱脂奶粉、70%脱脂奶粉+30%麦芽糊精、70%脱脂奶粉+30%乳糖、70%脱脂奶粉+30%蔗糖	70%脱脂奶粉+30%乳糖和 70%脱脂奶粉+30%蔗糖
	明胶，六偏磷酸钠（SHMP）金枪鱼油，含有各种成分（0.07%反相，0.001%胆钙化醇，0.8% α-生育酚，0.004%维生素 K_2，0.05%辅酶 Q_{10} 或 0.05%姜黄素，质量分数）	使用复合凝聚适用于稳定多种生物活性的亲脂性成分
	大豆分离蛋白，采用 O/W/O 双乳化和随后的酶凝胶化方法，使用微生物转谷氨酰胺酶交联蛋白	用 10%大豆分离蛋白制备的 CIWE（初级水包油乳液）不含任何乳化剂，性能稳定
	大豆分离蛋白（SPI）/阿拉伯胶（GA）（大豆分离蛋白：赤霉素）和成网剂的浓度	用 1.5∶1.0 的大豆分离蛋白∶阿拉伯胶、1.0∶1.0 的壁∶芯和 6.0 的甘油三酯/克以及 1.5∶1.0 的大豆分离蛋白：阿拉伯树胶、2.0∶1.0 的壁：芯和 10.0 的甘油三酯/克进行的试验，在 100g 微胶囊中分别呈现出约 25g 和 22g 的 EPA 或 DHA
凝聚	乳清粉和酪蛋白酸钠（4∶1），使用不同功率（180～380W）和时间（1～3min）的超声波处理	380W 超声波处理 3min
	卵磷脂（初级乳液）或卵磷脂-壳聚糖（次级乳液）中的金枪鱼油，以及玉米糖浆固体（糖类）的存在和不存在	卵磷脂-含玉米糖浆固体的壳聚糖膜
	使用双乳液和高压均质器优化乳清蛋白浓缩物和菊粉复合物中鱼蛋白水解物和鱼油的包埋	在 W_1/O 处使用一次高压均质，在 $W_1/O/W_2$ 处使用三次高压均质，以产生稳定的乳液
	明胶溶液和阿拉伯胶结果表明，用戊二醛代替甲醛作为交联剂可使微胶囊呈球形，表面光滑无明显凹痕，粒径分布较窄	最佳实验条件为 25%戊二醛，搅拌速度为 1000 r/min。
	乳清蛋白分离物 11（WPI）-阿拉伯树胶（GA）	菊粉（菊粉：大豆分离蛋白= 0.4）和鱼油（20%）
	随后进行喷雾干燥和冷冻干燥	喷雾干燥法发现复合凝聚的最佳 pH 值和乳清蛋白分离物 11（WPI）与阿拉伯树胶（GA）的比例分别为 3.75 和 3∶1

六、鱼油的改性技术

工业上，油脂的重组和结构性改变（修饰）通常用来生产塑性脂肪、人造奶油、氢化油替代物和新型鱼油，如代可可脂（CBS）。鱼油的改性有氢化、酯交换等。改性鱼油具有不同的口感、结构以及其他特性，如改变熔点和结晶形态、延长保质期等。此外，在某种程度上，鱼油改性还对营养、成本和附加功能有贡献。

鱼油的改性主要是通过物理、化学和生物等方法有目的地改变或重构鱼油中原有组分的结构、组成和含量，进而改变鱼油的物化特性（如固体脂含量、熔点、皂化值及碘值等）、功能特性（风味、质构等）和营养特性（降低热量、改变特定组分的组成等）。因此，鱼油的改性不仅能够使其满足特殊的中间产品用途、拓展其应用领域，而且还可以改变最终产品特定的营养功能组分，以满足特殊的个体营养需要。

（一）氢化

人造黄油和起酥油的生产需要一种具有高可塑性和高氧化稳定性的硬脂，加氢技术应运而生，其主要通过完全或部分饱和双键将半固体脂质转化为固态形式。这项技术最早是由 Sabatier 和 Senderens 于 1897 年发现的，他们将脂肪中的有机化合物蒸发掉，让它与氢气在金属（镍）催化表面发生反应。

鲸油氢化是这项技术的第一次工业应用。在 1939 年，一项通过氢化液态三酰基甘油生产塑料脂肪的专利出现，这一发现减少了对有限种类的可用脂肪的依赖，开启了制造人造黄油和起酥油的历程。氢化的对象有海洋动物油、不饱和脂肪酸含量高的油（由于缺乏天然的稳定化合物，这些油通常会迅速变质），为诸如富含反式异构体的可可脂替代品和部分氢化人造黄油硬脂等新产品打开了市场。

氢化过程是通过氢气与液体脂肪中的活性位点，即脂肪酸的第一、二、三和四位双键在一定的压力、温度、搅拌速度、催化剂质量和数量下在氢化反应器中反应来实现的，该反应器通常是间歇式的，以产生较少的反式异构体。通过该方法生产的产品具有两个重要的特性，首先，由于氧化反应最小化，它具有更高的风味稳定性；其次，它具有脂肪在特殊应用上所需的特性和功能，如高熔点、烹饪稳定性、乳脂化能力和令人愉悦的外观表现。

鱼油氢化反应过程包括：①双键还原（主要反应），②反式异构化形成，③双键位置偏移（位置异构化）。1934 年，Horiuti 和 Polanyiin 发表了关于氢化机理的相关研究，这一机制是当前氧化模型的基础，并表明饱和双键所需的两个氢原子必须依次反应，半氢化中间体才可以回到其初始状态。这种中间体的稳定性取决于初始状态下双键的数量。Dijkstra 基于先前工作中的观察结果而提出的新的氢化机制解释了氢浓度与反应选择性、异构化和优选最终产物之间的关系，得出顺式/反式异构体反应速率的差异以及催化剂类型对促进反应的影响。

另外一种观点认为鱼油氢化反应是固-液-气三相催化反应过程，此过程分为 4 步：①扩散阶段，即氢在油中扩散并溶解；②吸附阶段，即油中的氢被催化剂吸附在其表面，形成金属-氢活性中间体；③反应阶段，即烯烃中的双键与金属-氢活性中间体发生了配位，形成金属-π 络合物；④解析阶段，即金属-碳 σ 键中间体吸附氢，同时解析饱和了烷烃。

此外，还有研究认为，固体催化剂不仅可以吸附鱼油中的氢，形成金属-氢活性中间体，当体系中 H_2 量不足时，少量甘油三酯分子也能被催化剂的活性中心吸附，形成吸附态甘油三酯。

如今，随着气液色谱（GLC）、脉冲核磁共振（NMR）等技术的发展，以及对催化剂质量和数量的深入研究，使得催化剂用量减少的同时，产品质量和特性的可靠性也相应提高，低质量批次的产品数量也在相应减少。

（二）酯交换法

酯交换（IE）是一种通过改变甘油三酯中脂肪酸的分布来改变鱼油的性质的方法，尤其是使鱼油的结晶及熔化特征发生改变。酯交换过程可形成不同的鱼油组合和得到物理性能更好的鱼油。酯交换通过混合高度饱和的硬脂（如棕榈油、棕榈硬脂和极度氢化植物油）和液态油来生产中间特征的鱼油。酯交换改性过程中不会产生反式脂肪酸，因此酯交换油受到生产厂商和消费者的青睐。酯交换油的生产主要有化学法和酶法催化两种。早期，工业生产酯交换油主要通过化学法，但随着低成本固定化酶的开发和应用，酶法生产酯交换油也越来越广泛。

表 4-5 为化学法和酶法酯交换对原料的要求。从表 4-5 可以看出，无论是化学法还是酶法，酯交换对原料的要求都很高，但相对而言，酶法对原料的要求较为宽松。

表4-5　化学法和酶法酯交换对原料的要求

项目	化学法	酶法
游离脂肪酸/%	<0.05	<0.1
含磷量/（mg/kg）	<2	<3
过氧化值/（meq/kg）	<1	<2
茴香胺值	<10	<5
含水量/%	<0.01	<0.1

注：1meq/kg=0.5mmol/kg。

1. 化学酯交换法

化学酯交换法（CIE）是最常见的工业化酯交换方法，通过甘油三酯内部和彼此之间的随机或定向脂肪酸交换，可以改变脂肪或油的物理性质。当脂肪酸的自由基在标签分子之间自由移动直到达到平衡时，可以获得随机化的 CIE 脂质。

目前，化学改性主要包括水解、羟基化、乙酰化和氢化等。其中，鱼油的水解主要有三种途径：高压蒸汽裂解、碱性水解和酶水解。高压蒸汽裂解所需的高温（通常为 250℃）和压力（7×10^6Pa）使该工艺不适用于敏感性物质；碱水解能耗高、且终产物有皂化物产生。另外，羟基化是在乳酸等物质提供的酸性环境下，于不饱和脂肪酸的碳-碳双键上插入两个羟基；酰化的目的是改善聚酰亚胺的油/水乳化性能；而氢化反应是将磷脂中存在的不饱和脂肪酸转化为饱和形式，从而提高产品的抗氧化稳定性。

如上所述，化学改性过程通常伴随着高温高压、有毒催化剂、低特异性和选择性、缺乏食品级状态且高能耗，化学酯交换法的应用逐渐受到限制。因此，酶法成为一种更好的鱼油修饰方法。

2. 酶法酯交换法

生物化学和分子生物学的快速发展使人们对酶的 3D 结构、界面活化和固定化的改进有了更深的理解。因此，当前研究追求的是酶促反应更具体，反应条件更温和，产生更少的废弃物，现如今广泛用于脂质修饰的主要的酶类是磷脂酶和脂肪酶。脂类改性的主要酶促反应包括酸解、醇解、水解和酯化。

（1）酸解

酸解反应发生在酯和酸之间，导致酰基的交换，已被用于结合游离酸或乙酯形式的二十碳五烯酸和二十二碳六烯酸，或具有生物功能的其他脂肪酸等脂质的修饰，如共轭亚油酸。使用这种反应体系，目的不仅是为了富集油，也是为了合成结构脂质。与酶法相比，单一化学酸解由于缺乏位置特异性而应用较少，而酶促酸解是一种可逆反应，产生新的脂肪酸结合到原始脂质中，通常分为两步：水解和酯化。

（2）醇解

该反应发生在酯和醇之间，产生具有不同烷基的酯，已被用于由甘油三酯（TAG）和甲醇的酯化，产率高达 53%。在醇解过程中，TAG 水解产生甘油二酯（DAG）和甘油单酯（MAG），在某些情况下达到高达 11%的水平，但少量醇的存在可以抑制水解。

醇解的主要用途是进行甘油解反应，同时具有一些特殊的应用：①sn-2 MAG，合成结构 TAG 的中间体，可以用 sn-1，3 特异性脂肪酶生产；②可以生产含有更高质量 PUFA 的 MAG，因为使用的条件比化学工艺中使用的条件更温和；③甘油的易回收和废弃鱼油的可循环利用特性是酶法生产生物柴油的部分论据。

（3）水解

水解反应用以制备部分水解形式的磷脂（PL），甘油磷脂（LPL），其中 sn-1 位（1-LPL）或 sn-2 位（2-LPL）未被脂肪酸残基酯化。LPL 在生物学中扮演重要的角色，主要用作信号分子。它们也是 PL 改造的关键中间体，因为一旦生产出来，它们就可以被特定的酰基转移酶回收，从而产生新的 PL。此外，因为它们的乳化特性被认为比聚氯乙烯更好，所以 LPL 在食品、化妆品和制药行业也有许多应用。

最广泛使用的 LPL 是溶血卵磷脂，它是从天然丰富的卵磷脂中水解一个脂肪酰基残基获得的。LPL 是通过涉及磷脂酰肌醇蛋白聚糖 1、磷脂酰肌醇蛋白聚糖 2 或脂肪酶的磷脂酰肌醇蛋白聚糖的酶催化水解产生的。

磷脂酶 A2 和 1,3-特异性脂肪酶已分别用于修饰 sn-2 和 sn-1 位的磷脂酰胆碱。最重要的反应是磷脂酶 A2 催化水解聚碳酸酯生成 1-酰基溶血磷脂酰胆碱（LPC），这是一种有效的生物乳化剂，也是合成具有特定脂肪酸组成的聚碳酸酯的重要中间体。鱼油的酶水解包括从 TAG 到甘油再到游离脂肪酸的三个步骤。间歇搅拌釜式反应器通常用于该反应，但填充床反应器（PBR）是另一种可用于脂肪酶催化水解鱼油的反应器。膜反应器也应用于鱼油的酶水解过程。在典型的设置中，脂肪酶被固定在膜的表面。油相在一侧循环，水相在另一侧循环。这种反应器的应用之一是从鱼油中富集 PUFA，这在文献中有广泛的报道。

（4）酯化

酯化反应是水解的逆向反应，酸和酒精中生成酯和水。体系只有在微水反应中才可能进行，应保持一定量的催化水和构象水来控制水解过程；在高水分反应体系中，水解是主要反应，很难进行酯化反应。水是反应的直接产物之一，对反应平衡的改变有很大影响，必须不断地将其从反应体系中除去，以最大限度地减少逆水解反应。从反应混合物中脱除水分的方法包括氮气、分子筛、饱和盐溶液和真空，但要保持较高的酶活性，必须保持一定的动态水环境。

通过酯化反应得到的产品包括生产生物柴油、MAG、DAG、糖脂、PL 等。这些应用在体系中涉及三个相：疏水相、亲水相和固态酶相。特别要注意确保高效的反应系统，包括除水、均匀性和系统的可持续性，在许多情况下，必须使用溶剂作为介质来增加均匀性。

由于从反应介质中除去水存在一定困难，通常采用循环系统，其中填充的酶床是反应单元，V 形吸尘器用于循环水箱的除水。膜反应器在酯化系统中有着广泛的应用，脂肪酶可以固定在膜表面，根据产物性质的不同，形成的产物可以是疏水相，也可以是亲水相。膜装置也已被用于通过渗透汽化方式除水。利用对多不饱和脂肪酸作用很弱的脂肪酶，将含多不饱和脂肪酸的鱼油与酒精进行酯化反应，可使多不饱和脂肪酸在脂肪酸组分中富集。一般来说，因为酯化反应在没有水的反应混合物中进行得很有效，所以使用了脱水底物，并通过降低反应器中的压力或向反应混合物中添加分子筛来除去反应产生的水。

七、鱼油发展前景

近年来，随着居民生活水平的不断提高，人们对营养保健产品的关注度也日渐提升，鱼油保健品便是其中之一。虽然市面上还是以深海鱼油产品居多，但是研究证明淡水鱼油也有较高的营养价值，在某些病症的防治效果上要优于深海鱼油，因此大众居民对淡水鱼油制品的需求量日渐增多。而且，淡水鱼油的原料主要为鱼类加工废弃物，来源广泛，且符合绿色发展理念，具有较广阔的应用前景。

目前，我国鱼油提取工艺多是采用稀碱水解法。超临界流体萃取技术和水酶解法提取鱼油工艺的提油率较高，能最大限度地减小对鱼油功能成分的破坏，保护油脂的有效成分，提高油脂的质量和产量，是具有极大发展潜力的提取分离方法，但目前这两种方法还难以实现规模化、工业化利用。一是因为测定试验数据困难、工艺过程设计复杂；二是因为生产设备成本高、效益低。酶水解法提取鱼油工艺的最新研究中大多利用微波辅助、超声波辅助等方法进行工艺优化。有机溶剂萃取法提取鱼油工艺的设备繁杂，且存在有机溶剂残留的问题。蒸煮法提取鱼油工艺所需资金成本较高，而且不能将与蛋白质结合的脂肪完全分离开来，导致提取的鱼油产量相对较低，不适合工业化大规模生产。当前，优化提取方法、改进提取条件、提升鱼油提取率及品质是国内广大学者研究淡水鱼油提取工艺的热点。今后如何降低成本，进一步扩大规模进行工业化生产，将资源和产业化进一步结合，实现资源的可持续发展，避免环境污染，仍然是鱼油提取工艺的重点和难点。

第三节　加工副产物的综合利用

一、鱼头

我国水域面积广阔，水产资源丰富，是世界水产生产和消费的大国。其中鱼类产品因其肉质鲜美，营养价值丰富，深受消费者喜爱。但鱼类在生产加工过程中会产生的大量下脚料，如鱼头、鱼骨、鱼皮、碎肉、鱼鳞和内脏等（图 4-2）。其中鱼头是鱼类加工过程中的主要下脚料，它往往占到鱼体总质量的 16% ~ 32%。此外，鱼头富含水分、脂肪、蛋白质、矿物微量元素及维生素 A、维生素 D 等营养成分，尤其是被称为脑黄金的 DHA（二十二碳六烯酸）和 EPA（二十碳五烯酸）等 ω-3

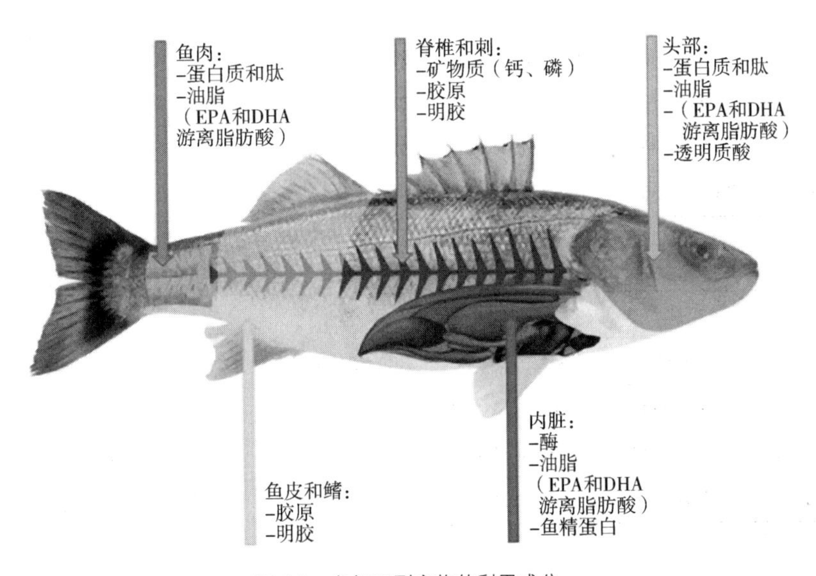

图 4-2　鱼加工副产物的利用成分

多不饱和脂肪酸以及甲硫氨酸、牛磺酸等含量非常高，有助于促进儿童生长发育。鱼头中谷氨酸（Glu）和脯氨酸（Pro）也十分丰富。谷氨酸主要集中在鱼头的前脑，参与蛋白质、多肽及脂肪酸的合成。脯氨酸作为重要蛋白质组分之一，不仅能够作为能量库调节细胞氧化还原，还有助于牙釉质健康等。此外，鱼头还含有鱼肉中所缺乏的卵磷脂，氨基酸模式接近于人体需要，生物价达到 85 ~ 90，是一种优质蛋白质。

（一）鱼头的基本成分

鱼头富含水分、灰分、脂肪、蛋白质、矿物微量元素等基本成分，以四大家鱼为例，其体重、鱼头重及其比例、鱼头营养成分及鱼头矿物质含量见表 4-6 ~ 表 4-8。

表 4-6　四大家鱼体重、鱼头重及其比例

鱼品种	平均体重/g	平均头重/g	鱼头占鱼体比例/%
鲢鱼	1705±135.48	471±30.47	23.94 ~ 31.95
草鱼	3200±230.44	701±42.85	19.19 ~ 25.05
鳙鱼	4016±280.43	1083±60.78	24.79 ~ 32.62
青鱼	2100±108.40	392±28.61	16.45 ~ 21.12

表 4-7　鱼头基本营养成分含量　　单位：%

鱼品种	水分	粗蛋白	粗脂肪	粗灰分	无氮浸出物	能量
鲢鱼头	67.69±1.42	12.94±1.57	9.83±0.79	8.31±1.25	1.23	7.16
草鱼头	67.67±1.18	13.81±1.14	10.79±0.65	7.30±0.94	1.03	7.71
鳙鱼头	78.19±2.96	12.91±2.15	1.84±0.92	6.45±0.85	0.61	3.88
青鱼头	76.43±2.05	14.84±0.81	2.18±0.83	6.10±1.06	0.45	4.45

表 4-8　鱼头矿物质含量　　单位：mg/100g，以湿重计

鱼品种	铜	镁	锌	铁	钙
鲢鱼头	3.04±0.64	412.03±17.36	41.62±5.06	20.21±3.51	804.13±120.11
草鱼头	3.02±0.56	403.24±20.53	31.72±4.88	18.74±3.76	796.22±110.32
鳙鱼头	1.51±0.88	252.44±20.60	26.53±4.36	18.13±3.65	472.04±120.57
青鱼头	1.54±0.82	266.41±18.25	37.04±4.53	11.63±3.48	572.42±120.11

由表4-6、表4-7和表4-8可知，鱼头占鱼体重的16%~32%，其富含水分、灰分、脂肪、蛋白质、矿物微量元素等基本成分，且蛋白质含量丰富，占鱼头体重11%~15%左右。鱼头占比、基本营养成分含量和矿物质与鱼种类密切相关，不同鱼种类其鱼头占鱼体比例、营养成分比例和矿物质含量存在明显差别。鱼头内矿物质及基本营养成分含量直接决定其营养价值。以四大家鱼为例，鳙鱼头占鱼体比例最大，青鱼最小，但青鱼头所含粗蛋白含量最高，含粗灰分和无氮浸出物最低；对于矿物质，鲢鱼头所含铜、镁、锌、铁和钙含量最高；鳙鱼头内铜、镁、锌、钙含量最低。

（二）鱼头开发利用的现状

1. 提取蛋白质

鱼头中蛋白质含量约为15%，其氨基酸模式接近于人体需要，是能够满足人体营养健康的优质蛋白质。鱼头中含有丰富的胶原蛋白，是提取胶原蛋白的丰富资源。胶原蛋白属于细胞外蛋白质，具有独特三股螺旋结构，是细胞外基质中最重要的组成部分。能够增强皮下细胞代谢，延缓衰老，预防及治疗关节炎等胶原缺乏病，具有较高的生物效价。鱼头中的胶原蛋白属于I型胶原蛋白，是由三条肽链拧成的螺旋状蛋白质，以左手螺旋绞合形成右手螺旋结构，是一个超级螺旋结构，它们之间通过范德华力、氢键、疏水键及共价键共同作用，对超螺旋结构的稳定性具有非常重要的作用。

明胶作为动物皮、骨熬制所得的胶原蛋白的水解物，具有显著的增稠和胶凝作用，且无色、无味、透明，作为一种食品添加剂广泛应用于食品工业。一般工业和食品用的明胶来源于猪、牛等动物的皮，但是随着各种动物传染病的蔓延，人们对其明胶产品的安全性产生担忧。与此相比，鱼类明胶的安全性较高。提取鱼头中明胶的一般工艺为：鱼头→切碎→酶解→粉碎→浸酸→洗涤除酸→浸灰→洗涤除碱→提胶→过滤→干燥→成品。所得明胶强度和黏度均比猪皮明胶高，分子结构和分子量均与猪皮明胶相近。目前，从鱼头中回收利用蛋白质的途径主要包括碱式提取和酶法提取。碱式提取的最佳工艺条件为：常温下鱼头浸泡于pH值12.0的NaOH溶液中，在固液比为1:10（g/mL）的条件下提取60min，然后用HCl溶液将pH值调节到5.0，使溶于碱液中的蛋白质等电沉淀。酶法提取的最佳条件为：中性蛋白酶用量260U/g，自然pH值，温度50℃，固液比1:1.5（g/mL），酶解时间4h。

2. 提取鱼油

油脂是鱼类的重要组成成分之一，多不饱和脂肪酸含量丰富，对人体健康有重要作用。鱼油的应用范围较为广泛，可用于保健食品、医药、饲料工业等。在西方发达国家，鱼油作为一种食品添加剂广泛使用在面包、冰淇淋、牛奶、婴儿奶粉、酸奶等食品中。世界各国政府对富含 EPA、DHA 的食品开发都很重视。临床试验表明，鱼油具有降低血脂、血压和促进人体新陈代谢的作用。相关研究表明，鱼油的主要成分是亚麻酸、亚油酸、花生四烯酸、EPA 和 DHA，其中 EPA 和 DHA 属于人体自身不能合成的必需脂肪酸，不仅有改善记忆、降血压、消除疲劳、预防动脉粥样硬化和脑血栓、预防癌症等恶性疾病的作用，而且能显著地促进婴儿的智力发育，改善大脑机能，提高记忆力，是制造预防心血管疾病和婴儿益智食品的良好基料。因此，开发酶水解鱼蛋白及鱼油产品具有良好的市场前景。

鱼头中鱼油的生产方法有直接干燥法、压榨法、淡碱水解法、溶剂提取法、超临界流体萃取法、酶解法等。蒸煮法可以分为间接蒸汽蒸煮法和直接蒸汽蒸煮法，这两种方法工艺条件容易控制，但提取温度高、时间长，鱼油容易氧化变质。压榨法的提取工艺简单，但提取率较低，生产的鱼油质量较差，目前基本上不采用。溶剂法包括两种基本工艺，一是采用标准循环溶剂来浸取，二是采用共沸蒸馏的溶剂进行萃取。但由于溶剂法耗费大量的有机溶剂，其产品中可能存在溶剂残留，现在也很少有厂家应用。传统的碱水解法是利用较低浓度的碱液将蛋白质组织分解，破坏鱼油与蛋白质的结合，这种方法虽然工艺很成熟，但提取过程产生的废液中钠盐含量高，不能进一步利用，形成了新的废弃物。超临界流体萃取法是最近三十几年来发展很快的新一代化工分离技术，是利用超临界条件下的气体作萃取剂，从液体或固体中萃取出某些成分并进行分离的技术。酶解法是利用蛋白酶对蛋白质的水解作用破坏蛋白质和油脂的缔合，从而将鱼油释放出来。相比之下，水酶法提取油脂的条件温和，生产的鱼油质量高，同时能够有效利用鱼头中的蛋白质资源。除了上述提取鱼油的方法外，还有冻结法、酸贮法、脉冲法、低温提油法等。

3. 加工特色产品

鱼头具有独特的风味，可以将其加工成营养价值很高的鱼头产品。同时，利用鱼头特殊的风味，经过蒸煮、酶解、过滤等工艺制得风味物质，不仅可以直接作为调味料使用，也可以添加到酱油、鸡精中做成螯合调味品。如海鳗鱼头经去腥处理后经高压蒸煮、斩拌粉碎，再添加调味料蒸煮，可制成鱼骨羹。采用蛋白酶水解法提取鱼头蛋白质营养液，也可以采用发酵的方式制作鱼头酱油等调味品，鱼酱油味道鲜美，风味芳香，含盐量低，且含有人体必需的氨基酸。此外，蛋白水解液经浓缩、喷雾干燥可得到酶解蛋白粉。酶水解鱼蛋白不仅含有丰富的必需氨基酸、小肽、微量元素、维生素等多种小分子营养成分，具有生物利用率高等优点，而且也含有牛磺酸、生物活性肽等多种活性成分，具有显著的保健功效，能满足人们对营养与美味的双重追求。它还可广泛用作海鲜调味料、膨化食品和方便、保健食品的基料，除满足一般消费者家庭需要外，还适合生长期的婴幼儿、病后体质虚弱者及高血压患者作饮食佐料，其产品能以粉状、液体和糊状等多种形态存在，便于按照不同生理状态、不同作业条件下人群的营养特征和市场需求情况，与其他食品物料充分混合在一起，重新加工成丰富多彩的海洋工程食品，具有很好的发展前景，市场潜力巨大。

其中鱼头产品风味物质形成的原因为：部分鱼头中脂肪水解为混合脂肪酸、甘油及高级醇，这些物质赋予水解液特殊的鱼香气。脂肪在弱碱性条件下将分解成甘油和脂肪酸，而后者与碱化合皂化，少量皂化将增加鲜味，少量的甘油给水解液带来甜味。当脂肪酸与醇发生酯化后，挥发出风味物质。同时，含硫氨基酸和糖在经过美拉德反应后发生降解反应，产生肉香味。

鱼头中蛋白质的水解效率较高，水解液的氨基酸及微量元素含量丰富，钙的含量可达到 216mg/100g，是优质的钙源。锌元素含量为 1.06mg/100g，铁元素含量为 0.7935mg/100g，铜元素含量为 0.0743mg/100g，营养丰富。以鱼头水解液为基料，通过添加各种辅料，经美拉德反应增香后，用造粒干燥机可制得小颗粒状的鱼头水解液调味品。该产品色泽淡黄，鲜香味极好。其中鱼头水解液的最佳制备条件：经蒸煮后，在料水比为 2∶1（水∶鱼）、pH 为 6.5，温度 55 ~ 60℃下，经 0.3%木瓜蛋白酶和 0.1%风味酶水解 4.5 h 后，获得游离氨基酸，经高温灭酶后，得到水解液。制备鱼头水解液时会产生水解臭味和苦味，可以通过对原料进行预处理（如冷冻或蒸煮）、调节蛋白酶的种类、酶的添加量、料液比等控制水解过程、用活性炭吸附、糊精包埋及加紫苏等调味料的方法，去除异味。在水解结束后，要通过一个调配过程，如添加其他的调味料等方法使最后产品的风味和口感协调；在浓缩干燥过程中为了减少风味物质在储存过程中的损失、延长产品的保质期，大多采用微胶囊化的方法。

4. 其他

鱼头中含有较丰富的硫酸软骨素。将鱼头煮熟，取出软骨后分离出脂肪，磨细成粉，每公斤鱼头中可提取 3 g 硫酸软骨素。将其与淀粉、面粉、香辛料等混合制得口感好、风味佳的鱼糜产品。

将鱼头制成骨糊半成品，然后作为鱼糜添加剂制成鱼糜制品可在保持食品原有口感风味的前提下增加营养保健价值降低生产成本，减少环境污染从而大大提高经济效益和社会效益。

二、鱼骨

水产品加工过程中剩余的鱼骨，蛋白质及钙质含量丰富，但是由于人们对鱼骨的营养成分缺乏足够的了解认识，而且加上鱼类产业链加工的不完善，鱼骨、鱼内脏等通常被直接丢弃，或经过粗加工工作，以鱼粉的形式应用于饲料行业，不仅浪费部分宝贵的鱼类资源，而且增加了环境压力。当今时代，能源危机、环境污染、生态污染等问题日益突出，因此，充分利用鱼骨资源，具有重要的意义。

目前，世界上对鱼骨资源的开发受到广泛关注，以日本、美国等对新鲜鱼骨食品、营养品的开发研究为代表。以新鲜鱼骨为原料的食品现被誉为“新型营养食品”“高级营养品” 等。新鲜鱼骨含有营养丰富的胶原、矿物质、微量元素等，例如镁、钠、铁、锌、钾、钙磷盐、磷脂质、磷蛋白等，从鱼骨中可以提取胶原蛋白、骨胶原多肽、软骨素、多种脂肪酸及必需脂肪酸（亚油酸），且鱼骨中钙磷比例适宜，必需氨基酸含量较高，可用作食用油、调味品的原料。食用鱼骨可以为人体补充钙源，防止骨质疏松，对处于生长期的青少年、中老年人尤为有益。由于软骨类食品，脂质含量低，蛋白质、钙质含量丰富，吸收利用率、口感都会大大提高。现在市场中鱼骨类产品，一类是提取物系列主要包括骨油质、胶原、明胶、软骨素、蛋白胨、钙磷制剂等；另外一类是全骨利用系列，主要有骨粉、骨排、骨泥、休闲食品、调味品等。

（一）鱼骨钙的提取和利用

钙元素是人体含量最丰富的重要元素之一，作为生物体内重要的无机物，在骨骼中以羟基磷灰石的形式存在，具有生理调节功能，对于生物机体起到了支持和保护的作用，对人体健康极为重要。钙离子在人体内参与多种新陈代谢，如血液凝固、肌肉收缩、信息传递等。血液凝固是一个复杂的生理代谢过程，其与神经传递需要钙离子的参与，若钙离子浓度低于 1.75mol/L，可引发肌肉自发性收缩。在医学临床上，防止血液凝固的抗凝剂主要成分是经过消毒的柠檬酸钠和草酸钠，在人体内，因为柠檬酸根离子、草酸根离子易与钙离子结合，形成不溶的柠檬酸钙和草酸钙，即机体中缺少钙离子，血液就不会凝固，即使小伤口也会大量失血。此外，钙离子还能维持人体中血液的酸碱度，维持电解质动态平衡，若人体血液中酸度增加，钙离子则会由于 H^+竞争而使本身浓度升高，反之，若血液中的碱性增强，钙离子浓度就会因为形成氢氧化钙而致使浓度降低，总之，钙离子是维持血液酸碱度动态平衡的“得力助手”。在信息传递上，生物体内的钙元素具有一定程度的偶联作用，并协助神经递质的释放。钙可与 CDR（依靠钙离子的调控蛋白质）结合，起激活蛋白酶的作用，调节细胞内生化反应的进行。钙离子不仅能激活凝血酶原成为凝血酶，也能激活其他种类酶，在其共同作用下调节新陈代谢，例如蛋白激酶、脂肪酶、ATP 酶、糖苷酶、磷酸二酯酶等。此外，钙元素可以促进一些激素（促甲状腺激素、催乳激素、降钙素等）的合成与分泌，如果缺乏，会引起佝偻病、骨质疏松等生理病症。而在我国，钙平均摄入量低于平均需要量的人群比例达到 96.6%，因此补充人体中缺少的钙元素已经变成刻不容缓的问题。而鱼骨中钙含量高达 27.3%，从水产品加工下脚料中获取钙源成为一个新的研究方向。

鱼骨中钙主要以磷酸钙的形式存在，是一种优质的天然钙源。鱼骨的来源不同，其结构、钙含量及钙吸收率存在差别。鱼骨可用于制备骨钙片、钙粉、CMC（羧甲基纤维素）活性钙和钙胶囊等钙制品，具有广阔的市场前景。目前用于鱼骨中钙的提取利用技术有：低压半连续逆流煮骨工艺、柠檬酸与苹果酸混合液提取技术、生物酶解技术和高压脉冲电场等。研究表明低压半连续逆流煮骨工艺能够降低产品成本，提高原料利用率，制备出的产品质量也较好。利用柠檬酸与苹果酸混合液，制备的罗非鱼骨 CMC 活性钙，在血液、骨骼中的钙含量均有不同程度的增加，利用率要高于碳酸钙。生物酶解技术可用于开发综合性的蛋白补钙产品——鱼骨多肽钙粉。鱼骨联合生物酶解与超微粉碎技术，能够制备出优质、安全性高的鱼骨超微钙粉，生物利用率达 79.3% ~ 83.5%，明显高于碳酸钙的利用率，是一种良好的补钙制品。利用乳酸菌对鱼骨进行发酵，表明发酵的猪骨泥在增强骨密度方面效果较好。另外，利用发酵骨泥制备生物骨钙胶囊，具有较高的安全性，而且在增加骨密度功能方面有一定作用。

（二）胶原蛋白肽

一直以来，从动物皮、骨骼、筋腱等部位提取的食品级“明胶”可作为食品添加剂应用于酸奶、火腿及牛奶饮料等食品中。

而胶原蛋白是蛋白质家族的重要成员之一，现已发现了近20种，按其分布位置、性质功能的不同可分为I～XI型不等。研究发现，鱼骨胶原蛋白可通过交联形成骨网，保存在胶原纤维之间，即可以使骨矿物质完整地填补在胶原纤维间的空隙中，既可为骨矿物质提供场所，又可保持骨骼的弹性和韧性，起到保护作用。I型胶原蛋白是鱼骨重要的有机组分，为基质的矿化提供必要的结构场所，也为鱼骨基质的矿化作用奠定了基础。骨骼中的钙大部分以羟基磷灰石的形式存在，并以骨胶原为黏合剂而沉积固定下来。随着生物体年龄的增大，一方面，骨骼中的I型胶原数量会发生增减，空间构象会发生变化，另一方面对成骨细胞、破骨细胞的成熟分化、骨基质矿化均会产生影响，严重的会导致骨质疏松。若鱼骨胶原蛋白水解后得到的明胶、胶原等物质，其空间结构（三螺旋结构）未发生改变，即可保留其原有的生物活性；若明胶的三螺旋结构相较原来已有改变，但仍有少量氢键存在于肽链间，经热水溶解，冷却至一定程度呈凝胶状，其空间结构破坏，降解成肽段（或明胶分子片段）。目前，胶原蛋白产品以其独特的品质特性，添加于许多功能性物质食品、预防疾病类食品、延缓衰老类保健品、化妆品、补充蛋白质类食品中。研究结果表明胶原多肽能够调节细胞的转录和表达，进而调控破骨细胞的成熟及活化。

鱼骨胶原多肽是通过对鱼骨中胶原蛋白或明胶进行降解得到的高胶原产品，目前制备方法包括溶剂提取法、发酵法、化学试剂合成法以及蛋白酶水解法。现多以酶解方法制备。胶原多肽分子量的高低可以影响其具体的生物特性，采用超滤膜方法来获得具有一定功能特性的肽段，如具有抗氧化活性、抑菌活性、免疫调节活性、抑制高血压、高血脂和预防心血管疾病的胶原多肽。

1. 溶剂提取法

迄今为止，人们从鱼骨中已经提取出生物活性肽，例如抗氧化肽、抗菌肽等，但这些生物活性肽含量甚微，提取率较低。此外，采用溶剂法步骤烦琐，提取率较低，比较耗时并且成本较高，污染严重而且会产生毒性的残留问题。由此可见，若该方法无法实现工厂化生产，无法满足人们的需求，这势必会造成海洋水产品下脚料中的蛋白质资源的浪费。

2. 微生物发酵法

发酵法通过微生物发酵并且分离纯化获得纯度较高的目标活性肽。发酵法的最大优点是降低了生产成本，但是产量较低，分离纯化目标活性肽比较困难，安全性不稳定。因此，采用发酵法用以制备鱼骨肽面临诸多困难，下脚料应用于工业化生产，还需要人们继续攻克种种困难。

3. 化学合成法

化学合成法技术相对较成熟。据文献报道，成功合成了许多活性多肽，比如催产素和干扰素以及谷胱甘肽等。化学合成法在合成过程中会经常使用有机溶剂，该方法会造成环境污染，副产物较多，并且合成的成本较大以及分离纯化步骤较为烦琐，多种因素会限制化学合成法制备生物活性肽。

4. 蛋白酶水解法

商品化蛋白酶水解法是通过蛋白酶对鱼骨来进行酶解进而获得生物活性肽的一种较为常见的方法，相对于以上介绍的三种方法，酶解法具有较多的优点而备受关注，例如反应条件比较容易实现，安全性高等。酶种类的不同可能导致降解产物分子量及氨基酸序列存在差异。降解反应所用到的蛋白酶包括中性蛋白酶、碱性蛋白酶、胃蛋白酶、木瓜蛋白酶和风味蛋白酶等，其中碱性蛋白酶酶解鱼皮所制备出来的抗氧化肽活性最佳。

采用酶法提取活性肽的研究主要集中在鱼皮、牲畜皮活性肽方面，对提取鱼骨活性肽的研究报道较少。一般情况下，影响活性肽提取工艺的因素包括酶解温度、酶解时间、料液比、酶制剂种类、加酶量以及 pH。参考指标有水解度、活性肽得率以及活性肽功能特性等，水解度高说明水解彻底，活性肽被分解为游离氨基酸。此外，活性肽具有较强的抗氧化性能，对羟自由基和 DPPH 的清除率分别达到 90% 和 85%。研究表明，制备胶原多肽的优化实验条件为：酶解温度 45℃、料液比 g/mL 为 4∶50、加酶量 4%、pH 8、酶解时间 3h。碱性蛋白酶水解度可达到 39.49%，风味蛋白酶（分步酶解）水解度达到 47.2%。

（三）提取鱼骨多糖

硫酸软骨素是存在于鱼骨中的重要多糖类物质，是以共价键连接在蛋白质上形成的糖胺聚糖，为水溶性物质，易溶于乙醇等有机溶剂。硫酸软骨素可以作为一种药物使用，主要用来治疗关节炎、冠心病、心肌缺氧、关节痛及三叉神经痛、动脉粥样硬化等疾病。近年来，由于畜类动物疾病频繁爆发，海洋生物安全性较高，硫酸软骨素的获取逐渐转向海洋生物，并以此作为新的药用资源。常用于获取硫酸软骨素的方法包括乙醇沉淀法、酶解法、超声提取法等。酶解法提取硫酸软骨素，得到硫酸软骨素的最佳工艺参数分别为：醋酸杆菌浓度为 0.044 g/mL，pH 6，乙醇体积分数为66%，在此条件下提取率为2%。采用超声提取硫酸软骨素最佳提取条件为：超声提取时间30min，碱浓度2.0%，料液比1∶8，回收率为95%左右。且研究表明硫酸软骨素同多效生长因子（MK）、中期因子（HGF）和肝细胞生长因子（PTN）等相关参数相互之间亲和性较高，因此硫酸软骨素可通过调节生长因子信号转导的途径而对心绞痛、慢性肝炎、角膜炎等疾病发挥治疗作用。

（四）制备鱼骨油

鱼油的提取方法主要有水浴提取、稀酸水解、稀碱水解、酶水解等方法，其基本原理是通过各种物理化学作用，破坏含油组织的结构，增加油脂分子的热运动，降低其黏度和表面张力，油脂从组织中分离出来;随着反应的继续，乳胶体被破坏，油脂变得清澈透明。水浴提取油脂有温度高、耗时长、油脂容易被氧化等缺点。稀酸水解法较难制备出高品质的鱼油，该法制备的鱼油酸价高、气味差。稀碱水解法制备的鱼油，具有提取率高、品质好的特点。酶解法制备鱼油利用酶制剂的专一性，将蛋白质水解为易溶于水的多肽或氨基酸，使鱼油解离出来。此法条件温和，鱼油提取率高，对鱼油的营养功能成分破坏小，能够制备出高品质的鱼油。研究表明：每克原料的加酶量在1000U，温度45℃，pH 7.3时，提油率可达78.66%。

1. 鱼油的精炼

鱼油精炼是通过脱胶、脱酸、脱色、脱臭等处理，使油脂品质达到一定的标准。脱胶主要是利用磷酸将鱼油中的蛋白类物质等杂质去除，使其从鱼油中分离出来。脱酸是为了使油脂达到质量标准而采取的一个重要手段，主要作用是除去油脂中易被氧化的游离脂肪酸，一般采用碱法脱酸。酯化脱酸法能够有效去除去油中的杂质，效率较高，但对中性油损耗较大。油脂脱色一是借助还原反应脱色，二是物理吸附法脱色，还原剂一般用氢和锌粉等，吸附剂一般用活性炭、酸性白土。臭味的来源有二：一是外界污物的混入或原料中蛋白质的分解物;二是油脂氧化酸败产生的醛类、酮类、过氧化物等。油脂的脱臭除了真空脱臭法，还有蒸汽脱臭法、气体吹入法。

2. 鱼油中EPA和DHA的富集

鱼油中EPA+DHA大约在4.5%~7.7%，高纯度的EPA对血栓性疾病有很好的治疗效果，而高纯度DHA对花粉过敏症、过敏性皮炎、支气管哮喘有很好的治疗和预防效果。因此，制备高纯度的EPA和DHA具有广阔的应用前景。

目前，富集 EPA、DHA 的方法主要有低温结晶、尿素包合、分子蒸馏、酶法富集等。低温结晶法原理是利用不同双键数目的脂肪酸，低温条件下在有机溶剂中的溶解度是不同的，且双键数目差别越大，在有机溶剂中溶解度差别越明显。将脂肪酸溶解于乙醇、丙酮混合溶剂，去除饱和脂肪酸、低不饱和脂肪酸等可以提高鱼油中 EPA+DHA 的含量。尿素包合法是利用尿素可与直链脂肪族化合物形成包合物，但与短链脂肪酸、EPA 和 DHA 等多不饱和的脂肪酸很难形成稳定包合物的原理，过滤去除包合物，EPA、DHA 等多不饱和脂肪酸溶解在滤液中。采用尿素包合法提取，EPA+DHA 的含量最高可达 69.74%，其最佳工艺条件为：包合温度为 0℃，尿脂比 2∶1，包合时间 20h。分子蒸馏法是基于饱和脂肪酸碳链长度和类型，在真空下进行蒸馏，对液体混合物进行分离。此法适合天然物质的提取与分离，特别是易被氧化的物质，提取率约为 54.86%，但是要求高真空设备，耗能较大。酶法富集是利用脂肪酶的特殊性，对混合脂肪酸选择性水解。ω-3 多不饱和脂肪酸多连接在甘油骨架的第 2 位上，而 1 位和 3 位上则连接着饱和或单不饱和的脂肪酸。利用脂肪酶的专一性，水解 1 位和 3 位上的饱和或单不饱和脂肪酸，从而提高多不饱和脂肪酸的浓度，达到富集的目的。其中柱形假丝酵母脂肪酶富集 DHA 效果最好，DHA 含量可达到 53.0%。

（五）制备休闲食品

在 20 世纪 70 年代，日本就研制出了骨糊的生产流水线，主要利用超微粉碎技术，经过不断的研发，开发出了许多以鲜骨为原料的食品，包括骨味素、骨松、骨肉和骨味汁等产品。我国对食用鲜骨的研究起步较晚，主要从 20 世纪 80 年代开始。随着人们生活水平的提高，在休闲、娱乐时对食品的需求逐渐增加，大量的休闲食品涌向市场，休闲的鱼类制品也被称为具有潜力的食品。利用水产品加工副产物开发鱼类休闲食品，不仅可以减少环境污染与资源浪费，而且能够提高水产品附加值。

鱼骨可用于制备鱼骨粉。研究表明，鱼骨粉属于优质天然的补钙剂，钙吸收率和存留率相对较高。鱼骨粉的制备多采用超微粉碎、酶解技术和高压处理技术。高压处理后的鱼骨粉质量最好，并且高压处理更有利于产品的粉碎。鱼骨除了能制备成鱼骨粉外，还能制成方便可食的鱼骨休闲食品。采用高压蒸煮、烘干、油炸等不同方法，对鱼骨进行软化处理，可用于制作方便鲨鱼骨羹、休闲鱼骨、鱼骨粉、海带鱼骨饼干、鱼排、骨肉酱、鱼骨罐头、鱼骨酥和鱼骨羹等产品。高压蒸煮与微波联合工艺制备的休闲鱼骨品质最好，满足了人们对低脂肪食品的要求。将海带和鱼骨去腥后制粉加入饼干中，制成的海带鱼骨饼干具有高含碘量和高含钙量。鱼骨排经过调味、烘干等一系列的工序可制成一种营养价值丰富的鱼排食品。鱼骨经过酥制、调味、挂糖处理后制成鱼骨酥。鱼头和鱼骨经去腥处理及高压蒸煮、粉碎熬煮可制成鱼骨羹，且鱼骨羹钙含量丰富，属于高钙产品。经过去腥、熟化等工艺后制成的鱼骨休闲食品色香味俱全，并且产品在室温下的货架期较长。

（六）制备调味料

海鲜调味品是鱼头、鱼骨及鱼体边角料全利用深度加工的产品，也是生产技术含量、产品档次均较高的天然型方便食品。对鱼蛋白水解液采用物理包埋法脱苦，真空脱气处理脱臭、脱腥，酵母和乳酸菌联合发酵改善水解液风味，美拉德反应增香，制备无苦味、无腥味、鲜味和鱼风味突出的鱼蛋白浓缩膏；以蛋白水解浓缩膏为原料，复配 DHA、牛磺酸、鱼骨有机酸钙等有益成分，加工鲜味和鱼风味突出的营养复配型鱼蛋白调味品（固体和液体）。海鲜调味品营养丰富、味美可口，可设计成多种形式，如海鲜酱、海鲜汤料、海鲜调味液等。采用乳酸菌和酵母联合发酵，蛋白水解液酸味和苦味最低；通过美拉德反应对水解液进行增香，显著提高水解液的鱼香味及鲜味。

将鱼骨软化、破碎后制成的鱼骨泥，经过调味制成海鲜辣酱。据报道，中国科学院天津工业生物技术研究所以鱼肉、鱼骨为原料，利用新型生物催化技术，研发出了一种新型的鱼骨肉香精，填补了市场上此类香精的空白。该产品营养价值较高，且味道鲜美，口感细腻，成为了一种天然、营养的食品配料。

三、鱼鳞

（一）鱼鳞的组织结构

鱼鳞是一种骨质衍生物，是由鱼的真皮层胶原质不断进化后的产物。鱼体上的鳞片可分为上层和下层，上层为骨质层，主要由羟基磷灰石组成，并零散地分布着少量胶原纤维，下层为纤维质层，由纤维组织和结缔组织紧密连接形成，直径为 70 ~ 80 nm 的胶原纤维密集地平行排列于纤维质层内。鱼类在生长过程中鱼鳞会发生矿化，鳞片中羟基磷灰石的含量会不断增加，挤压胶原纤维层，使得鱼鳞随着鱼的生长而变得更加坚硬和紧致。将鲫鱼鱼鳞分为五层分级结构，示意图如图 4-3 所示。

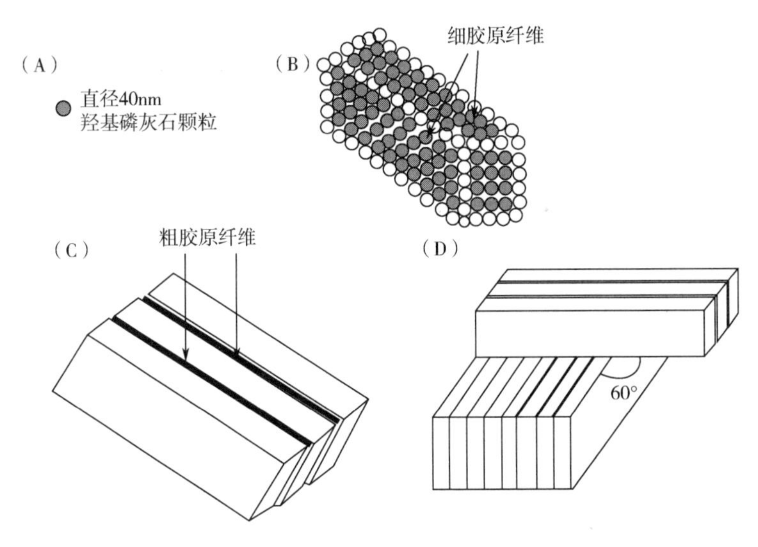

图 4-3 鲫鱼鱼鳞的分级结构示意图

（A）一级结构：羟基磷灰石颗粒；（B）二级结构：板条状结构；（C）三级结构：板条结构平行排列；（D）四级结构：层之间交叉螺旋分布

(1) 第一级结构为羟基磷灰石颗粒，粒径约为 40nm。

(2) 第二级结构为羟基磷灰石颗粒与细胶原纤维相互间隔，并且沿细胶原纤维的径向平行排列，构成宽为 2.8 ~ 4.2μm，高约为 5.6μm，长度非常长的板条状复合物。其中细胶原纤维的直径约为 300nm。

(3) 这种板条状结构相互之间沿长轴径向平行排列，相互之间的缝隙中填充有同样径向平行分布的直径约为 1μm 的粗胶原纤维。类似于粗胶原纤维作为黏结剂，其长轴沿板条状结构的长轴方向黏附，将板条状结构相互之间黏接起来。

(4) 这些平行排列的板条状结构组成数层的层状结构，这些层状结构相互之间呈 60°角螺旋交替堆叠，构成了鱼鳞的最主要结构。

(5) 鲫鱼鱼鳞下层为厚约 75μm 的层状交替羟基磷灰石/有机质复合层，中间层则为 15μm 厚的由细胶原纤维无规聚集成的有机质层，最上层为 45μm 厚的羟基磷灰石密实聚集的无机层。

（二）鱼鳞的化学组成

鱼鳞中含有丰富的蛋白质与多种矿物质元素，主要是以胶原蛋白、羟基磷灰石及少量的卵磷脂的形式存在。有机物和无机物在鱼鳞中的比例分别为 41%～55%和 38%～46%，其中鱼鳞角蛋白与胶原蛋白为主的蛋白类物质占鱼鳞中的有机物含量的 90%以上；无机物以羟基磷灰石为主，主要集中在骨质层，除了羟基磷灰石中的钙和磷外，还有铁、锰、铜、镁、锌等微量矿物质。脂质含量少，主要是以不饱和脂肪酸的形式存在。与陆生哺乳动物相比，鱼鳞中的胶原蛋白羟脯氨酸的含量相对较低，而羟脯氨酸对于稳定胶原的三股螺旋结构具有重要作用，这也导致鱼鳞中的胶原变性温度低于陆生哺乳动物的胶原。

（三）鱼鳞胶原蛋白的生理功能和生物价值

鱼鳞主要由有机物和矿物质构成，有机物中胶原蛋白和角蛋白居多，占有机物总含量的 90%以上；矿物质则以磷酸钙为主，还含有少量的无机盐。鱼鳞中不仅富含蛋白质、脂质和维生素，同时又含有几种人体所必需的微量元素，不仅可以延缓体内细胞衰老的速度、改善大脑记忆功能、加速血液循环，而且鱼鳞胶原蛋白具有增强免疫力、抵制细菌入侵的功能，同时还可以解决哺乳动物蛋白带来的食品安全问题，如口蹄疫、疯牛病等，以及文化宗教习俗带来的饮食限制，满足人们的多样需求。

胶原蛋白是重要的结构蛋白质之一，同时也是细胞外基质的重要成分，微观结构中含有 1 个或几个三螺旋区域，这些旋结构均由 α 肽链组成。胶原蛋白属于在水、盐溶液、稀酸、稀碱水溶液中难溶的硬蛋白类，在动物体内分布广泛、含量最多，有支撑器官、维护机体健康、防止机体损伤的重要作用，在结缔组织中显得尤为重要。鱼源胶原蛋白具有以下优异性质：可生物降解、免疫原抵抗性低、细胞增殖作用显著和细胞适应性强，并且具有极好的组织相容性；抗氧化活性显著，可以抑制活性氧、清除自由基、清除能够促进氧化的过渡金属螯合物、降低过氧化物酶活性，并消除特定的氧化剂。目前胶原蛋白已被广泛地应用于制备软骨、止血敷料、神经、骨骼组织等医学领域的研究应用中；在食品领域中，可辅助制作食品调味品，作为食品添加剂，用作功能性食品和保健食品的主要成分；在化工领域，用于化妆品生产以及改良，生物材料的开发等；在包装领域中，用于生产可食性包装材料，配制涂膜剂，用于食品保鲜、延长货架期等。

鱼鳞胶原蛋白具有独特的分子结构和良好的分子间交联能力，成膜性好，可以生物降解，而且含有人体多种必需氨基酸，具有保健功能，营养价值高，可添加于食品以及食品包装中，因而用鱼鳞胶原蛋白制作可食膜有一定优势，是目前可食包装中应用范围最广的动物性蛋白质。鱼鳞胶原蛋白至少含有一段典型的绳索状的三螺旋结构，由 3 条 α 肽链交互缠绕形成。鱼鳞中蛋白质的含量在 52%~78%之间，主要为胶原蛋白和鱼鳞角蛋白，且鱼鳞中胶原蛋白主要为I型胶原蛋白。I型胶原蛋白有增强细胞活性、促进细胞生长的重要作用，可以使皮肤紧致而有弹性。在鱼鳞中提取I型胶原蛋白，生产周期短、方法简单、生产成本低，而且可直接提取，能省去离子交换色谱分离纯化等烦琐步骤。此外，鱼鳞中的I型胶原蛋白的提取率较高。

四、鱼皮

（一）鱼皮胶原蛋白的提取方法

鱼皮是鱼类加工过程中的主要副产物，是胶原蛋白和明胶的丰富来源。随着我国水产加工业的发展，越来越多的水产废弃物如鱼皮、鱼鳞产生，如能从这些废弃物中提取胶原蛋白加以利用，既可促进水产加工废弃物的综合利用，获得更安全的胶原蛋白，又能减少环境污染。对于鱼类而言，除上述部位外，鳞、鳍、鳔等部位也含有胶原。鱼皮的蛋白质含量较鱼体的其他部位高，其胶原含量最高可占其蛋白质总量的 8%以上。尽管鱼胶原与哺乳动物来源胶原的物理和化学性质不同，但鱼来源的胶原不容易感染如牛海绵状脑病（BSE）、朊病毒病（TSE）、口蹄疫（FMD）等疾病，因此鱼加工副产物将是提取胶原蛋白行之有效的另一原料。由于鱼类属于变温动物，因此鱼皮胶原蛋白与哺乳类动物皮胶原蛋白相比在性质上具有如下差异:

① 鱼皮中胶原纤维即使在低温下也易溶于中性盐溶液或稀酸，比较易于制备可溶性胶原溶液。

② 相对于哺乳类动物的皮胶原蛋白，纤维更粗鱼皮胶原对酶、热反应更敏感，稳定性比较低。

③ 鱼皮胶原蛋白热稳定性呈现鱼种特异性，即暖水性鱼类的鱼皮胶原蛋白较冷水性鱼类的鱼皮胶原蛋白的热稳定性高。

④ 绝大多数的真骨鱼类真皮的胶原含有其他脊椎动物所没有的第三条 α 链，即其由三条异种 α 链所形成的单一型杂分子 $\alpha_1(I)\alpha_2(I)\alpha_3(I)$组成，而非$[_1(I)]_2\alpha_2(I)$。

鱼皮中除含有胶原蛋白外，还含有脂肪、非胶原及其他杂质，这些物质的存在会影响胶原的提取率及纯度，因此在提取胶原之前必须对鱼皮进行预处理。先将鱼皮去除鱼鳞，再剔去鱼肉，洗净后用一定浓度的 NaOH 溶液或 NaCl 溶液搅拌或浸泡，其目的是去除肌原纤维，使鱼皮软化，破坏其中的非胶原成分。依据提取介质的不同，目前鱼皮胶原蛋白的提取方法可分为热水提取法、酸碱提取法、盐提取法及酶提取法 4 种。胶原蛋白提取的基本原理是根据胶原蛋白的特性，改变蛋白质所处的外界环境，把胶原蛋白从其他蛋白质中分离出来。在实际提取过程中，往往会结合不同的提取方法。结合法是指将热水法、酸法、碱法和酶法相互结合应用到胶原蛋白提取中。

1. 热水提取法

胶原不溶于冷水，但是在热水中溶解度明显提高。热水提取法就是原料经过各种前处理后，在一定条件下用热水浸提从而得到水溶性胶原蛋白的方法，用该法提取的胶原蛋白一般称之为明胶。热水提取法在提取过程中不添加其他物质，只采取热水处理而得到胶原蛋白。胶原蛋白的性质随着提取温度的升高也会随之发生变化。热水法处理不当容易使胶原分子内部发生断裂或交联，破坏胶原的三螺旋结构，呈现明胶的性质特征。

2. 酸提取法

酸提取法即在一定的酸性条件下提取胶原蛋白，作为溶剂使用的酸主要有乙酸、柠檬酸、甲酸和盐酸等。酸溶解法可使得物料膨胀，破坏组织中的氢键作用，将没有交联的胶原分子溶解出来，也可溶解含有醛胺类交联键的胶原纤维，这是因为这类交联键在酸性条件下不稳定，但酸液不能破坏相对更稳定的交联。采用酸提取法从鱼皮中提取的胶原蛋白主要是Ⅰ型和Ⅴ型胶原。

3. 碱提取法

碱提取法是利用碱性物质将原料中胶原蛋白的肽键水解，从而使胶原纤维膨胀、溶解，最终将胶原蛋白提取出来的一种方法。碱法提取是将物料置于特定浓度的碱溶液中提取胶原蛋白，常用的碱性处理剂有氢氧化钙和碳酸钙等，碱法提取还常常与盐法相结合。强碱溶液和强碱盐溶液能溶解结缔组织中的不溶性胶原，而使与胶原结合的脂肪被皂化易于除去，胶原中非螺旋结构的端化被切除，胶原的三螺旋纤维结构发生瓦解。而碱处理剂的种类、浓度及处理时间决定了所提胶原结构的完整性与分子量大小。

若水解严重，则会产生 D 型和 L 型氨基酸消旋混合物，即旋光性化合物因为不对称碳原子经过对称状态的中间阶段，发生了消旋现象，并转变为D-型和L-型的等摩尔混合物，其中D-型氨基酸若高过L-型氨基酸，则会抑制L-型氨基酸的吸收，有些D-型氨基酸有毒，甚至具有致癌、致畸和致突变作用。

4. 中性盐提取法

中性盐提取法的原理是在低浓度及中性环境的盐溶液中，胶原蛋白不能溶解，但当盐浓度达到一定程度时，胶原蛋白就会发生溶解，最终得到盐溶性胶原蛋白。常使用的中性盐有氯化钠、氯化钾、乙酸钠、盐酸-三羟甲基胺基甲烷、柠檬酸盐等。在中性条件下，采用0.15 ~ 1mol/L 的盐浓度提取胶原蛋白是比较合适的，如果盐浓度太低，胶原蛋白是不易溶解的。

需要注意的是，中性盐提取法只适合提取组织中最新合成的胶原以及交联度较低的胶原。改变提取温度、振荡速率以及组织的溶剂体积比，可以提取不同交联度胶原，但不可避免地会改变所提取胶原的组成。提取的胶原再经过离心、沉降、透析即可得纯化胶原。但对于大多数动物组织来说，中性盐溶解胶原的含量极低，甚至没有，因此采用中性盐溶剂提取胶原的方法不适合大规模提取胶原。

5. 酶提取法

酶提取法即利用各种不同的蛋白酶在一定的外界环境条件下对胶原进行限制性降解，将末端肽切割下来，由于胶原肽链间的共价交联键是由分子末端的赖氨酸或羟赖氨酸相互作用形成的，末端肽被切下后，含三螺旋结构的主体部分仍然紧密联结，但可溶于低浓度有机酸或中性溶液中从而被提取出来，所使用的酶有蛋白酶、木瓜蛋白酶、胰蛋白酶、胃蛋白酶等。其中胃蛋白酶是胶原蛋白提取过程中最常用的蛋白酶。胃蛋白酶可使胶原溶解，且具有水解反应快、无环境污染、提取的胶原蛋白纯度高、溶解性好、理化性质稳定等特点。在提取过程中，胃蛋白酶催化胶原蛋白非螺旋区的端肽，但是对螺旋区没有作用，这样提取得到的胶原蛋白仍然保持完整的三螺旋结构，但可降低胶原蛋白的抗原性，更适合于作为医用生物材料及原料。

每个提取法都存在一定的不足。热水法抽提温度较高，使得胶原蛋白已完全变性为明胶。碱法抽提虽然快速彻底，但是含有羟基以及巯基的氨基酸成分完全被破坏，并且产生消旋作用后导致结构变异。酸法抽提能够保持胶原蛋白的三螺旋结构，但是提取时间较长，效率低，在抽提过程中产生的废液也会污染环境。

酶法抽提的提取率相对较高，并且能降低胶原的抗原性，但是酶法抽提水解不够彻底，蛋白酶所切除的是胶原蛋白非螺旋端肽，很大程度上会导致部分胶原蛋白结构发生变化。想要克服某一抽提方法的弊端，提高胶原蛋白提取率，研究者将研究方向转向了结合法提取胶原蛋白。提高提取效率、产品得率、胶原蛋白纯度以及对环境无害成为胶原蛋白绿色高效提取的主要研究方向的研究目标。

（二）鱼皮胶原蛋白的应用

鱼皮胶原蛋白的应用是根据胶原蛋白的功能性和鱼皮胶原的特性展开的。目前，胶原蛋白已广泛用于食品工业、日用化学品工业、医药工业、生物材料等领域。

1. 在食品中的应用

胶原蛋白具有一些适合于食品生产与加工的属性，在食品工业中经常被用作功能物质和营养成分，具有其他替代材料无可比拟的优越性。第一，由于胶原蛋白大分子具有螺旋结构和结晶区，因此具有热稳定性。第二，胶原天然紧密的纤维结构，使胶原材料显示出很强的韧性和强度。第三，因为胶原蛋白分子链上含有大量的亲水基团，所以与水结合的能力很强，这一性质使胶原蛋白在食品中可以用作填充剂和凝胶。第四，胶原蛋白可在酸性和碱性介质中膨胀，故可应用于制备胶原基膜材料的制备。胶原蛋白在食品领域中的应用有以下几方面。

（1）食品包装材料

近年来，各类香肠制品在肉制品所占的比例越来越大。由于传统天然肠衣制品的产量受到限制，市场上出现了肠衣供不应求的情况，国内外许多食品专家开始研究人造肠衣作为天然肠衣的替代品。利用胶原蛋白制作成的胶原肠衣，具有口感好、透明度高、制作工艺简单等特点，很受用户青睐，在我国具有很好的开发前景。人工肠衣还有一些天然肠衣不可比拟的优点，如在人工肠衣中加入某些酶，使肠衣本身具有固化酶的功能，可以改善香肠风味和质量。胶原蛋白还可作为食品黏合剂合成纤维膜，用作肉类、鱼类等的包装材料。

（2）肉制品添加剂

胶原蛋白和明胶在食品中的功能性主要表现为用作乳化剂、黏合剂、稳定剂、胶凝剂、澄清剂、增稠剂、发泡剂等（图 4-4）。在搅打油脂、牛奶和糖时添加 5%的明胶溶液，即可获得洁白松软的人造奶油，这是最具代表性地利用了明胶的乳化性。明胶作为食品的稳定剂，主要应用于糖浆中控制糖结晶或使生成的晶体变小，以防止糖浆中的油水相分离，以及在冰激凌中防止形成粗粒的冰晶，保持组分细腻和减缓融化速度。在冷冻食品中，明胶可用作胶冻剂，常用于制作餐用胶冻、粮食胶冻和果冻等。

明胶在一定条件下可以形成凝胶，形成的凝胶不但是水的载体，而且还是风味剂、糖及其他配合物的载体。明胶的凝胶性对火腿、香肠等碎肉食品是非常有利的，可以达到改善产品的质地、口感和提高产品的保水性等效果。到目前为止，明胶澄清剂的使用已经有 1000 多年的历史，可用于啤酒、果酒、露酒、黄酒、果汁以及果仁乳饮料等产品的生产中。作为澄清剂，明胶的作用机理是其能与单宁生成絮状沉淀，静置后，呈絮状的胶体颗粒可与浑浊物相互吸附，凝聚沉淀，再经过滤即可去除。中药水煎浓缩液中含有大量的呈不稳定胶体和固体颗粒状态的高分子物质，过去采用的是水提醇沉法以提高中药糖浆剂的澄清度，不仅费时、费力、成本高，而且可造成大量醇不溶性成分的流失，直接影响临床疗效，用明胶溶液作为澄清剂，可取得较好的效果。另外，利用胶原蛋白或明胶的溶解性和胶凝特性以及通过交联而增加强度，具有较好的可塑性，可制作模拟食品，如仿生海参、人造鱼翅、胶原蛋白丝、人工发菜等。

(3) 保健食品

胶原蛋白在补钙食品中应用比较广泛。胶原蛋白与体内钙的关系，包括 2 个方面：①血浆中胶原蛋白的羟脯氨酸，是运送钙到骨细胞的主要工具；②骨细胞中的胶原（骨胶原）则是羟基磷灰石的黏合剂，它与羟基磷灰石共同构成了骨骼的主体。由此不难看出，只有摄入足够的可与钙结合的胶原蛋白，才能使钙在体内被较快消化吸收，且能较快达到骨骼部位而沉积。

胶原蛋白及其降解产物（胶原多肽）被作为众多功能性食品和蛋白饮料的原料。如：鲑鱼皮明胶的丝氨酸含量较高，磷酸化后的鲑鱼明胶有促进人体钙吸收的效果，可用作老年人的保健食品。

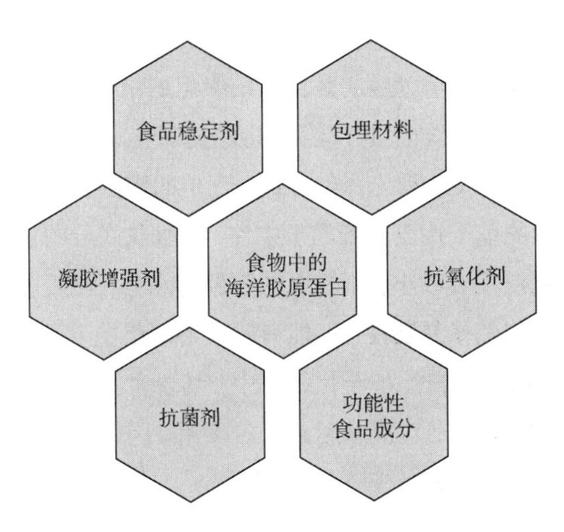

图 4-4 胶原蛋白在食品工业中的应用

2. 胶原蛋白在医学领域的应用

由于胶原蛋白是一组结构相似且来源广泛的动物蛋白质，具有较弱的抗原性、优越的生物相容性和生物降解安全性，逐渐成为一种理想的医用材料应用于医药工业、临床医学和生物材料领域。胶原膜可为表皮细胞的迁移、增殖起到支架作用，并提供了良好的营养基础，有利于上皮细胞的增殖修复，因此适合于创面的愈合和烧伤的修复、整形、美容、神经再生，以及血管瓣膜手术。鱼皮胶原蛋白，特别是深海鱼皮胶原蛋白，由于鱼的体温低，胶原蛋白的变性温度相当低，不像牛皮胶原蛋白限制细胞的增殖。而且有实验表明它能促进细胞的黏着和增殖，不会诱发细胞的癌化。

随着对胶原蛋白生化性质研究的不断深入，胶原蛋白作为一类具有多种优良特性的生物医学材料，在医学领域中已得到广泛应用。胶原蛋白作为生物医学材料主要是因为其有低免疫原性、良好的生物相容性、止血作用、生物可降解性等重要特性。胶原蛋白在医学领域中有多种应用形式，根据临床要求的不同，可对胶原蛋白进行相应的处理加工，制备成多种医用材料，具体应用有如下几种：①作为药物输送系统；②作为基因传送载体；③作为组织工程的支架；④作为角膜保护膜；⑤作为皮肤替代物；⑥止血海绵。

3. 胶原蛋白在美容业领域的应用

胶原蛋白及其水解物与人皮肤胶原的结构相似，其分子中氨基和羧基基团使其具有很高的表面活性和良好的生物相容性，对皮肤无刺激作用。胶原蛋白中还富含羟基等亲水性基团而具有良好的保湿能力，在相对湿度70%时，仍可保持其自身重量45%的水分。化妆品中添加的胶原蛋白浓度达到0.01%时，即能供给皮肤所需的全部水分，并增加肌肤的含水量，是皮肤结缔组织中保湿的重要影响因素。当胶原蛋白作为化妆品覆盖在皮肤上时，可以增强肌肤的锁水功能，防止水分从皮肤表面蒸发，进而改善皮肤粗糙、无光泽的状况。充足的胶原蛋白可改善肌肤内油脂分泌状态，能让油性肌肤或干性皮肤渐趋于中性，当肌肤底层的保水性及紧实性相互作用时，可使油性肌肤毛孔收小，干性肌肤则保有水分，让肌肤慢慢变为紧实细致的中性肌肤。胶原蛋白的修复功能，还能有效改善塌陷的毛孔组织，让肌肤回复紧实、有弹性的状态。胶原蛋白添加至化妆品中，其含有的酪氨酸与皮肤中的酪氨酸竞争，可抑制黑色素的产生，对皮肤起到美白作用。因此可将胶原蛋白开发用作营养性护肤类、美白类化妆品的原料。

五、鱼内脏

（一）水解鱼类蛋白质

鱼内脏中含有丰富的蛋白质，具有较广泛的理化特性和生物学活性，因此对鱼内脏蛋白质的提取与研究已成为一个重点。水解方法包括酸水解、碱水解和酶水解法。

酸水解方法是基于在过高酸性溶液中进行样品处理，并伴有高温，有时还需要一定程度高压的处理。它是一种低成本、快速且简单的操作，适用于工业生产。但是，采用酸水解法制得的蛋白质其会导致氨基酸破坏，例如色氨酸、甲硫氨酸、胱氨酸和半胱氨酸损失。此外，天冬酰胺和谷氨酰胺分别转化为天冬氨酸和谷氨酸。由于中和后形成盐，所得水解产物的功能性质较差。因此，已经提出了几种去除方法，例如纳滤和使用离子交换树脂，表现出优异的效果。鱼副产品的酸水解已被广泛研究以生产低成本肥料、饲料等。

碱水解是一个较为简单的过程，通过加热将样品溶解并与碱性溶液混合，然后保持反应温度直至达到所需的水解度。它的主要缺点是产生氨基酸含量低的水解产物，如胱氨酸、赖氨酸、精氨酸、丝氨酸、苏氨酸、异亮氨酸和残基，如羊毛硫氨酸等。碱水解已广泛用于工业领域，但在生物技术领域应用较少。

与化学方法不同，酶水解使用的条件温和且易于控制，并且在裂解肽键时更精确。此外，它没有副反应或降低营养价值，并且易于某些肽段的回收和纯化。因此，生产具有明确的营养功能和生物活性的水解产物已受到越来越多的关注。然而，大多数关于酶水解的研究尚未进行规模化应用，其最大的缺点是与化学水解相比，生产成本较高。

酶促水解过程通常在具有温度、pH、搅拌和时间控制的反应器中进行。最初，根据酶的最佳工作条件确定混合物的温度和 pH。当添加蛋白酶时，酶和底物之间的反应由于肽键的裂解而导致溶液的 pH 值变化，从而形成能够释放或接受质子的新的氨基或羧基。面对上述情况，可通过添加缓冲液以缓和 pH 值的变化。但是，人们认为缓冲液中盐的存在会影响所需的功能特性，例如乳化和发泡能力。同时，有研究选择通过在水解过程中不断添加中和溶液来维持酶活性的最佳 pH 值。在这两个过程中，肽酶都会因温度、pH 值或这两个变量的变化而失活。

酶的选择取决于底物种类和作用条件。蛋白质的氨基酸组成也很重要，因为某些蛋白酶特异性地裂解某些肽键。值得一提的是，酶的作用条件是一种选择因素，例如，最适 pH 为酸性的酶可以抑制细菌生长，但是与碱性和中性蛋白酶相比，蛋白质的回收率低，营养价值和功能价值降低。具有高蛋白质水解活性的微生物来源的蛋白酶最常用于组织的水解（表 4-9）。

表 4-9　用于从鱼类内脏获得蛋白质水解物的种类、酶和参数

种类	酶	参数	参考文献
黄鳍金枪鱼	碱性蛋白酶 2.4L	E/S=0.2%~3%；T=50℃；pH=8.0	Guerard et al.（2001）
鳕鱼	风味酶 500L	E/S=0.1%；T=50℃；pH=7.0	Šliž yte et al.（2005）
	中性蛋白酶 0.8L	E/S=0.3%；T=50℃；pH=7.0	
金色小沙丁鱼	碱性蛋白酶	E/S=727.26U/g；T=50℃；pH=8.0	Souissi et al.（2007）
卡特拉鱼	碱性蛋白酶（0.6aU/g）	E/S=1.5%；T=55℃；pH=8.5	Bhaskar et al.（2008）
沙丁鱼	碱性蛋白酶 2.4L	E/S=0.1%质量分数；T=50℃；pH=8.0	Kechaou et al.（2009）
	风味酶 500MG	E/S=0.1%质量分数；T=50℃；pH=8.0	
黑鞘鱼	复合蛋白酶	E/S=0.5%~4%；T=50℃；pH=7.5	Batista，Ramos，Coutinho，Bandarra，and Nunes（2010）
草宛鱼	碱性蛋白酶（0.6AU/g）	E/S=0.05%g/mL；T=40℃	Hathwar，Bijinu，Rai，and Narayan（2011）
金枪鱼	碱性蛋白酶	E/S=1.5%；T=40℃；pH=8	Salwanee et al.（2013）
罗非鱼	中性蛋白酶	E/S=0.5%；T=55℃；pH=7.0	Shirahigue et al.（2016）

（二）生物活性物质提取

已有研究表明，鱼内脏水解提取物对人体健康具有重要的促进作用，目前的研究集中于生物活性肽，这些肽在前体蛋白内为无活性的短氨基酸链。据报道，几种鱼蛋白来源的水解产物具有抗氧化、降压和抗菌作用。Souissi 等评估了从沙丁鱼头和内脏获得的水解产物，从对 DPPH 自由基的清除作用和对亚油酸自氧化的抑制结果来看，上述肽对亚油酸过氧化的抑制超过 50%，抗氧化活性约为 41%。Kumar、Nazeer 和 Jaiganesh 从鲭鱼内脏蛋白水解物中纯化并鉴定了一种抗氧化肽，该蛋白的序列为 Ala-Cys-Phe-Leu（518.5Da），其清除羟自由基的比例为 59.1%，还发现它在抑制脂质过氧化方面优于 α-生育酚。这些结果表明，从鱼副产品获得的水解产物中具有丰富的抗氧化活性。

高血压是与心血管疾病有关的主要危险因素之一。它是由血管紧张素I转换酶（EC 3.4.15.1；ACE）引起的，该酶在控制血压的过程中起着重要作用，可产生血管紧张素II，血管紧张素是血管舒张剂和缓激肽的破坏剂。抑制该酶的活性是预防和治疗高血压的关键。目前，用于抑制 ACE 活性的合成化合物副作用较大，科学家致力于从多种来源中寻找具有 ACE 抑制活性的肽。

许多研究已经证明了鱼类副产物肽具有 ACE 抑制活性。生物活性肽是 2 至 20 范围内的氨基酸序列，具有特定的功能活性，例如抗高血压，抗肿瘤或抗氧化活性。生物活性肽在原始蛋白质中是无活性的，但是通过水解释放后，它们可以表现出几种生理功能。其营养活性取决于氨基酸的序列、类型以及链的长度。另外，同一种肽可以表现出不同的生物活性作用。例如，Li 等人从罗非鱼内脏中提取的多肽具有抗氧化和 ACE 抑制活性。

可以从鱼类或其副产物中回收具有不同生物活性的肽。例如，Wenno 等人通过金枪鱼内脏的发酵获得了血管紧张素转换酶的肽抑制剂。在另一项研究中，Rinto 等人从发酵的鱼露中获得的肽具有降低胆固醇的能力。Balti 等获得了乌贼皮和内脏蛋白质水解产物，其水解度为 13.5%时半抑制浓度（IC_{50}）约 1.00mg/mL。两项研究都认为，由于酶的特异性，其在肽键的断裂中起决定性作用，来自鱼内脏的肽可用作预防和治疗高血压的功能性产品的成分。此外，肽在几种食品基质上的行为及其在整个工业加工过程中的稳定性以及在胃肠道吸收过程中的稳定性的信息还很少。

（三）调味品

我国常见的海鲜调味料，包括鱼露等传统海鲜调味料以及利用化学或生物技术开发的新产品。近年来，日本十分注重海鲜调味料如鱼露等传统调味料丰富的呈味性，展开了一系列的研究和开发，已上市的产品有扇贝酱、南极磷虾酱等。目前市面上所见的海鲜调味料多数采用人工调配而成，其产品的主要特征香气单一，且通常不耐高温。国内目前天然海鲜调味料生产技术的研究成果和产业化技术处于快速发展阶段，因此研究研发天然海鲜调味料的制备技术具有广泛的应用前景和市场价值。低值鱼贝含有丰富的蛋白质和氨基酸等营养物质，因玉筋鱼、沙丁鱼、黄姑鱼、金钱鱼等出肉率低，产生的加工废弃物造成大量蛋白质资源的浪费。国外对水解鱼类蛋白质的研究于多年前就已把蛋白质水解物作为调味剂添加到食品中，制得的海鲜调味品含有多种营养成分，有许多益于人体健康的活性物质，如牛磺酸、活性肽和维生素等，加上其浓郁的海鲜风味，备受市场青睐。

鱼内脏具有较高的蛋白质和脂质含量，其组成的可变性取决于物种、季节、年龄、性别、营养摄入量等因素。不同的鱼类肌肉和组织由含必需氨基酸的结构蛋白、肌原纤维蛋白和肌浆蛋白组成，其中赖氨酸、苯丙氨酸和缬氨酸占主导地位。鱼内脏中还具有内源性酶，例如胃蛋白酶、胰蛋白酶、胰凝乳蛋白酶、胶原酶和弹性蛋白酶，可用于水解蛋白质。

鱼露以低值鱼虾或水产品加工下脚料为原料，利用鱼体所含的蛋白酶及其他酶，以及在多种微生物共同参与下，对原料鱼中的蛋白质、脂肪等成分进行发酵分解，酿制而成。其味咸、极鲜美、营养丰富、含有所有的必需氨基酸和牛磺酸，还含有钙、碘等多种矿物质和维生素。在鱼露的发酵过程中，加入适量的鱼内脏，因其含有丰富的蛋白酶，如胰蛋白酶、胰凝乳蛋白酶、组织蛋白酶等，可以加速蛋白质的分解，从而缩短发酵周期。

六、鱼鳔

鱼鳔也称为花胶、鱼胶或鱼肚，是多数硬骨鱼类所具有的一种呼吸辅助器官。根据鱼类品种的不同，较为出名的种类主要有黄唇肚等。从外观看，新鲜的鱼胶呈白色半透明状，干制后布满褶皱与裂纹。自古以来，鱼鳔就有“海洋人参”的美誉，可与燕窝、鱼翅齐名，不仅是宴席名菜，亦有相当的药用价值和滋补作用，在中医中经常被用于治疗肾虚滑精、吐血不止等。有研究表明鱼鳔中含有大量的黏性蛋白、矿物质和维生素，其中蛋白质含量高达 79%，总糖含量与脂肪含量均不到 5%，是一种高蛋白、低脂肪的食品原料。

鱼鳔以富含胶原蛋白著称，是一种高蛋白、低热量、低脂肪的食品。鱼鳔干制品蛋白质含量高达 79%，约是大豆的 2 倍、全脂奶粉的 3.3 倍。鱼鳔的总糖含量约 4.5%，脂肪含量为 0.2% ~ 4.0%，其中淡水鱼的脂肪含量比海水鱼高。氨基酸组成分析中，不同鱼鳔的氨基酸组成有所差异，但总的来说，含量较多的氨基酸为甘氨酸、丙氨酸、谷氨酸、脯氨酸、精氨酸和天冬氨酸，其中甘氨酸含量最多，约占鱼鳔干重的 16%，其他 5 种都在 2% ~ 10%内。鱼鳔中还富含无机盐和维生素，其中含量较高的有 Fe、Zn 两种微量元素和维生素 E，分别为 7.70mg/100g、10.70mg/100g 和 1.52mg/100g。

鱼鳔的体积约占鱼体的5%，质量约占鱼体的1%，因此从鱼类产品加工产生的下脚料中可以获得大量的鱼鳔，但目前的鱼类加工企业对鱼鳔的利用较少，大多数都将其当作废弃物扔掉。因此从鱼鳔中提取鱼类胶原蛋白并开发新型健康食品具有广阔的发展前景。

（一）鱼鳔的营养价值

1. 鱼鳔胶原蛋白

鱼鳔胶原蛋白呈白色，不透明状态，不溶于水。这与动物体内分布最广、含量最高的胶原蛋白类型一致，鱼鳔中主要胶原蛋白为Ⅰ型胶原蛋白，由两条α1、一条α2组成的多肽链相互缠绕形成右手三重螺旋结构，并含二聚体β链和三聚体γ链，分子量较稳定。与哺乳动物相比，鱼鳔胶原蛋白的丝氨酸、亮氨酸、异亮氨酸、甲硫氨酸含量较高，羟脯氨酸较低。不同鱼类来源鱼鳔胶原蛋白的甘氨酸、脯氨酸、谷氨酸和天冬氨酸含量存在一定差异，其他氨基酸种类和含量相近。鱼鳔胶原蛋白通过甘氨酸三联体的氢键等相互作用形成高拉伸强度，维持其结构稳定性，同时脯氨酸的亚稳定状态可提供结构灵活性，赋予胶原蛋白一定的柔韧性。

胶原蛋白在机体内发挥着重要作用，主要包括维持身体的正常生理活动，同时还有预防疾病，改善机体体质的功能。曹卉等人对鱼鳔的止血功能进行了研究，发现鱼鳔胶能够通过激活血小板、毛细血管和凝血因子等外源性凝血途径及凝血共同途径发挥止血作用。任玉翠等通过检测鱼鳔胶对疲劳小鼠模型生物耐受测试发现，经鱼鳔胶饲养的小鼠抗疲劳能力显著提高，体现在游泳耐力与爬杆时间显著延长。除此之外，鱼鳔胶也可作为啤酒澄清剂，其作用机理是能与单宁生成絮状沉淀，再经过过滤即可去除浑浊物。

2. 鱼鳔多肽

多肽是介于氨基酸和蛋白质之间的由大分子蛋白质水解而成的化合物。目前对鱼鳔多肽的研究主要集中在多肽提取工艺的优化方面，对多肽的功能活性研究也处于基础研究阶段。

常虹等采用酶法提取鱼鳔多肽，并发现在最佳提取工艺下所产生的鱼鳔肽DPPH自由基清除率为76%～79%。刘姝等采用微生物发酵法生产鱼鳔多肽，利用米曲霉产生的蛋白酶水解鱼鳔蛋白，通过亚油酸自氧化体系评价鱼鳔肽的抗氧化活性，结果表明，鱼鳔多肽的抗氧化活性与其分子量和肽链长度有关，分子质量在

1000 ~ 3000Da 的鱼鳔多肽所含的供氢基团得到最大程度的暴露，从而具有较强的清除自由基的能力。李娜等通过研究对鳕鱼鱼鳔肽进行体外清除自由基能力发现，酶解产物对羟基自由基与超氧阴离子自由基具有一定的清除能力，同时具有较好的亚铁离子螯合能力。

3. 鱼鳔多糖

作为鱼鳔中的功能因子之一，围绕鱼鳔多糖的研究主要集中在提取方法与活性评价等方面。屈义等探讨了鳙鱼鱼鳔黏多糖的提取工艺及抗氧化活性，结果发现碱液浸提对黏多糖的提取效果优于热水浸提，且抗氧化活性也略高于后者。葛雪筠等研究了鮸鱼鱼鳔多糖对肝损伤的保护作用。结果表明高剂量的鱼鳔多糖能够显著抑制谷丙转氨酶（ALT）、谷草转氨酶（AST）和丙二醛（MDA）的升高，表明鮸鱼鱼鳔硫酸杂多糖对四氯化碳诱导的小鼠急性肝损伤具有一定的保护作用，这一作用可能与鱼鳔多糖提高小鼠自身免疫有关。Li 等研究发现大黄鱼鱼鳔多糖对活性炭诱导的便秘小鼠具有一定的缓解作用，对利血平引起的小鼠胃溃疡也有一定的预防作用，因此可利用鱼鳔多糖开发具有治疗胃溃疡功效的药物或功能性食品。

（二）鱼鳔的应用研究进展

1. 在食品中的研究进展

目前鱼鳔主要以初加工制成干制品在市面上销售，极少用于食品深加工。干制的鱼鳔也叫花胶、鱼胶或鱼肚，市场上的鱼胶主要来自黄鱼鳔、白花鱼鳔、鳘鱼鳔等。鱼胶与燕窝、鱼翅齐名，是“海产八珍”之一，素有“海洋人参”之誉，在进口海产干制品中具有很大的市场占有量。以香港特别行政区为例，该地区海产干制品平均每年进口量巨大，其中鱼鳔干大约占了 70%。鱼鳔干加工方法比较简单，从鱼腹取出鱼鳔后，规则地将其剖开并洗去异物及血筋，晾晒至全干即可。干鱼鳔在食用前须泡发，其方法有油发和水发两种。质厚的鱼鳔两种方法皆可；而质薄的鱼鳔，水发易烂，油发为宜。泡发后的鱼鳔是席间珍贵的海味，可用于制作鱼鳔胶、炖滋补汤品和烹饪名菜佳肴。

鱼鳔即食产品种类较少，许多学者正致力于开发鱼鳔产品，以提高其利用价值。例如，曾丽等以鱼鳔为原料提取胶原蛋白，再用乌龙茶作为调味剂，琼脂为凝胶剂，研制出一种茶味鱼鳔胶原蛋白保健果冻。许伟强等用鱼鳔拌以猪肉、红薯粉和食盐，经粉碎、搅拌、装罐后经蒸煮制得鱼鳔肉糕。吴越朝等将鱼鳔清洗除杂、漂洗去腥、干燥、填料、压片、挂浆、速冻、真空油炸、脱油和冷却包装等步骤制作成即食风味鱼鳔片。鱼鳔还可制成营养丰富的膨化食品，产品开袋即食、口感酥脆、满足各种人群的需求。

2. 在医学保健上的应用

人体内骨骼的软支撑组织一旦受伤，难以在体内自发修复再生。胶原蛋白是软组织的主要成分，可将其制成人工软骨组织凝胶用于骨组织缺损修复，刺激细胞生长并对新生细胞起定向支架作用，随骨组织修复逐渐被降解，从而改善损伤愈合。鱼鳔胶原蛋白可制成复合制剂治疗关节损伤。杨子中等利用浓度为 1.5% ~ 2.5%的羧甲基几丁质与 10% ~ 20%的大黄鱼鱼鳔胶原蛋白溶液制备出一种复合交联医用几丁糖制剂，在关节软骨修复或退行性骨关节炎治疗方面展现出了良好的应用前景；几丁糖水溶性好，能抑制纤维细胞生长，鱼鳔胶原蛋白生物相容性良好，可为软骨细胞的生长提供立体支架及基质环境，将二者形成的复合制剂进行关节腔内注射能有效促进损伤修复。

鱼鳔胶原蛋白可作为人工软骨材料。Mredha 等基于双网络概念，从鲟鱼鳔中提取胶原蛋白溶于酸性溶液中，注入大量的缓冲盐溶液，由于酸性胶原蛋白具有快速纤维生成能力，可形成物理水凝胶网，并采用化学交联聚合物 *N*, *N*-二甲基丙烯酰胺在紫外 365nm 波长作用下聚合成双网络水凝胶，表面以羟基磷灰石作为涂层，成功研制出一种应用于骨组织的修复材料——胶原基硬质双网络水凝胶；其中，一层网络具备刚性、脆性及良好的生物相容性，可与二层网络带来的柔软性和灵活性相结合；将此胶原基硬质双网络水凝胶植入兔膝关节软骨缺损模型中，其具有的高黏结强度表现出了较强的骨形成能力，经拉伸试验等力学性能测试，发现在植入四周后胶原水凝胶并未降解，仍保持高强度，有望代替脆性较大的传统材料羟基磷灰石等，作为人工骨移植材料制作人工软骨。鱼鳔胶原蛋白生物相容性良好，可为软骨细胞的生长提供立体支架及基质环境，将二者形成的复合制剂进行关节腔内注射能有效促进损伤修复。除此以外，鱼鳔胶原蛋白可用于制作骨修复的支架，鱼鳔胶原蛋白和珍珠蛋白作为填充材料，能够改善材料的力学性能；整个纳米材料作为三维支架，能诱导成骨细胞生长分化，促进骨吸收速率与骨组织生长速率相协调，可有效应用于骨修复过程。

鱼鳔胶原蛋白可制成胶原膜治疗创伤。将南亚野鲮鱼鳔胶原蛋白制成胶原膜，经紫外照射交联促进胶原中芳香氨基酸中的残基自由基间成键作用，提高拉伸强度至（120.02±1.0）kg/cm^2；将小鼠胚胎成纤维细胞和成肌细胞（L6）株接种在鱼鳔胶原蛋白基质中，发现细胞增殖率高，生长形态良好，有望作为生物医学植入物、涂层材料等应用于伤口愈合和重建外科中。从鲟鱼和白鱼鱼鳔中提取胶原蛋白制成的胶原薄膜具有减少创口面积、缩短肉芽组织形成时间和伤口愈合时间等疗效，加之胶原薄膜具有无定形的特点，可用于预防和治疗皮肤和黏膜炎症并治疗创伤。

鱼鳔胶原蛋白可通过凝聚血小板、调节凝血因子并激活外源性凝血途径促进止血过程，可作为体外敷料或植入体内加速止血过程，并辅助皮肤和黏膜的损伤修复。

鱼鳔胶原蛋白可被人体吸收利用，用于补充和合成蛋白质；此外，还具有增强消化功能、提高思维能力、维持腺体分泌的作用，也具有滋润皮肤、增强肌肉弹性、延缓衰老等功效。鱼鳔胶原蛋白具有滋补养生、抗疲劳和免疫调节的功效，可制备成营养口服液。

3. 其他应用

鱼鳔胶可以用于啤酒和葡萄酒澄清。传统上用鱼鳔制成胶黏剂修复保护文物。其制作方法为鱼鳔经粉碎、浸泡、溶胶、除渣、风干，使用前将干胶按一定比例溶于水，经加热便制成胶黏剂。该胶黏剂不含任何化学物质，不会对文物造成腐蚀破坏，是理想的修复材料。贾文娟等将葡萄糖氧化酶固定在鱼鳔膜上制成葡萄糖生物传感器，并成功应用于人血清中葡萄糖含量的测定。该传感器具有体积小、选择性好、检测速度快、易操作等优点。

参考文献

[1] 曹卉，田晓玲，刘昕. 鱼鳔的分子鉴别及其止血作用的药理学研究[J]. 中国食品学报，2009，9（4）：170-176.

[2] 常虹，段振华，成长玉，等.酶解鱼鳔蛋白制备抗氧化肽的研究[J].安徽农业科学，2012，40（06）：3389-3391.

[3] 楚水晶. 马面鱼皮胶原蛋白的制备及特性研究[D]. 大连：大连工业大学，2010.

[4] 蒋玉. 鲟鱼鳔胶原蛋白延缓皮肤自然衰老作用及分子机制研究[D]. 镇江：江苏大学，2019.

[5] 李保强，王利强，丁建虹，等. 鱼鳞胶原蛋白的研究进展[J].包装工程，2018，39（17）：53-60.

[6] 李跃. 低值水产品研究开发调味料[D]. 大连：大连工业大学，2009.

[7] 李娜. 鳕鱼鳔胶原蛋白和胶原肽特性及对细胞衰老进程干预作用与机制[D]. 上海：上海海洋

大学，2019.

[8] 李玉玲，范志强，刘雯恩，等. 鱼鳔胶原蛋白的研究进展[J].大连海洋大学学报，2020，35(01)：31-38.

[9] 刘姝，余勃.发酵法制备鱼鳔多肽及其抗氧化活性研究[J].食品科学，2009，30(21)：332-334.

[10] 林伟锋，可控酶解从海洋鱼蛋白中制备生物活性肽的研究[D]. 广州：华南理工大学，2003.

[11] 刘朝霞，陈海光，黄东雨.鱼皮胶原蛋白的提取及其应用[J].广东农业科学，2011，38(20)：100-102.

[12] 屈义，周斯仪，钟赛意，等. 鳙鱼鱼鳔黏多糖的提取及其抗氧化性活性评价[J]. 广东海洋大学学报，2018，38(01)：47-53.

[13] 任玉翠，周彦钢，江月仙，等. 鱼鳔胶的营养素含量及抗疲劳功能研究[J]. 食品科学，1998，19(3)：45-47.

[14] 沈伟. 鱼类鳞片研究概况[J]. 江苏农业科学，2011(3)：307-310.

[15] 王玉坤. 鲫鱼鱼鳞的分级结构及其生物学性能[D]. 北京：中国地质大学，2013.

[16] 易继兵. 狭鳕鱼皮胶原蛋白特性及其性能改造[D]. 青岛：中国海洋大学，2011.

[17] 卓素珍. 鮟鱇鱼皮胶原蛋白的性质、组成及应用研究[D]. 杭州：浙江工商大学，2009.

[18] 温慧芳. 鱼皮胶原蛋白在鱼肉重组技术中的应用[D]. 南昌：江西科技师范大学，2015.

[19] 吴丹，康怀彬，肖枫.鱼皮胶原蛋白研究进展[J].肉类研究，2007(06)：23-25.

[20] 杨子中，何浩明，高坚杰，等.一种复合交联医用几丁糖制剂及其制备方法. CN 104491846A[P].2015-04-08.

[21] 闫鸣艳，狭鳕鱼皮胶原蛋白结构和物理特性的研究[D]. 青岛：中国海洋大学，2009.

[22] 张建忠. 草鱼皮胶原蛋白的制备及性质研究[D]. 南京：南京农业大学，2007.

[23] 张桢. 罗非鱼加工副产物制备水产品调味基料的研究[D]. 青岛：中国海洋大学，2012.

[24] 周斯仪，屈义，钟赛意，等.鱼鳔的功效因子及其开发利用研究进展[J].食品与机械，2017，33(11)：208-211.

[25] 邹舟，王琦，于刚，等.鲢鱼各部位磷脂组分及脂肪酸组成分析[J].食品科学，2014，35(24)：105-109.

[26] Li G J，Qian Y，Sun P，et al. Preventive effect of polysaccharide of Larimichthys Crocea swimming bladder on activated carbon-induced constipation in mice[J]. Journal of the Korean Society for Applied Biological Chemistry，2014，57(2)：167-172.

[27] Marti-Quijal F J，Remize F，Meca G，et al. Fermentation in fish and by-products processing：an overview of current research and future prospects[J]. Current Opinion in Food Science，2020，31：9-16.

[28] Mredha M T I，Kitamura N，Nonoyama T，et al. Anisotropic tough double network hydrogel from fish collagen and its spontaneous in vivo bonding to bone[J]. Biomaterials，2017，132：85.

[29] Sripriya R，Kumar R. A novel enzymatic method for preparation and characterization of collagen film from swim bladder of fish rohu (*Labeo rohita*) [J]. Food and Nutrition Sciences，2015，6(15)：1468-1478.

[30] Villamil O，Váquiro，Henry，Solanilla，José F. Fish viscera protein hydrolysates：Production，potential applications and functional and bioactive properties[J]. Food Chemistry，2017，224：160-171.

[31] Jakobsson M，Sivik B，Bergqvist P A，et al. Extraction of dioxins from cod liver oil by supercritical carbon dioxide[J]. The Journal of Supercritical Fluids，1991，4（2）：118-123.

[32] Kaul N，Kreml R，Austria J A，et al. A comparison of fish oil，flaxseed oil and hempseed oil supplementation on selected parameters of cardiovascular health in healthy volunteers[J]. Journal of the American College of Nutrition，2008，27（1）：51-58.

第五章

未来鱼类资源食品的发展趋势

第一节　新鱼类资源（远洋、极地鱼类资源）

海洋水产品不仅资源丰富，且富含生物活性多肽、功能性油脂、维生素与矿物质等营养功能因子，是人类十分重要的食物和药物来源，因此被誉为“蓝色粮仓”。我国海洋生物资源丰富，是世界上最大的水产品生产国。水产品在保障人民优质蛋白质高效供给以及拓展我国粮食安全战略空间方面，发挥着重要作用。

一、北极鱼类

北极是地球的寒极，是北半球气候系统稳定的重要基础之一。考虑到北极是大气与海洋物质和能量交换的重要地区，以及是对全球气候变化响应和反馈最敏感的地区之一，气候变暖所带来的影响在北极地区尤为显著。气候变暖导致北极海冰融化，海水温度升高，对北冰洋生态环境产生深远的影响，并最终影响到北极地区的鱼类资源。北极海域中，东北大西洋和西北大西洋海域的部分鱼种已被完全开发甚至有些鱼种被过度开发，但其他海域大部分鱼仍处于未完全开发状态。近年来，海冰融化为人类进入北极海域提供了便利，这也使得人类进一步开发北极海洋渔业资源的可能性越来越大。大部分北极鱼类均为中上层鱼类或中层鱼类，主要栖息于 1000m 以内的陆架水域或陆坡水域。部分鱼类，尤其是昼夜垂直移动的鱼类，垂直分布的范围跨度较大。北极阿拉斯加水域鱼类中，一半左右的鱼类呈现昼夜垂直移动现象，且一半左右的鱼类也存在季节性洄游特性，同时具备 2 种特性的鱼占所研究鱼类总数的 22%。

整个北极海域现有记录的海洋鱼类 600 余种，部分鱼类信息如表 5-1 所示。研究人员对楚科奇海和白令海南部北鳕（*Boreogadus saida*）及其他中上层鱼类的丰度和分布进行了研究，结果显示个体较小的北鳕多分布在北部。中层水域鱼类主要由北极鳕鱼（*Boreogadus saida*）、远东宽突鳕（*Eleginus gracilis*）、毛鳞鱼（*Mallotus villosus*）和太平洋鲱鱼（*Clupea pallasii*）为主。北极鳕鱼主要分布在 69.5N，远东宽突鳕在 66.5N 到 69.5N 之间的沿海地区非常丰富，太平洋鲱鱼分布在 67N 以南，这三种鱼类分布与温度、盐度和底深有一定的关联度。研究人员在白令海与楚科奇海两个海域共鉴定鱼类生物 14 科 41 种；主要优势种类为粗壮拟庸鲽（*Hippoglossoides robustus*）、北鳕（*Boreogadus saida*）、短角床杜父鱼（*Myoxocephalus scorpius*）、斑鳍北鳚（*Lumpenus fabricii*）、粗糙钩杜父鱼（*Artediellus scaber*）；从适温性来看，冷水性种类最多，有35种，冷温性种类6种；从栖息地生态类型来看，底层鱼类、近底层鱼类和中上层鱼类分别为35、5和1种；气候变化引起部分北极、亚北极海区鱼类出现不同程度的纬向和纵向移动，由此将引起北极渔业资源分布格局的变化。

表5-1　北极阿拉斯加主要鱼种信息

序号	中文名	英文名	拉丁学名	科
1	三楔七鳃鳗	pacific lamprey	*Entosphenus tridentatus*	Petromyzontidae
2	北极七鳃鳗	Arctic lamprey	*Lethenteron camtschaticum*	Petromyzontidae
3	白斑角鲨	spotted spiny dogfish	*Squalus suckleyi*	Squalidae
4	北鳐	Arctic skate	*Amblyraja hyperborea*	Rajidae
5	太平洋鲱	Pacific herring	*Clupea pallasii*	Clupeidae
6	池沼公鱼	pond smelt	*Hypomesus olidus*	Osmeridae
7	毛鳞鱼	Pacific capelin	*Mallotus catervarius*	Osmeridae
8	亚洲胡瓜鱼	Ashan smelt	*Osmerus dentex*	Osmeridae
9	秋白鲑	Arctic cisco	*Coregonus autumnalis*	Salmonidae
10	白令白鲑	Bering cisco	*Coregonus laurettae*	Salmonidae
11	宽鼻白鲑	broad whitefish	*Coregonus nasus*	Salmonidae
12	驼背白鲑	humpback whitefish	*Coregonus pidschian*	Salmonidae
13	小白鲑	least cisco	*Coregonus sardinella*	Salmonidae
14	细鳞大马哈鱼	pink salmon	*Oncorhynchus gorbuscha*	Salmonidae
15	大马哈鱼	chum salmon	*Oncorhynchus keta*	Salmonidae
16	银大马哈鱼	coho salmon	*Oncorhynchus kisutch*	Salmonidae
17	红大马哈鱼	sockeye salmon	*Oncorhynchus nerka*	Salmonidae
18	大鳞大马哈鱼	chinook salmon	*Oncorhynchus tshawytscha*	Salmonidae
19	花羔红点鲑	dolly varden	*Salvelinus malma*	Salmonidae
20	北鲑	inconnu	*Stenodus leucichthys*	Salmonidae
21	冰底灯鱼	glacier lanternfish	*Benthosema glaciale*	Myctophidae

续表

序号	中文名	英文名	拉丁学名	科
22	冰鳕	ice cod	*Arctogadus glacialis*	Gadidae
23	北鳕	Arctic cod	*Boreogadus saida*	Gadidae
24	远东宽突鳕	saffron cod	*Eleginus gracilis*	Gadidae
25	狭鳕	walleye pollock	*Theragra chalcogramma*	Gadidae
26	太平洋鳕	Pacific cod	*Gadus macrocephalus*	Gadidae
27	三刺鱼	threespine stickleback	*Gasterosteus aculeatus*	Gasterosteidae
28	九刺鱼	ninespine stickleback	*Pungitius sinensis*	Gasterosteidae
29	白斑六线鱼	whitespotted greenling	*Hexagrammos stelleri*	Hexagrammidae
30	虫纹钩杜父鱼	okhotsk hookear sculpin	*Artediellus ochotensis*	Cottidae
31	粗糙钩杜父鱼	hamecon	*Artediellus scaber*	Cottidae
32	强刺杜父鱼	antlered sculpin	*Enophrys diceraus*	Cottidae
33	三峰裸刺杜父鱼	Arctic staghorn sculpin	*Gymnocanthus tricuspis*	Cottidae
34	横带杂鳞杜父鱼	butterfly sculpin	*Hemilepidotus papilio*	Cottidae
35	双角冰杜父鱼	twohorn sculpin	*Icelus bicornis*	Cottidae
36	匙冰杜父鱼	spatulate sculpin	*Icelus spatula*	Cottidae
37	扁头大杜父鱼	belligerent sculpin	*Megalocottus platycephalus*	Cottidae
38	连腹杜父鱼	brightbelly sculpin	*Microcottus sellaris*	Cottidae
39	浅色床杜父鱼	plain sculpin	*Myoxocephalus jaok*	Cottidae
40	棘头床杜父鱼	great sculpin	*Myoxocephalus polyacanthocephalus*	Cottidae
41	四角床杜父鱼	fourhorn sculpin	*Myoxocephalus quadricornis*	Cottidae
42	北极床杜父鱼	Arctic sculpin	*Myoxocephalus scorpioides*	Cottidae
43	短脚床杜父鱼	shorthorn sculpin	*Myoxocephalus scorpius*	Cottidae
44	布氏毛杜父鱼	hairhead sculpin	*Trichocottus brashnikovi*	Cottidae
45	尼氏鲉杜父鱼	bigeye sculpin	*Triglops nybelini*	Cottidae

续表

序号	中文名	英文名	拉丁学名	科
46	平氏鲉杜父鱼	ribbed sculpin	*Triglops pingelii*	Cottidae
47	双叶密棘杜父鱼	crested sculpin	*Blepsias bilobus*	Hemitripteridae
48	暗帆鳍杜父鱼	eyeshade sculpin	*Nautichthy pribilovius*	Hemitripteridae
49	极地拟杜父鱼	polar sculpin	*Cottunculus microps*	Psychrolutidae
50	蝌蚪宽杜父鱼	smoothcheek sculpin	*Eurymen gyrinus*	Psychrolutidae
51	单鳍八角鱼	alligatorfish	*Aspidophoroides monopterygius*	Agonidae
52	北极单鳍八角鱼	Arctic alligatorfish	*Aspidophoroides olrikii*	Agonidae
53	四隅高体八角鱼	fourhorn poacher	*Hypsagonus quadricornis*	Agonidae
54	纤八角鱼	Atlantic poacher	*Leptagonus decagonus*	Agonidae
55	白令棘八角鱼	Bering poacher	*Occella dodecaedron*	Agonidae
56	长须女神八角鱼	tubenose poacher	*Pallasina barbata*	Agonidae
57	长尾足沟鱼	veteran poacher	*Podothecus veternus*	Agonidae
58	痣刺狮子鱼	pimpled lumpsucker	*Eumicrotremus andriashevi*	Cyclopteridae
59	窦氏狮子鱼	leatherfin lumpsucker	*Eumicrotremus derjugini*	Cyclopteridae
60	林氏短吻狮子鱼	sea tadpole	*Careproctus reinhardti*	Liparidae
61	深渊狮子鱼	nebulous snailfish	*Liparis bathyarcticus*	Liparidae
62	费氏狮子鱼	gelatinous seasnail	*Liparis fabricii*	Liparidae
63	细尾狮子鱼	variegated snailfish	*Liparis gibbus*	Liparidae
64	格陵兰狮子鱼	kelp snailfish	*Liparis tunicatus*	Liparidae
65	深水副狮子鱼	black seasnail	*Paraliparis bathybius*	Liparidae
66	半花裸鳚	halfbarred pout	*Gymnelus hemifasciatus*	Zoarcidae
67	绿裸鳚	fish doctor	*Gymnelus viridis*	Zoarcidae
68	斑纹蛇狼绵鳚	doubleline eelpout	*Lycenhelys kolthoffi*	Zoarcidae
69	阿氏狼绵鳚	adolf's eelpout	*Lycodes adolfi*	Zoarcidae

续表

序号	中文名	英文名	拉丁学名	科
70	双肋狼绵鳚	glacial eelpout	*Lycodes eudipleurostictus*	Zoarcidae
71	脸罩狼绵鳚	shulupaoluk	*Lycodes jugoricus*	Zoarcidae
72	大鳞狼绵鳚	white sea eelpout	*Lycodes macrolepis*	Zoarcidae
73	黏狼绵鳚	saddled eelpout	*Lycodes mucosus*	Zoarcidae
74	枝条狼绵鳚	wattled eelpout	*Lycodes palearis*	Zoarcidae
75	北极狼绵鳚	polar eelpout	*Lycodes polaris*	Zoarcidae
76	紫斑狼绵鳚	marbled eelpout	*Lycodes raridens*	Zoarcidae
77	网纹狼绵鳚	arctic eelpout	*Lycodes reticulatus*	Zoarcidae
78	罗氏狼绵鳚	threespot eelpout	*Lycodes rossi*	Zoarcidae
79	弓狼绵鳚	archer eelpout	*Lycodes sagittarius*	Zoarcidae
80	半裸狼绵鳚	longear eelpout	*Lycodes seminudus*	Zoarcidae
81	鳞腹狼绵鳚	scalebelly eelpout	*Lycodes squamiventer*	Zoarcidae
82	近北极狼绵鳚	estuarine eelpout	*Lycodes turneri*	Zoarcidae
83	马氏刺北鳚	blackline prickleback	*Acantholumpenus mackayi*	Stichaeidae
84	中间异鳚	stout eelblenny	*Anisarchus medius*	Stichaeidae
85	史氏笠鳚	bearded warbonnet	*Chirolophis snyderi*	Stichaeidae
86	四线蛇线鳚	fourline snakeblenny	*Eumesogrammus praecisus*	Stichaeidae
87	斑点细鳚	daubed shanny	*Leptoclinus maculatus*	Stichaeidae
88	斑鳍北鳚	slender eelblenny snake	*Lumpenus fabricii*	Stichaeidae
89	矢北鳚	prickleback	*Lumpenus sagitta*	Stichaeidae
90	北极单线鳚	Arctic shanny	*Stichaeus punctatus*	Stichaeidae
91	条纹锦鳚	banded gunnel	*Pholis fasciata*	Pholidae
92	小齿狼鱼	northern wolffish	*Anarhichas denticulatus*	Anarhichadidae
93	白令狼鱼	Bering wolffish	*Anarhichas orientalis*	Anarhichadidae
94	额鳚	prowfish	*Zaprora silenus*	Zaproridae
95	六斑玉筋鱼	Arctic sand lance	*Ammodytes hexapterus*	Anarhichadidae

续表

序号	中文名	英文名	拉丁学名	科
96	粗壮拟庸鲽	bering flounder	*Hippoglossoides robustus*	Pleuronectidae
97	狭鳞庸鲽	Pacific halibut	*Hippoglossus stenolepis*	Pleuronectidae
98	刺黄盖鲽	yellowfin sole	*Limanda aspera*	Pleuronectidae
99	细鳞黄盖鲽	longhead dab	*Limanda proboscidea*	Pleuronectidae
100	栉鳞黄盖鲽	sakhalin sole	*Limanda sakhalinensis*	Pleuronectidae
101	北极光鲽	Arctic flounder	*Liopsetta glacialis*	Pleuronectidae
102	星斑川鲽	starry flounder	*Platichthys stellatus*	Pleuronectidae
103	黄腹鲽	Alaska plaice	*Pleuronectes quadrituberculatus*	Pleuronectidae
104	马舌鲽	greenland halibut	*Reinhardtius hippoglossoides*	Pleuronectidae

如前所述，北极海域浩瀚，生态特点迥异，因而造成北极渔业发展参差不齐。北极渔业主要集中在东北大西洋巴伦支海与挪威海，中北大西洋冰岛和格陵兰岛外海域，加拿大巴芬湾纽芬兰和拉布拉多海，以及北太平洋白令海。其中，巴芬湾、巴伦支海、挪威海和格陵兰海处于寒、暖流海水交汇处，是世界著名渔场，近年来捕鱼量约占世界总量的8%~10%，但这些渔业活动一般在北极国家的专属经济区进行。据统计，北极各国的渔获量占整个北极渔获量的90%左右，北极渔业是北极各国一项重要的经济活动。然而，北冰洋中央海域由于经年海冰未化，商业渔业还未真正存在。

北极渔业管理呈现复杂局面，原因不外乎北极复杂的自然及政治环境。由于北极海域生态环境特殊且多样，使北极渔业发展参差不齐，处于动态发展中。另外，各国各异的北极渔业政策使一体化的北极渔业管理难以开展。除了国家管辖下的北极渔业，北极还存在公海渔业。虽然在次北极及北极海域存在一些区域性渔业组织，但现阶段均未能胜任北极渔业管理的职责。以《联合国海洋法公约》为代表的国际渔业相关法律适用于北极海域却不针对北极海域。因此，处于复杂自然及政治环境下的北极渔业管理处于“碎片式”的不协调状态。按照《联合国海洋法公约》第87条，各国拥有“公海自由”中的“捕鱼自由”，而公约第116条至119条则进一步明确所有国家享有国际合作前提下平等的公海渔业开发权利及养护义务。

考虑到区域性渔业管理组织的潜在管辖范围可能随着鱼群北迁、海冰融化而扩展，现存的区域性渔业管理组织分别为：国际海洋考察理事会（International Council for the Exploration of the Sea, ICES）、西北大西洋渔业组织（Northwest Atlantic Fisheries Organization， NAFO）、东北大西洋渔业委员会（Northeast Atlantic Fisheries Commission，NEAFC）、北大西洋鲑鱼养护组织（North Atlantic Salmon Conservation Organization，NASCO）、大西洋金枪鱼保护国际委员会（International Commission on the Conservation of Atlantic Tunas，ICCAT）、中西太平洋渔业委员会（Western and Central Pacific Ocean Fisheries Commission，WCPFC）、北太平洋溯河鱼类委员会（North Pacific Anadromous Fish Commission，NPAFC）。就管理区域而言，上述渔业组织仅能覆盖部分北极海域。其中，国际海洋开发委员会管理的海域最为宽广，且涉及北极海域，但从其描述的北极海域管理职责可以获知，该组织主要关注巴伦支海、冰岛周围海域及格陵兰东部海域的渔业状况，而未覆盖“环北极海域”。东北大西洋渔业委员会关注挪威海、巴伦支海的公海海域，但仅仅关注北冰洋中央极少部分的公海海域，未来也不能胜任北极公海渔业管理的职责。其他的各个组织管辖范围则更为受限，均只关注太平洋或大西洋一侧的北极部分海域。并且，各个组织均未注明随着管辖鱼类北迁而向北拓展其管辖范围。因此，就管理区域而言，在未来，上述组织都难以胜任北极渔业管理者的职责。就管理鱼类种群而言，国际海洋开发委员会和东北大西洋渔业委员会对关注鱼群未做特别限定，而其他的渔业组织均具有明显的分鱼类特点，未来也仅能承担部分北极渔业管理的职责。

就上述组织的成员国而言，北极 8 国（加拿大、美国、俄罗斯、挪威、丹麦、瑞典、芬兰、冰岛）是国际海洋开发委员会、西北大西洋渔业组织、北大西洋鲑鱼养护组织、大西洋金枪鱼保护国际委员会的成员，这意味着未来如果这些组织能承担北极渔业管理的职责，目前在北极渔业管理中占据重要地位的北极 8 国将受这些组织协议的约束。不过，沿海国加入区域性组织并在组织中发挥重要协调作用符合渔业管理实践经验。除加拿大、美国之外的其他北极国家均是东北大西洋渔业委员会成员国，仅加拿大与美国是中西太平洋渔业委员会成员国，加拿大、美国与俄罗斯是北太平洋溯河鱼类委员会成员国，这意味着，即使这些组织未来能承担北极管理的职责，尚需把其他重要北极国家纳入其成员国范围之内，而鉴于其有限的管辖区域，成员国的拓展并不现实。

由于北极渔业发展不一，以及复杂的地缘政治，北极缺乏针对性的“泛北极渔业管理制度”。另外，《联合国海洋法公约》、《执行 1982 年 12 月 10 日“联合国海洋法公约”有关养护和管理跨界鱼类种群和高度洄游鱼类种群的规定的协定》（以下简称《鱼类种群协定》)、《负责任渔业行为守则》等影响广泛的国际渔业相关管理制度适用于北极，但却未针对于北极。《联合国海洋法公约》仅提供渔业管理框架，对重要的跨界、高度洄游鱼类种群养护管理、国际合作等缺乏具体的执行意见。《鱼类种群协定》则仅仅关注跨界、高度洄游鱼类种群，“分鱼类”特点限制了其在北极的广泛适用性。而粮农组织制定的《负责任渔业行为守则》不具备法律约束力，削弱了其执行力。

除了上述普遍性渔业相关管理制度，还有其他的一些渔业协定作用于北极海域，但也仅限于分鱼类、分区域的双边或多边协议，不具备综合性法律条约的特点，协议方也仅限于个别北极国家，管理协调功能有限。

作为北极域外国家，《联合国海洋法公约》赋予我国在北极海域各种权益和义务，北极海域是开展中国北极战略的重要切入点。“渔权即海权”深刻揭示渔业在海洋权益博弈中的关键作用，渔业可以成为在极地相关海域实现“实质性存在”的切入口与途径。呼吁成立相关的北极区域性渔业管理组织、并参与北极公海渔业管理机制的构建既有利于广大北极域外国家表达北极渔业诉求，也符合国际法关于公海渔业管理的规定。

二、南极鱼类

第一次发现南极鱼类至今，人类对南极鱼类资源的认识越来越深刻。目前，仍不断有新的种类发现。截止到 2013 年，南大洋共发现鱼类 357 种。南大洋面积虽占全球海洋面积的 10%，但其中的鱼类种数却仅占全球鱼类总种数的 1.3%。与其他冷水性海域（如北大西洋）相比，南大洋的鱼类显得极其稀少，特别是近表层鱼类更为缺乏。生活在中层的种类主要为灯笼鱼科类，共包括 33 种，其中数量最为丰富的是南极电灯鱼（*Electrona antarctica*)。随着水深的增加，鱼的种类增多，甚至在水深 2000 m 处都有鱼类生存。底栖物种主要包括南极鱼亚目、鳕形目鳕科、鳐目鳐科、鲉形目狮子鱼科和绵鳚亚目绵鳚科鱼类，种类最多的是南极鱼亚目、绵鳚科以及狮子鱼科，占所有鱼类种数的 87.8%。其中，南极鱼亚目由共同的底栖生活的温带祖先进化而来，为南极海域的原始种；而狮子鱼科起源于北太平洋，推测可能是在中新世由南美洲西海岸扩散至南极地区；绵鳚科也起源于北太平洋，是在中新世进入南半球，之后扩散至南极地区。

南极鱼亚目的祖先在南极逐渐变冷的过程中快速进化，并且由于生存的环境缺乏竞争压力，其种群得以壮大而成为南大洋明显的优势种，占所有南大洋鱼类总数的46%。而在高纬度更加寒冷的南极海域，其种类为其他南大洋鱼类种数的3倍左右，丰度和生物量占南大洋鱼类丰度和总生物量的90%以上。

迄今的统计表明：南极鱼亚目鱼类共有8科129种，其中全部的龙鰧科、阿氏龙鰧科和裸南极鱼科鱼类、大多数鳄冰鱼科的种类、半数的南极鱼科鱼类以及1种牛鱼科鱼类均分布在极端低温的南大洋，而牛鱼科多数种类、拟牛鱼科和南极鱼科鱼类生活在温度为5～15℃的南美洲和新西兰等非南极海域。基于线粒体16SrRNA序列构建的MP（maximum-parsimony）系统发育树显示：裸南极鱼科、阿氏龙鰧科、龙鰧科和鳄冰鱼科的成员聚为一支后再与南极鱼科的成员聚在一起，这5个科共同构成了南极鱼亚目鱼类在南大洋的主要进化分支。各科鱼类在形态和生态习性上经历了不同程度的变化。受环境因素和食物的季节变化影响，南极鱼类的体型普遍较小，多数种类生长缓慢。各科鱼类具体特征如下：①裸南极鱼科，肉食性，多数为浅海底栖种类，个体较小，体色与周围环境相似，种间形态和生态习性上差异甚小；②阿氏龙鰧科，种间个体大小不一，均具有一个功能尚不清楚的触须，其中的须蟾鰧属（*Pogonophryne*）为南极鱼亚目中种类最多的属，是研究南极鱼亚目鱼类适应性进化的良好材料；③龙鰧科，鱼体较长，且种间个体差异较大，有些种类肌肉发达，而有些种类相对比较瘦小。该科同时为南极鱼亚目中生活的水深跨度最大的科，既有能在浅水区域生活的鱼类，也有如断线渊龙鰧（*Bathydraco scotiae*）这样到目前为止记录到的生活在最深水层的种类，达到2950m；④鳄冰鱼科，鱼体呈梭形，头部较大，成鱼体长约25～75cm，是南极鱼亚目中体型最大的鱼类。其下颌骨的缺失，使得作为取食器官的口不能有效地开合，只能靠吮吸甚至仅靠水的自然流动将食物送进嘴里，因此几乎无营底栖生活的种类，大多数个体生活在水深800m以上；⑤南极鱼科，大约有一半为底栖种，此外还包括半浮游种、浮游种类等，不同活动范围的鱼类所受浮力不同。该科不同种类的鱼没有鱼鳔，必须通过降低骨骼的矿化和脂质沉淀来调节鱼体密度，在形态上也表现出了多样化的特点。

南极鱼类的生存环境很特殊，它们常年在低温水体中生活，即使在夏季，生活水体水温也很少超过0℃。鱼类是一种变温动物，当环境温度低于0℃时，它们的体液就会随着环境水分的凝结而冻结。鱼类生理学的研究结果表明，一般鱼类在-1℃就冻成“冰棒”了，而南极鳕鱼在-1.87℃仍能活跃地生活，“若无其事”地游来游去。人们不禁要问，南极鳕鱼为什么能够抗低温呢？大量研究表明，南极鱼体内有一种特殊的生物化学物质，叫作抗冻蛋白，使其可以在这样的低温环境下生活。据美国南极麦克默多站的研究观察，生活在这里的鱼类，即使在海水温度低于-1.9℃时，仍能进行正常的摄食活动。在南极考察时，曾捕到数尾小型白色鱼类，经鉴定为南极白血鱼。这种鱼在脊椎动物中是很特殊的类群，因在其血液中缺少红细胞而得名，但其血液中的抗凝血物质却极为发达，它们甚至可在冰隙活动而不至于冻死。南极鱼类的抗冻性已引起生物学家极大兴趣，但其机理尚不清楚。

与世界其他各大洋相比，南大洋中鱼的种类并不多。而且，这些鱼的个体也很小，一般体长几十厘米，最大者 2m 左右，其生长速度较慢，数量也不多。目前认为，多数种类没有商业开发价值，只有三类鱼具有商业开发的可能性，即齿鱼类、鲱鱼类和鳕鱼类。齿鱼类一般体长 1 ~ 1.5m，体重 50 ~ 70kg；鲱鱼类体长 25 ~ 40cm，鳕鱼类体长 65cm 左右。这三类鱼是南大洋中数量较多、个体较大的种类。其中齿鱼类的个体最大，鳕鱼类的数量最多。南极鳕鱼的数量占南大洋中各类鱼总数量的 70%。南大洋中，各类鱼的蕴藏量目前还没有确切的估算，其捕获量也不清楚。据估计，南乔治亚岛周围的海区南极鳕鱼的年捕获量为 3000 ~ 8000t，克尔盖伦海域为 2000 ~ 6000t，坎贝尔海底高原区为 20000 ~ 48000t。南极鰧鱼的年捕获量也不少，仅西南大西洋中的南乔治亚海区，年捕获量就达 40 万吨，东南大西洋各海区的年捕获量为 11000t，南印度洋海区为 21 万吨。尽管个体较小，数量有限，但南极鱼类因具有重要的科学研究意义和经济价值为全球所关注，其中南极冰鱼为南极鱼类中的重要物种。

南极冰鱼（辐鳍鱼纲，鲈形目，鳄冰鱼科）体呈长锥形，其同其他脊椎动物最大的区别是血液白色透明，不含血红蛋白，因此常被称为“白血鱼”。因其血液中血红细胞的数量也比其他南极鱼类少 1 ~ 2 个数量级，故其血液黏稠性和输氧能力也比其他鱼类低。为了弥补这一点，南极冰鱼有着更大的心脏，更粗的血管，更快的血流速度，为了降低氧耗，其身体代谢率也比其他硬骨鱼类低很多。同时，皮肤无鳞片，可辅助呼吸，在水中摄取更多的氧气。南极冰鱼主要以桡足类、介形类及磷虾（尤其是南极磷虾）为饵料。

犬牙南极鱼（又称，南极犬牙鱼）属辐鳍鱼纲，鲈形目，南极鱼科，犬牙南极鱼属。主要有小鳞犬牙南极鱼（*Dissostichus eleginoides*）和莫氏犬牙南极鱼（*Dissostichus mawsoni*）2 个经济种，主要分布于以南极为中心的南极辐合带中的 40°S 以南的南大洋海域，其中约 80%分布在 CCAMLR（南极海洋生物资源保护委员会）管辖区域内，其余的 20%分布在 CCAMLR 管辖区域外。犬牙南极鱼属的经济价值比较高，目前的市场平均价格高于金枪鱼，被称为“白金渔业”。

小鳞犬牙南极鱼为底层鱼类，栖息水层为−50 ~ −3850m，其食性较杂，能捕食海域周围的其他鱼类。小鳞犬牙南极鱼体长超过75cm个体可达到性成熟，产卵期为每年6 ~ 8月，怀卵量为5万 ~ 50万粒。小鳞犬牙南极鱼的生命周期较长、性成熟较晚、繁殖率低，很容易遭受到过度捕捞。

莫氏犬牙南极鱼，最大体长达175cm，最重达80kg，最大年龄达30龄。其生长速度较小鳞犬牙南极鱼快，但最大体长要小。其体长为70 ~ 95cm，达到性成熟，产卵季节为8 ~ 9月份。该鱼种的繁殖力由体长决定，其繁殖力为47万粒 ~ 140万粒。莫氏犬牙南极鱼幼体以浮游动物和磷虾为食，成鱼主要捕食头足类动物。

犬牙南极鱼主要分布在太平洋东南部和大西洋西南部，从智利南部海岸附近到巴塔哥尼亚（阿根廷）和马尔维纳斯群岛；太平洋西南部，麦克夸里（Macquarie）岛；南大洋，英国南乔治亚州；在南极岛下和印度洋的海山附近也有分布。主要分布渔区为48.3、58.5.2、58.4.2、88.1和88.2，另外还有四个其他渔场在大会海域内的专署经济区内：58.5.1区域、58.6分区、58.6分区、58.7分区。以上渔场中仅58.5.2区域进行拖网和延绳钓作业，其余的都为延绳钓鱼场。CCAMLR公约区外的41区域、51区域、57区域和87区域也有小鳞犬牙南极鱼的分布，但资源量相对较少。从CCAMLR统计的犬牙鱼属渔获量看，2011年，公约区犬牙南极鱼属产量约13220 t。从品种上看分，小鳞犬牙南极鱼约占10495 t，约占80%，莫氏犬牙南极鱼约占20%。

目前，捕捞犬牙南极鱼类的渔法大致可分为拖网、底延绳钓和笼壶渔法3种。其中，底延绳钓鱼法中又分为自动延绳钓（auto line）、西班牙延绳钓（spanish）和延绳钓（trot line）3种。

第二节　未来鱼类加工技术与装备发展趋势

目前中国水产品加工业生产方式以劳动密集型为主，仅有10%的加工装备达到世界先进水平，总体上机械化、自动化程度低，成套加工生产线更为少见。随着新技术的出现，新产品也不断涌现，水产品高端加工装备却严重依赖进口，造成主体水产品加工质量普遍退化和高端产品不足的被动局面，以致加工比率持续徘徊在41%左右，远低于日本、加拿大、美国等水产发达国家

60% ~ 90%的水产品加工率。另外随着劳动力成本的增加，以及消费者对水产品营养和品质要求的不断提高，水产品机械化、智能化、标准化加工将是发展的必然趋势。因此，推动水产品加工从劳动密集型向技术密集型转变，加快具有自主知识产权的现代化加工装备及关键技术的开发，是我国水产加工业迫切需要解决的问题。

一、鱼类初加工关键技术及装备

（一）鱼类形态精准识别技术与姿态调整装备研发

现有鱼类预处理装备存在进料依赖人工、连续性差、智能化水平低等问题，在预处理过程中，鱼体的进料形态决定了加工工序的不同，因此在进料前快速准确识别鱼体形态并根据加工工序进行自动调整，是实现预处理连续化和智能化面临的关键技术难题。

定向喂入是鱼类初加工多项工序中的一个十分重要的环节，是在自动去内脏的前提下，对鱼体的腹背和头尾进行定向。鱼体的机械化腹背定向主要通过腹背形状差异、重心位置不同、腹背颜色差异等来实现。鱼体的机械化头尾定向主要利用头尾厚度不同、重心位置不同、鱼鳞排列方向等来实现。但目前国内有关研究仍停留在实验室研发阶段，多为手工定向整理，劳动强度大且效率低。而国外鱼体定向设备研究较多，应用对象多为海水鱼。

因此未来研究方向可以利用平面机器视觉和3D影像技术，获得鱼体形态特征图像数据，建立鱼体形态特征参数数据库，结合高维特征提取技术，构建基于混合高斯模型的鱼体部位形态识别模型，设计基于卷积神经网络的鱼体形态识别系统，获取鱼体图像关键特征，实现鱼体在输送和加工过程中横竖、头尾、腹背朝向以及堆叠等状态的精准识别。根据精准识别技术获取鱼体形态信息反馈结果，研发多通道筛选机构，完成不同姿态的分类；开展基于惯性力、冲击速率及重心偏转的鱼体姿态调整技术及调整机构研究，设计快速旋转、差速移动等多手段协同调整装置，实现盘体形态的调整与纠正；集成进出料及喂料装置，研制智能化鱼类形态识别与姿态调整装备。研发基于机器视觉和深度学习的鱼体形态识别系统，以实现原料鱼的快速定位和排序，解决预处理进料过度依赖人工的问题。

（二）鱼类智能化预处理加工关键装备研发

1. 射流去鳞技术与智能装备研发

目前中国最具代表性的去鳞机有滚筒式和刷式 2 种。其中，滚筒式去鳞机的应用最为广泛，且对于种类、大小不同的鱼均可适用，但会对鱼体产生损伤，去鳞效果不理想。去鳞机的发展可以滚筒式去鳞机为基础，结合去鳞刷式、高压水去鳞技术，以提高去鳞效果。目前国内高压水去鳞技术，高压喷嘴产生高压水对鱼体去鳞，可根据鱼体种类及大小来改变喷嘴类型和水压进行去鳞，该技术对鱼体损伤较小，但也存在工作效率低的缺点。

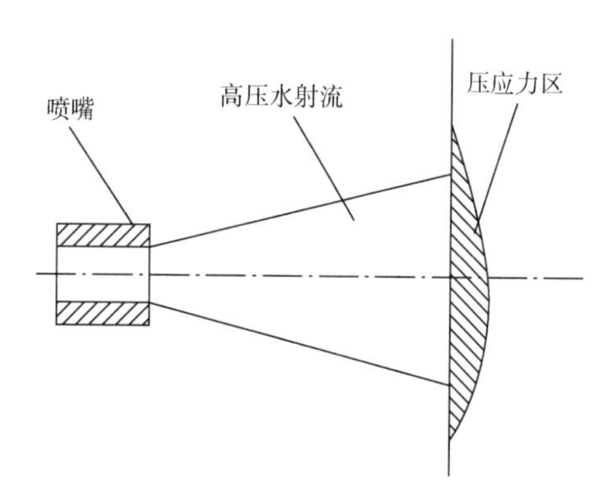

图 5-1　射流技术示意图

以射流去鳞技术（图 5-1）为研究方向，通过实验测定获取鱼体的鳞片分布及结合力特性，研究去鳞所需的射流夹角、压力、面积等参数对去鳞效果及鱼体损伤的影响，基于智能算法建立并验证“鳞片特性-图像特征-射流去鳞参数”的对应关系模型，通过图像信息采集与反馈，确定射流区域，并调节去鳞参数。研发射流去鳞智能调控技术及系统，集成鱼体错位夹持、局部保护、连续输送、多自由度喷射等单元，创制射流去鳞智能装备。

2. 智能感知引导去脏装备研发

目前中国去杂除脏技术装备主要采用剖切的方法，利用刀具刮除、水流冲击、离心等方式去杂除脏。国外有采用真空去脏技术，可加工罗非鱼和鳕鱼等，并可集成鱼头切割装置，实现高效的自动化加工。

针对去杂除脏，可开展鱼体腹腔结构特征统计学研究，建立鱼体几何形态与腹腔结构特征数据库，研究去脏轮贯入量与腹腔结构及去脏效果的对应关系，构建鱼体体型与贯入量关系模型；通过图像识别获取输送状态下鱼体的位置及状态，研发去脏轮贯入量实时调控系统；研究去脏轮形状、旋转方向和速度对去脏效果的影响，确定去脏轮半径、贯入位置、回转速度等关键参数；设计集成鱼体腹部剖切、支撑、脏轮贯入量调节等机构，创制智能感知引导去脏装备。

3. 鱼体水刀智能精细分割装备研发

冰岛 MAREL 公司研发的鱼片切割机，以高压水为切割刀，结合 X 射线、计算算法以及水力喷射等技术，能在不到1s时间内切割出鱼片。我们以大宗鱼类为研究对象，开展基于机器视觉的鱼体形态及特征快速识别技术研究，根据切割目标产品形式，确定用于鱼体切割定位的特征部位，自动规划并输出切割路径，形成鱼体切割智能控制技术及系统；研究鱼体厚度、质构等特征对切割效果的影响，确定水束压力、切刀移动速度等参数；集成精准定位、输送、自由切割等运行机构，创制鱼体水刀智能化精细分割装备，生成优化自动化控制系统并建立智能化预处理生产线。

二、鱼类冷冻处理技术与装备

速冻保鲜技术是目前普遍采用的技术。但速冻关键装备存在智能化程度低、冷冻过程关键速冻参数不能调整、冻结工艺与冻结品质关系不明确的技术瓶颈。国内冻结产品普遍存在解冻后汁液流失严重、肌肉弹性基本消失等诸多品质问题，造成这些问题的主要原因是冻结工艺及装备设计不合理。目前，国际冷冻设备行业的前沿公司日本前川制所开始研发以空气作制冷剂的空气冷冻机，已进入试验阶段；国内冷冻行业的代表公司烟台冰轮公司研制的CO_2螺杆冷冻机已应用于冷库。这些新技术的应用在提升海水鱼冻结质量方面取得了较为明显的效果。

（一）流态干冰冷冻技术

以流态干冰为研究方向，针对水产品传统冷冻过程存在的冷冻品质不可控与装备智能化水平低的问题，开展冷冻过程品质保持技术与多冷源协同智能调控装备研发。

将释冷量大、制冷效率高的流态干冰引入水产品冷冻加工中，研究液态CO_2压力和流量、固态干冰粒径等关键参数对流态干冰的固液相比率、流量和速度等关键热力学参数的影响规律；设计液态高压卷吸式引射器，制备各固-液相态稳定的流态干冰，解决流态干冰制备和相态参数可控技术问题，模拟并实验研究液态高压CO_2节流引射卷吸固态干冰粉末或颗粒、制取液固流态干冰过程，并实验分析流态干冰制备及其喷淋高度、喷洒锥角等参数对于物料冷冻过程和品质的影响，阐明物料内部的冷冻速率演变和冰晶生长行为对水产品冷冻品质的影响；建立流态干冰喷淋方式的控制策略，根据物料量和初始温度确定最佳冰晶控制的流态干冰应用参数；基于“进口预测+中间补偿+出口确认”的速冻控制策略，建立气冷与流态干冰互补的多冷源协同冷冻技术，根据物料初始温度设定气冷变容量调节参数，在冰晶温度临界点启动流态干冰的速冻补偿；研发全程在线温度控制系统，实现冷冻速率梯级的精细调控；优化流态干冰的流量控制方案，布局多点喷淋位置，集成创制基于流态干冰的多冷源协同智能梯级调控螺旋速冻装备。

针对传统气冷单侧送风导致的物料局部过冷冻和欠冷冻问题，建立上吹浮、下射流交替送风同步冷冻技术。设计基于送风温度和时长的交替送风模式，研究送风模式对迎风面和背风面的温差、温度分布及冰晶尺寸的影响规律，获取兼顾冰晶尺寸和能耗的迎背风面温差，作为送风交替的控制信号，构建送风模式与物料温度分布的数学模型，建立物料温度梯度为指征的送风交替模式控制方案，研发以节能提质为目标的交替送风冷冻新技术。

（二）微晶冻结技术

基质组织冰晶生长是导致水产冻品质量劣化的主要因素，如何快速跨越或减缓最大冰晶生长带是设计冻结设备的关键问题。

1. 以蛋白质冻结损伤机理为研究

基于冻结及解冻技术理论，构建参数单因子模拟控制条件与多因子正交实验，采用低温扫描电镜技术，分析不同冻结及解冻参数对基质水分子晶核生长与细胞形变溶裂影响规律，确定冻结及解冻关键特征参数控制；结合核磁共振与X射线晶体衍射等手段，解析氢键、巯基、疏水键等支撑肌球蛋白、肌动蛋白三级结构空间构象的功能基团表征，试验得到导致功能基团裂解的加工要素，以及基团裂解中有关肌肉组织横向、纵向切割力的变化规律，得到肌肉组织弹性、韧性、回复性、凝胶强度等质构指标关系；构建冻结加工蛋白质三级结构塌陷阻滞模型，阐明水产蛋白质冻结损伤机理，提出减缓蛋白质冻结损伤控制策略；探究水产蛋白质冻结损伤机理与控制条件，进而通过前程快速冻结设备与后程深度冻结装备联合效应，实现冰晶生长最小化的冷冻加工工艺，为提升冻品质量及冷冻敏感鱼类加工提供新的技术途径。

2. 基于 NH_3/CO_2 复叠技术的快速冻结技术研究与智能化装备研制

基于水产蛋白质结构阻滞塌陷控制参数，探讨冷冻温度、传热、速冻等与 NH_3/CO_2 复叠装备的关系；研究水产品所处流场、温度场规律，确定蒸发工况、制冷量、功率、能效等控制参数，构建制冷系统数学模型；建立变工况运行控制方法，确定最佳控制参数；研制 CO_2 冷冻设备及系统测控系统，解决微通道蒸发冷凝器和冷风机难题；借助计算机系统，建立系统控制方式及控制框图、控制程序等智能化控制模块，研制−25°C ~ 4°C 低氨充注量的 NH_3/CO_2 螺杆复叠速冻技术及智能化装备（图 5-2）。

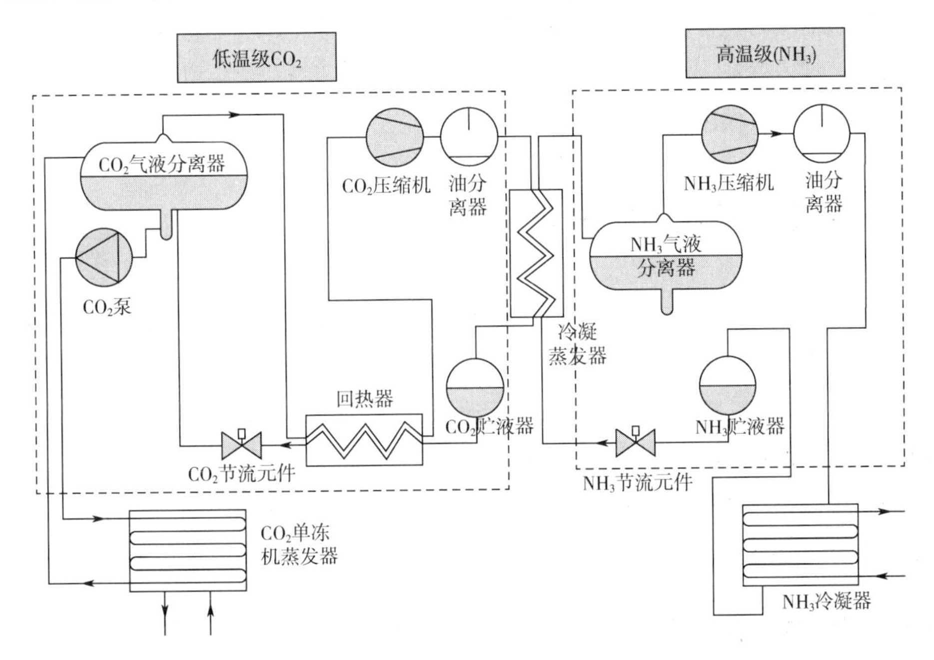

图 5-2　NH_3/CO_2 复叠制冷系统流程图

3. 基于空气离心制冷的深度冻结技术研究与智能化装备研制

针对金枪鱼、三文鱼等高质水产加工，采用深度冷冻可使蛋白质损伤小、减缓色变、抑制蛋白酶活性、减脂氧化。研究装备空气冻结温度、气流、速率、方式等深度冻结条件；构建无润滑油空气离心制冷系统热力学模型，构建空气膨胀机代替节流阀的功回收热力模型，建立膨胀机与压缩机的匹配方法；研发空气冷却器、回热器和除湿器技术；建立计算机智能控制方式、控制框图、控制程序等控制模块，研制−40°C 至−80°C 的新型空气离心制冷的深度冻结技术及智能化装备。

4. 新型冻结加工工艺下的冻品品质提升评价模型

构建利用质构仪、色度计、酶活仪等测定手段，模拟速冻工艺与深度冻结温度的控制参数，构建单因子与多因子正交实验，明确基质组织体液流失率、丰度、收缩率、色度等表观指标，得到冻结参数对鱼体质量及外形影响规律；明确肌肉组织弹性、韧性、回复性、凝胶强度等指标，得到冻结参数对鱼体质构影响规律；明确基质组织及组织表层酸价、过氧化值等理化指标，得到冻结参数对脂肪氧化及酶解产物的影响规律；基于冻品主要品质指标数据，建立冻结参数与品质优劣特性的关系，构架冻结工艺的冻品品质提升评价模型。

研制快速跨越最大冰晶生长带的速冻装备和提升高品质的深度冻结装备。综合运用机器学习的智能物联网技术，形成冻品加工新型CCS（中央控制系统）智能化装备及技术体系，成为设备生产示范与水产冻品加工产业化应用示范，提升水产品速冻加工的机械化、信息化和智能化。

三、鱼类干燥处理技术与装备

当前主体采用的热风干燥水产品加工模式存在产品干硬、风味流失的问题，已不适应于半干制品的产品升级要求。近年涌现出一些新型的干燥方法，如真空冷冻干燥、低温热泵干燥、微波干燥、红外干燥，这些新型干燥方法可以更好地保留水产品的原有属性特征，得到了一定的产业应用。但是由于这些干燥方法的单一性，导致应用存在一定的局限性，将两种或多种干燥方式进行联合，建立新的耦合干燥模式成为产业研究关注的方向。

（一）冷热交替控制干燥

针对鱼制品水分含量高、干制能效低的问题，建立鱼制品不同厚度、介质温度及干燥时间下物料内外水分差的数据库，确立“品质-内外水分差干燥时间”的关系，研究适配日标的冷风、热风切换决策方法，集成鱼制品智能化冷热交替控制技术与装备，并进行示范与性能验证。

解决干制品缺陷及干制品转型升级问题必须依赖降低干燥加工温度，即低温干燥技术。包括微波辅助真空冷冻干燥技术与太阳能-低温热泵电磁场的多能耦合分段低温干燥技术。

（二）微波辅助真空冷冻干燥

针对传统真空冷冻干燥存在的高能耗问题，开展微波辅助真空冷冻干燥技术研究。为解决微波加热易过度、场强不均匀的关键问题，可开展红外与微波组合供热的真空冷冻干燥技术研究。研究微波真空冷冻干燥场强模拟分布，设计微波谐振腔结构和布局，确定微波源、波导、真空谐振腔的耦合关系，利用仿真模型探索微波场强分布规律，通过建立一维热电耦合模型，实现参数优化，均匀加热；确定微波供热强度，建立基于共熔点的微波与红外供热切换控制策略，实现微波精细供热；综合采用阵列温度传感、真空压力探测等测量方法结合高分辨率数据采集技术，构建智能化干燥测控系统（图 5-3），建立基于物料实时温度反馈的智能化调控系统，研制微波辅助真空冷冻干燥装备并进行性能验证。

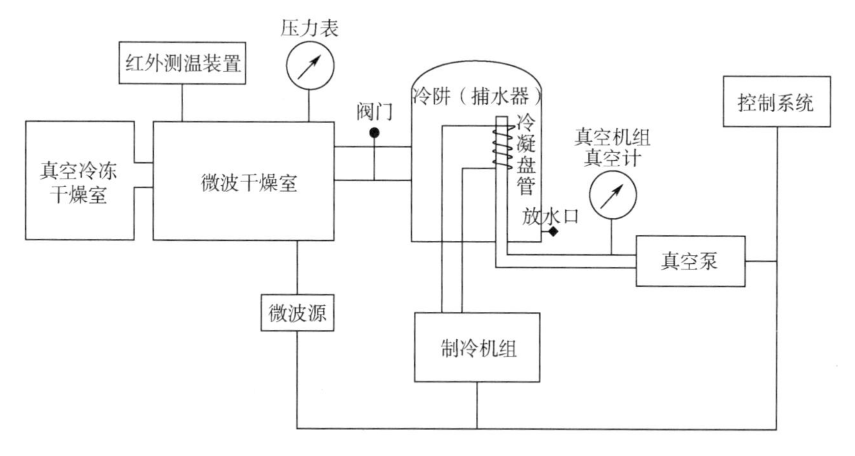

图 5-3　多功能干燥装置示意图

（三）太阳能-低温热泵电磁场的多能耦合分段低温干燥

以高效率低温热泵干燥为主，研究干燥热质传递及品质转变机理、热泵低温高效去湿机制、热泵全程恒温恒湿智能控制原理，开发低温热泵变温去湿干燥工艺。恒速干燥阶段辅以清洁廉价的太阳能，降速干燥阶段采用高效电磁场电热协同增效，通过构建动态条件细胞-物料干燥器跨尺度热质传输模型，探索干燥模式对组织表微观结构影响规律与控制条件，建立更为节能高效的基于太阳能-低温热泵电磁场的多能耦合分段低温干燥工艺，为水产干制品的加工提供一种行之有效的新模式。

太阳能-低温热泵余能互补式前段高效干燥模式研究借鉴以水为传热介质的现有真空管太阳能集热器原理与构造方法，研发以空气为传热介质的直流双通空气式太阳能真空集热管，开发空气式 PCM（相变蓄能）太阳能高效集热技术；分析低温热泵控制条件，开发太阳能-低温热泵联合干燥技术，实现太阳能和热泵运行自动衔接及余能回收互补利用；研究高水分基质干燥过程中温度变化、水分相态分布及迁移速率对质构特性、营养组分及风味物质的影响，构建干燥速率与品质提升关联模型，形成节能高效的水产品太阳能-低温热泵余能互补式前段干燥模式。

多场协同低温热泵后程温和干燥模式研究针对低水分基质特征，利用电磁场（微波/射频）能够快速扰动结合态水分子原理，辅助低温热泵进行后程脱水干燥。重点研究耦合干燥最佳节点及电磁场与热泵协同干燥模式及机制，揭示干燥过程中基质水分迁移及分布规律，阐明干燥参数与质构特性、营养品质及风味成分变化关系，构建低水分基质干燥动力学模型，建立质地提升干燥评价方法与干燥参数调控方法，形成多场协同低温热泵后程温和干燥模式。

基于太阳能-低温热泵余能互补式前段高效干燥模式与多场协同低温热泵后程温和干燥模式，分别构建细胞尺度水分变化模型，物料尺度组织结构水汽两相态传输模型，干燥器尺度基质表观热/流/力三场耦合热质传输模型，提出适于低温干燥特征物性和热质表征参数尺度升级及模式，建立动态条件细胞-物料干燥器跨尺度热质传输模型；针对干燥模型，分别发展细胞尺度直接显式求解法，物料尺度离散网络求解法，干燥器尺度流固一体化耦合隐式求解相结合的高效数值求解方法；开发基于水产品干燥过程的细胞-物料干燥器跨尺度多能耦合热质传输数值模拟方法，实现干燥过程中水产品组织结构微表观变化过程全面精准预测；研究干燥模式与干燥参数条件下基质结构、水分、温度等演化过程，解析干燥过程热-湿-力多能耦合条件及表/微观组织结构变化规律，确定影响表微观结构的关键干燥参数。

开发水产品干燥设备状态监控复合传感技术，实现设备干燥过程关键参数（温度、水分、风速等）的实时获取；基于动态条件跨尺度干燥模型，研发数据融合和状态识别的嵌入式控制系统，实现设备运行过程数据信息高速可信传输及复杂时序进程和状态信息融合，建立高效人工智能控制技术；基于深度学习光-电场-气多能源系统优化技术及多重耦合降能耗控制策略，结合可视化实时系统状态和操作显示系统，以深层神经网络的人工智能深度迭代，实现多系统解耦节能和水产品干燥的多目标决策优化，创制太阳能-低温热泵-电磁场耦合干燥智能化加工装备，实现水产品低温高效干燥加工需求。

四、鱼类杀菌处理技术与装备

几乎每一种水产制品都离不开杀菌加工工艺，传统水产杀菌加工工艺以热杀菌为主，极大破坏了产品应有营养属性及感官特征。冷杀菌技术不仅可以杀死微生物，而且较好保持原料的营养成分、风味、色泽、口感和新鲜度。近几年出现的超高压杀菌、辐照杀菌、电解水杀菌等非热杀菌形式在一定程度上改善了水产杀菌加工工艺的单一性，但由于设备价格昂贵、处理容量小、有害物质残留等原因，并没有在产业化上大规模应用。寻找一种更为高效、安全的非热杀菌加工方式是突破水产制品多样化形式的难点问题。将国内外现有的冷杀菌技术耦合，在品质保障的基础上解决穿透杀菌的问题并创制相关新型杀菌设备是目前研究的重点。

（一）微波快速杀菌

研究表明，当物料作用于微波场中时，能引起物料的温升，即产生“温度场”，同时，还能造就“电磁场”，对生物体产生比温度场更大的效能，即微波的生物效应，从而达到杀虫、灭菌的目的。低频微波（433MHz）具有穿透深度大的优势，且能解决大功率微波加热系统内部温度分布不均匀、不稳定的问题。基于低频固态微波源的单模式微波加热腔设计与研究针对水产品水分含量高、微波加热能效高、升温快的特质，采用低频段固态源微波杀菌技术，解决常规磁控管微波存在的热稳定性低和物料道应性差等缺陷；开展单模式微波加热腔的设计及其温度分布调节技术的研究，通过对冷点的温度监控及微波场方向的调节，突破大功率微波加热系统内部加热稳定性和温度均匀性控制的难题；针对不同水产制品介电常数及物理特性的差异，通过实时监控入反射功率等参数和计算机仿真模拟，研制宽兼容性和高稳定性的低频固态微波源的单模式微波加热腔。

基于单模式微波加热腔的工作特性，通过系统工艺试验，研究水产品加工品质、杀菌效率与加热温度等参数之间的映射集合关系，构建智能数据分析系统；完成对物料的载入载出、运行速度、微波功率及电场分布等参数的监控及反馈，基于微波对不同物料介电常数和物理特性的反射变化，设计与其匹配的系统控制参数；研制微波杀菌的智能控制系统，实时调节微波馈入相位及微波功率，实现水产品微波杀菌参数的自适应追踪与控制，扩大设备应用范围，提高设备智能化水平。

（二）臭氧冰保质杀菌

高浓度低温臭氧水的制备技术（图 5-4）研究是针对传统臭氧水制备中存在的臭氧浓度低、稳定性差的现状，通过高效催化剂研发，制备基于 PEM（膜电解）电解法的高浓度臭氧水；根据气体分子在液相中的浓度扩散规律，优化气-水相界

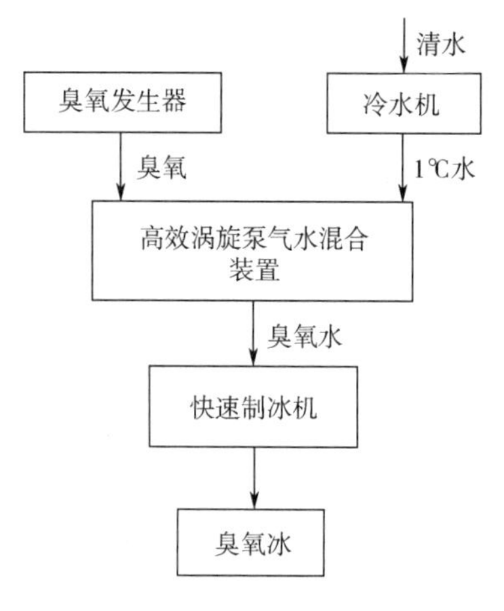

图 5-4 臭氧冰制取工艺

面、臭氧分压力等关键参数，建立臭氧水中臭氧浓度稳定保持技术；通过快速预冷技术制备近冰点高浓度臭氧水，利用臭氧传感器实时监测臭氧浓度变化规律，为高浓度臭氧冰的制备奠定基础。

臭氧冰快速制备与含量保持技术研究是针对臭氧水冻结过程中臭氧快速逸出导致含量衰减的关键问题，选择新型冷媒——流态干冰为冷冻介质，建立臭氧水高速冻结技术；利用项目形成的流态干冰制备新技术，建立臭氧水压、干冰流速、冷冻时间等关键工艺参数与臭氧含量间的映射关系，构建高含量臭氧冰的制备工艺，获取不同渔获物需要的特定冰形的臭氧冰；研究不同物理形态臭氧冰的缓释与杀菌效果，建立臭氧梯度缓释曲线，为臭氧冰长效缓释杀菌技术体系提供支撑。

建立“纯水发生臭氧水预制高臭氧含量制冰冰形定制”一体化生产工艺；辅以温度传感器、臭氧传感器、制冷单元等组建臭氧冰智能控制杀菌系统，构建针对渔获物原料的缓释杀菌与高品质保障技术体系，为臭氧冰的工业化生产应用提供技术支撑。

（三）电生功能水-高压脉冲电场的耦合杀菌技术

针对小体积水产品或者分割后的小块水产品，将电生功能水作为流体介质与高压脉冲电场耦合对水产品进行杀菌。对水产品体积与杀菌效果和水产品品质的关系进行分析，确定有效杀菌体积，构建针对小体积水产品的电生功能水-高压脉冲电场的耦合杀菌技术，建立高压脉冲电场的波形、电压、频率、杀菌时间和不同电生功能水的浓度等参数与杀菌效果及样品体积、品质的关系模型，明确电生功能水类型、浓度，高压脉冲电场的波形、电压、频率、杀菌时间及水产品可应用杀菌体积范围等参数，实现高压脉冲电场杀菌技术在水产品中的高效应用。

（四）低温等离子体-介电耦合杀菌技术

针对电生功能水-高压脉冲电场耦合杀菌技术无法解决的大体积水产品杀菌问题，在低温环境下，将低温等离子体的表面杀菌和介电（如微波、射频）非热效应的穿透杀菌耦合，研发低温等离子体-介电耦合杀菌技术（图 5-5）。针对低温等离子体可表面杀菌但无法内部杀菌的特点，结合介电杀菌强穿透性及非热学效应，创制低温等离子体-介电耦合的连续化处理室，集成频率控制单元，实现杀菌处理室的能量控制并实现能耗的降低。研究水产品低温环境温度与介电强度、低温等离子体强度的关系；构建环境温度、介电强度、低温等离子强度与杀菌效果及样品体积、品质的关系模型，确定关键工作参数；分析各种工业化应用新型水产品杀菌技术的经济指标，构建低能耗冷杀菌耦合处理体系，为水产品的耦合杀菌设备创制提供技术参数。

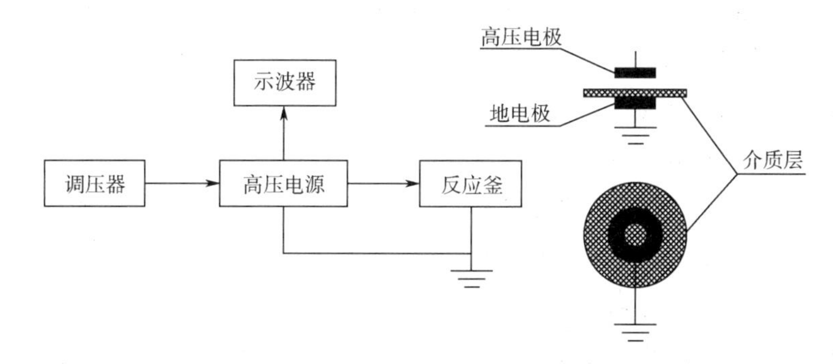

图 5-5　低温等离子体系统结构与反应釜结构示意图

五、鱼类解冻处理技术与装备

在水产品解冻过程中，肌原纤维蛋白会发生变性，表现为在稀食盐水中的溶解度降低，ATP 酶活性减小，其空间立体结构发生变化，不仅降低水产品的营养价值，还会造成汁液流失，保水性降低、感官品质改变、微生物生长繁殖、不饱和脂肪酸氧化酸败、鲜味降低，产生异臭味等不良变化。水产品解冻技术发展相对较晚，深入的研究不多。传统的空气解冻所需时间长、冻结解冻之后水产品品质大大降低，很难满足消费者的要求。目前国内外常采用的水产品解冻方式主要有空气解冻、高压静水解冻、低频解冻、高压静电解冻、高频解冻、微波解冻、射频解冻、超声波解冻等；在研究的解冻新技术包括：欧姆加热、射流冲击解冻、微波及射频解冻等。其中微波（MW）和射频（RF）解冻，统称电介质解冻，被认为是最具潜力的解冻方式。由于体积和快速加热的特性，RF 和 MW 可以显著提高加热速率，保留营养并减少嗜冷性食物病原体的生长，例如单核细胞增生李斯特菌，然而，电介质解冻的主要挑战是针对食物的形状和成分导致的高电磁场强度聚焦引起的局部过热。国外研究者对水产品物料的带电特性、介电特性和电导特性进行了广泛的研究，推动了介电质解冻技术的工业化应用。但对水产品的电导特性、通电加热装备的研究相对较少；对水产品物料的电导率研究还不够系统；如何解决水产品与电极的接触等问题有待研究者做进一步深入研究。

（一）微波解冻技术

微波是指频率为 300MHz ~ 300 GHz 的电磁波，其中 915MHz 和 2450MHz 为工业上常用的微波频率。微波解冻是指利用电磁波作用于冷冻水产品中的分子极性基团，特别是冻品中的水分子，使其在电场中改变极性分子的轴向排列，造成分子间互相旋转、振动、碰撞，产生剧烈摩擦而发热。相比传统的解冻方法存在的时间长、耗能大的问题，微波解冻具有解冻速度快、效率高、解冻后品质较好，同时兼具杀虫灭菌的优势，但微波解冻不适用于解冻体积较大、肉质均匀性较差的整鱼。

基于微波解冻技术理论，根据不同微波频率对不同品种鱼类、不同厚度鱼料的解冻速度、效率及解冻后品质进行研究，建立数据库。研究不同鱼料的成分含量及添加剂种类和含量（包括盐类、脂肪类、甲基纤维素等）对不同频率微波中的介电性能、热性能、穿透深度、温度分布等参数的影响，进行数值模拟以促进优化模型食品中添加剂的含量，并使介电和热性能与目标食品具有最佳匹配。建立微波解冻后物料的温度分布模型，优化相关参数。针对解冻后样品的挥发性盐基氮值的变化，确定最佳控制参数。研制多功能微波解冻设备，还可结合低频微波杀菌技术，建立计算机智能控制系统，形成智能化装备。

（二）射频解冻技术

射频解冻（图 5-6）又称无线电波解冻，无线电波是一种频率范围在 1 ~ 300MHz

之间的电磁波，产生的高频交变电磁场激发食品内部的离子振动以及水分子极性转动导致摩擦生热，但所携带能量较低，所以只具有加热效应，而并不像X射线、γ射线等具有电离性。无线电波加热具有整体加热的特性，无需热传导过程就能使被加热物料内外部同时加热、同时升温，并且加热速度快。此种加热方式能大大减少升温时间，减少能耗，提高加热的均匀性，还克服了微波解冻易导致局部水溶的问题，从而提高解冻效率并最大可能地保持食品品质。

冷冻水产品是一种多元非均匀复合相的物质，其介电常数呈非均匀状态，且不稳定，针对体积较大的冷冻水产品微波解冻中“热逃逸”的问题，射频解冻具有穿透深度长的优势，但仍需进一步提高热均匀性问题。建立食品射频解冻处理时的非稳态传热模型，通过改变相关参数，研究不同参数对食品解冻温度均匀性的影响。通过实验测量食品的介电特性，并且分析不同参数对食品介电特性的影响。研究不同鱼料的成分含量及添加剂种类和含量（包括盐类、脂肪类、甲基纤维素等）对不同频率射频中的介电性能、热性能、穿透深度、温度分布等参数的影响，进行数值模拟以促进优化模型食品中添加剂的含量，并使介电和热性能与目标食品具有最佳匹配。建立射频解冻后物料的温度分布模型，优化相关参数。通过将电磁理论与传热学相结合，建立食品在射频加热解冻时耦合场的数学模型。运用有限元分析软件COMSOL建模求解，并进行试验验证。改变相关参数，研究不同参数解冻时食品内部温度的分布规律，从而对射频加热解冻系统进行优化。

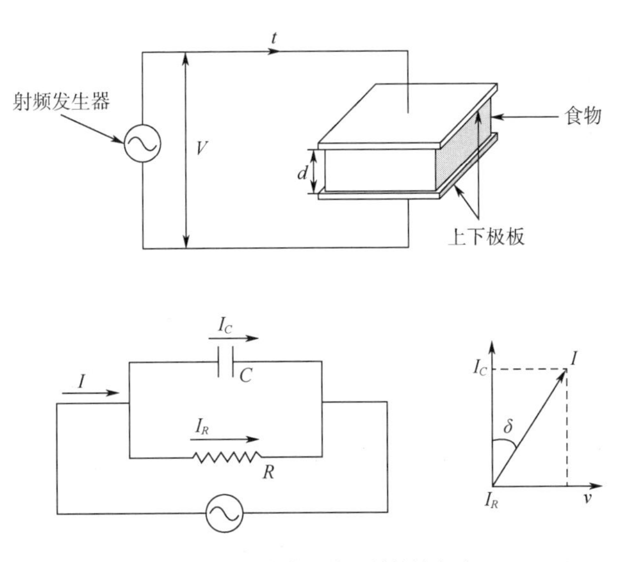

图5-6　射频加热系统及其等效电路

六、活性组分的分离纯化提取与稳态化技术

对于丰富的海洋生物资源来说，目前的海洋食品研究仍处于萌芽阶段，有些海洋食品资源还尚未开发，很多功能因子的构效关系尚不明确。海洋生物在高渗、低温和低氧环境下的进化，使它们拥有与陆地生物不同的基因组、代谢规律和抗逆特性，形成了一系列结构各异、性能独特、具有巨大应用潜力的活性天然产物。但水产生物活性组分含量低，分离纯化困难，且易发生变性、降解和聚集，影响其生物学结构和功能。近年来，相关研究仅局限于活性组分的提取工艺优化及生物学活性研究，对活性组分的高效分离技术及智能化装备缺乏系统研究，分离提取制备仅局限于色谱柱与半制备柱，分离量少、纯化效率低。韩国釜庆大学海洋生物重点实验室、美国 Millipore 公司等对海洋生物活性肽的制备及其活性和蛋白质纯化系统、膜过滤系统进行了研究，成果在部分国家得到推广。中国海洋大学、天津博纳艾杰尔科技有限公司等在水产生物活性组分分离提取方面开展深入研究，但目前国内外水产品生物活性组分的分离大多局限在实验研究阶段，没有实现工业化生产，其根本原因是分离提取工艺不是特别成熟，高效提取的智能加工装备匮乏，研发高效分离提取装备已是当务之急。活性组分分离技术，是实现巨量副产物及低值原料的高值化利用，扩大活性组分工业化分离效率与规模化为必然途径。

（一）一体化多级膜分离技术

针对现有水产小分子活性组分功能糖、功能肽膜分离过程效率低、易失活的问题，开展分子模拟软件辅助的电场与流场耦合调控膜分离实验，整合常规传感系统和电场流场控制系统，建立光谱在线探测反馈识别技术，研制基于云计算平台的一体化多级膜分离智能装置。

针对水产功能糖、肽的膜分离过程效率低、易失活的问题，集成现有的水产活性组分结构、功能、制备和应用相关大数据，建立信息数据库，利用分子模拟（MD）软件建立生物活性组分三维空间模型，针对不同 MD 势场进行数值定性分析，定性分析目标分子和杂质分子的计算分子直径与荷质比、截留率的关系，提出膜分离介质的科学选择策略；建立不同荷质比的目标分子膜分离过程的数学模型，开展电场流场耦合调控膜分离研究，确定电场方向、强度、物料流速对目标分子的截留率、回收率及平衡率的影响。利用分子模拟软件辅助定向合成水产功能寡聚物专用高

效分离树脂，实现水产活性组分差异精准识别与高效分离，建立高效稳定的水产活性组分膜分离技术。

以可实现微滤、超滤、纳滤、反渗透多级膜分离装置为基础，整合常规传感系统和电场流场控制系统，结合膜分离过程的数学模型，开发可预测膜分离级数、膜组件参数及工艺操作条件的一体化多级膜分离装置。对于分离过程建立基于快速平衡理论的数学模型，通过模型反问题求解，根据分离目标设置产品收率、纯度、生产效率等为优化目标来预测最优操作工艺条件，然后，基于分子模拟和数学过程建模开展实验，验证数值计算结果，进一步采用非平衡 MD 模拟算法来提高模型定量预测准确性。在一体化多级膜分离装置的基础上，建立光谱在线探测反馈识别技术精准判断分离片段的纯度，结合膜分离过程的专家系统，通过数据库自动比对，自动调节过膜流速及压力、分离温度及电场强度等过程控制参数，实现膜分离过程的智能化控制，采用数据分析融合、机器深度学习等技术，实现大数据知识混合驱动的水产功能寡聚物构效关系预测、分子精准识别、分离过程智能分析等软件开发，研制基于云计算平台的一体化多级膜分离智能装置，并验证该装置对水产功能寡聚物的分离效果和效率，实现水产活性组分的精准判别与高效分离。

针对目标活性分子的理化性质，根据能量优化原理，通过分子模拟计算目标活性分子的稳态位型，构建分离过程与稳定性的数学模型，分析分离过程中热、氧、pH 等各类因素对活性组分稳定性影响，解析失稳失活机制及相关关键控制点，利用电场流场耦合的膜分离技术定向调控分离过程活性物质的微环境，实现活性物质生产过程稳态化控制。

（二）基于定制介质的智能连续色谱装备研制

定制精准识别水产功能寡聚物差异的介质，建立光谱在线探测反馈识别技术，结合色谱分离过程的专家系统，实现色谱分离过程的智能化控制，研制基于云计算平台的智能连续色谱装备。验证该装置及专用介质对水产功能寡聚物的分离效果和效率，实现水产活性组分的精准分离。

针对水产功能寡聚物国产制备型色谱分离介质分离度不高等问题，利用分子模拟软件建立目标分子和不同树脂功能基团的三维空间模型，基于目标分子的结构特性，分析确定树脂活性基团对目标分子的吸附选择性。调节聚合过程中的单体种类、数量和交联剂分子链长，合成具有合适网络孔径的聚合物载体，根据官能团的接枝密度建立可控修饰方法。研究载体对被分离目标的空间匹配与筛选能力，提高树脂的专一性和稳定性，定向合成水产功能寡聚物专用高效分离树脂，实现水产活性组分差异精准识别。

利用定向合成的水产功能寡聚物专用高效分离树脂，结合色谱分离过程的数学模型，开发可预测流动相条件和工艺操作条件的连续色谱装备。在此基础上，建立光谱在线探测反馈识别技术精准判断分离片段的纯度，结合色谱分离过程的专家系统，通过数据库自动比对，自动调节流动相流速及配比、分离温度等过程控制参数，实现色谱分离过程的智能化控制，研制基于云计算平台的智能连续色谱装备。验证该装置及专用介质对水产功能寡聚物的分离效果和效率，实现水产活性组分的精准分离。

针对水产功能精、肽的理化性质，根据能量优化原理，利用分子模拟软件获取稳态位型，预测具备不同活性基团的各种盛材、基团保护剂或分子伴侣对纯化后的功能糖、肽的稳态化效果，选择复配增稳增效、纳米及微胶囊成型、多重组装包埋或微乳化包埋等技术手段，通过实验验证模型数据，开展水产功能糖、肽产品的稳态化技术研究。

（三）高通量多维工业色谱分离智能化技术

利用相混合添加及场辅助萃取工艺开发高效前处理方法，结合波谱学技术解析多糖、硫酸化寡糖、功能脂质、甾醇等活性因子结构表征，探究其理化性质在提取、分离加工过程中的变化规律，建立适于4种活性因子共性前处理技术，构建多因子复杂离子体梯度分配模型。针对活性多糖、硫酸化寡糖、甾醇等功能因子，开发纳米色谱新材料及填料制备工艺，优化色谱柱填充新工艺，构建色谱柱分离效果评价模式，建立适于多糖、甾醇等活性因子的特异性工业色谱高效分离技术；针对功能脂质，基于超临界流体色谱开发新型模拟移动床分离技术，研制水相低阻工业色谱、超临界流体色谱模拟移动床等装备。研究前处理、色谱分离等步骤的转接方式及系统集成方法，构建具有电气自动化控制的多通道连接系统，合成多形式活性组分离通量多维工业色谱分离智能化装备及技术。大幅度提升分离效率，实现典型活性组分的靶向工业化加工，为推动水产活性组分规模化加工提供一体化技术支撑和保障。

第三节　未来鱼类食品发展趋势

一、背景介绍

我国海洋资源丰富，海洋渔业产业发展迅速，海洋食品科技创新产业发展潜力巨大，海洋食品已成为我国居民膳食结构的重要营养来源。近年来，我国科研人员在海洋食品贮藏加工过程中的品质变化、海洋生物活性物质分离制备与作用机制、海洋食品安全等方面开展了大量研究，极大地推进了我国海洋食品产业科技创新发展。《中国居民营养与慢性病状况报告（2015）》指出，我国居民膳食结构和营养状况都得到了较大改善，蛋白质、脂肪和糖类，三大营养素供能充足，但膳食结构不合理现象依然存在，现代慢性病发病率居高不下，严重影响居民的身体健康与生活质量。海洋食品含有丰富的优质蛋白质、多不饱和脂肪酸以及多糖等功效成分，具有降低血脂、抑制血液凝集、清除血栓等功能，对预防脑卒中、冠心病、心肌梗死等心脑血管疾病具有重要作用。海洋食品已经成为不可或缺的重要食物蛋白质来源。大力发展海洋食品产业不仅是对畜肉类食物蛋白的极大补充，也是保障我国人民身体健康的重要举措，对实现人民“美好生活”愿景具有积极推进作用。

海洋食品产业作为食品产业的重要组成，在有限的海洋食品资源情况下，变革传统经济发展模式，大力挖掘产品的经济附加值，提高海洋食品精深加工与综合利用水平，是海洋食品高质量发展的重要目标。国际经验表明，大力加强自主研发能力、提高自主创新能力可以为产业高质量发展提供不竭动力。目前，我国海洋食品产品价格偏高，归因于人工成本、能源以及原料损耗高，产品成本居高不下，产品精深加工程度不足，加工后产品的增值幅度小，这势必要求海洋食品产业要进一步发挥科技创新的驱动作用，优化产业结构，提升产品质量，从根本上提升产业核心竞争力，促进海洋食品经济的高质量发展。近年来由于我国自然科学基金项目的大力投入，海洋食品基础研究取得了一定进展，但仍以跟踪研究为主，与发达国家存在较大差距。对鱼、贝、虾、藻类等主要海洋食品原料中蛋白质、脂质及多糖等主要营养功能成分的加工和营养特性缺乏系统研究；加工工艺、加工与贮藏过程导致原料营养组分的变化机制研究不够透彻。海洋鱼类内源酶的酶系分布与酶学特性缺乏系统研究；内源酶诱导的肌肉软化、自溶以及色变等品质变化、内在分子互作及其调控机制相对薄弱；加工副产物中生物酶的高效制备及应用缺乏系统研究与科学评估；加工过程中蛋白质分子的结构变化及其与产品质构特性变化规律、风味物质组成及在加工流通过程的风味变化机理不明等基础研究不足，制约了我国海洋食品加工与利用水平的提升。与发达国家相比，我国海洋食品加工主要以冷冻品、鱼糜制品及干腌制品等初级产品为主，占水产品加工总量的 80%，冷冻初级加工产品占水产品加工总量的 32.5%，而欧美等发达国家精深加工比例为 70%，加工增值率高达 90% 以上，我国仅为 10% ~ 18%。我国海洋食品副产物综合利用率低，40% ~ 60% 的鱼骨、内脏等低值海洋生物资源被废弃或仅作为饲料使用，造成资源的严重浪费与环境污染，而日本通过实施“全鱼利用”计划，加工利用率已达 90% 以上。另外，我国海洋食品加工产品同质化现象严重，加工工艺落后，产品品质参差不齐。因此，海洋营养功能性食品虽成为研发的热点，但仍处于起步阶段。

鱼类作为传统的蛋白质来源，因肉质细嫩鲜美，容易获取，价格便宜，营养丰富，深受人们喜爱，在保健功能食品生产方面也发挥着重要作用。我国作为传统的水产养殖大国，2018 年全国水产品总产量将近 6500 万吨，渔业经济总产值高达 25.86 亿元，渔业成为了我国农业经济重要组成部分。然而，当前我国鱼类加工技术水平依然比较落后，产品附加值不太高，主要问题有：①我国鱼类加工比例较低，约为 42.6%，与国际发达国家 75% 的加工水平差距较大，并且加工产品多数停留在初级加工水平，如冷冻品、腌制品、罐制品等，使得鱼产品的销售受气候、地域和运输条件的限制；②我国鱼类精深加工比例较低，以简单的初加工和鲜活出售为主且鱼类产品的综合利用程度不高，鱼鳞、鱼骨等加工下脚料除了生产饲料，大多数作为废弃物直接丢弃，不但严重污染环境，而且造成了极大的浪费。这些因素是制约我国鱼类产业持续发展的瓶颈之一，严重制约着我国水产行业的发展。

二、海洋食品产业的创新发展趋势

（一）传统海洋食品产业的创新发展

传统食品是世界各民族的文化瑰宝，是各民族食品文化的结晶。加强传统海洋食品基础研究，引进现代食品加工技术，克服传统食品高热量、高脂肪、高盐、高胆固醇等缺点，通过标准化的生产方式，将各国人民餐桌上的食材、菜肴转变为“安全、营养、美味、实惠、方便”的商品化食品。

1. “3D 打印”定制鱼糜制品（新技术）

为了促进传统鱼糜制品的创新，提高低值海参的高值化利用，将鲢鱼糜和海参浆两种原料进行复配，制备出一种可用于 3D 打印的新型食品材料。为了进一步开发鱼糜制品的种类，研发能够满足消费者需求的新型鱼糜制品，可以将鱼糜与其他食品进行结合以促进鱼糜产品的创新，3D 打印技术是一种较为先进的快速成型技术，可以完成传统模具所难以实现的复杂结构。它在食品应用中具有良好的发展潜力，能够根据不同人群对于营养和形态的需求进行个人定制，目前在食品领域中已应用于巧克力、奶酪和鱼糜等。由于人们对定制食品以及鱼糜制品的需求不断增加，开发和利用新型鱼糜类复配原料进行 3D 打印的研究具有重要意义。

2. 植物复配鱼糜制品

如将番茄皮渣加入鱼糜中，研发一款新型鱼丸产品。鱼肉中富含优质蛋白质、多不饱和脂肪酸等营养组分，导致其保鲜期受限，加之后期加热会使鱼肉中蛋白质的三级结构和四级结构被破坏，形成的凝胶网状结构较为松散，导致凝胶强度和持水性下降，影响鱼丸的品质。番茄皮渣是番茄加工后的副产物富含膳食纤维、维生素 E、维生素 C、类胡萝卜素、多酚等抗氧化活性物质，具有十分广阔的开发潜力。目前，诸多研究已表明，植物性膳食纤维具有显著的抗氧化活性和多种生物学功效，这是由于植物性膳食纤维结合有黄酮类、酚酸、缩合单宁及番茄红素等天然抗氧化成分。研究证实，包括圣女果皮渣在内的多种果蔬都是天然抗氧化膳食纤维的优质来源，富含番茄红素、维生素、矿物质等强生物活性物质，且能够一定程度改善产品质构品质，在食品保鲜与功能食品研发等领域具有重要的研究价值和市场前景。将番茄皮渣添加至草鱼鱼糜，优化鱼丸的制作工艺，以期为鱼丸产品的研发提供创新思路。

3. 微波巴氏杀菌的模拟食品的开发

如三文鱼通常的吃法是生食，既不符合国人的饮食习惯又存在较大的安全隐患。为了获得常温下可以长期保存的三文鱼，通常采用高温杀菌方式将三文鱼制成罐头食品，但是长时间高温处理导致三文鱼的营养和感官品质下降严重。随着冷链的发展，在 0 ~ 4℃具有较长保质期的高品质巴氏杀菌产品逐渐被消费者认可。但是传统巴氏杀菌传热速率较慢、加热时间较长，在品质提升方面潜力有限。而微波巴氏杀菌在降低杀菌时间、提高三文鱼产品品质方面具有较大发展潜力，是食品加工领域的研究热点。

4. 仿生鱼制品

新型高级鱼肉制品则是采用先进的设备和加工工艺，以一类低值的海水鱼或淡水鱼为主要原料经过加工生产得到的外形、质地与天然动物食品相仿的一类仿生食品，例如模拟蟹肉、模拟虾肉、模拟扇贝柱以及重组鱼肉灌肠等。国内外研究者研发出了在风味、口感等方面与天然海产品相似且营养较丰富的仿生海洋食品，例如仿生虾制品、仿生鱼子制品、人造鱼翅制品、人造蟹籽制品、仿生墨鱼制品和仿生海参制品等。这类仿生海洋食品是以低值鱼虾类、水产品和海产品加工的副产物，如皮、碎肉、内脏等为主要原料制成鱼糜类，然后再与各种辅料经斩拌混合，最终加工成各类高蛋白、低脂肪、营养结构合理、安全健康的仿生食品。其具有营养价值高、携带方便、原料丰富，而且不受鱼种类、大小的限制，重要的是，可以在一定程度上将商品价值低但营养价值高的鱼类资源充分而合理地利用，价格又相对低廉，深受广大消费者的喜爱。

5. 鱼源胶原蛋白再生纤维

胶原蛋白是一种棒状螺旋结构的蛋白质，其性能优良，绿色环保，较植物蛋白更适合作为纺丝生产蛋白纤维的材料。胶原蛋白纤维具有较高的强度、优良的保湿性能，在纺织领域是一种理想的服装及纺织面料的原材料。在食品包装领域，鱼蛋白，如鱼明胶蛋白等已被广泛开发为食品包装的生物膜。随着环保意识的提高和对食品安全性的更高要求，越来越多的消费者开始关注无毒、无害的绿色环保包装材料。以淀粉、纤维素、多糖、蛋白质等为材料的可食性膜就是一类理想的食品包装材料。以胶原蛋白为原料的可食性胶原蛋白膜即是其中的一种，我国鱼类资源丰富，且普遍利用率较低，从鱼皮、内脏中提取制备胶原蛋白，开发食品级生物降解膜的研究还比较少见，因此，开发可食用性胶原蛋白降解膜具有十分广阔的空间。

6. 复合海洋休闲食品、即食性休闲食品

鱼糜制品无骨刺、腥味小、鱼鲜味浓郁、口味丰富，因而受到广大消费者喜爱。日本鱼糜制品市场发展得最为成熟，多以即食性食品出现。当前我国市场上鱼糜制品的定位大多是速冻食品，用于火锅料理，这样的市场定位限制了鱼糜制品成为高端食品的可能。但随着国内休闲食品领域的快速发展，人们消费欲望及消费能力的持续提高，国内以鱼豆腐为代表的即食性鱼糜制品休闲食品逐渐成为重要的一部分。这样一个巨大的市场需要更成熟的技术作为支撑，以达到解决鱼糜制品生产加工过程中的技术难题，提高品质特性，有效延长货架期，降低经济成本的目的。因此，可利用新技术改善热处理方式对鱼糜制品凝胶特性的影响，鱼糜制品传统制作工艺中的热处理多选用蒸、煮、炸等方式，热量由外向内传递，加热速度慢、物料温度梯度大、加热时

间长，易引起凝胶劣化而导致鱼糜制品品质下降。因此，当前国内外学者开始采用新型处理方式来替代传统热处理，以达到改善鱼糜制品凝胶强度的作用。

7. 人工接种发酵鱼制品

传统发酵鱼制品具有发酵周期较长、含盐量不均、产品质量不稳定、发酵条件难控制的特点，制约了发酵鱼制品的规模化、工业化生产。利用人工接种乳酸菌的方式制备发酵鱼制品，具有周期短、高效安全、易操作性等优点。自然发酵鱼制品的生产工艺具有多样性，目前只有少数发酵鱼制品被商业化。随着消费者的需求多样化及消费水平的提高，发酵鱼制品的深加工开发，具有良好前景。

（二）海洋功能食品产业的创新发展

功能食品的基本属性是食品，因此改变功能食品的“药品”形态，探究功能因子构效关系和作用机理，开发以食品为载体的功能食品，推动第三代海洋功能食品的开发，将成为未来海洋功能食品市场新的增长点。

1. 老年群体

目前，我国适宜老年人食用的加工食品种类非常有限，主要以豆粉类、芝麻糊和谷物粉为主，这些食品虽易于老年人吞咽，但口感单一且难以满足老年人的营养需求。一般来说，老年人的体内代谢以分解为主，因此老年人需要摄入一定量的优质蛋白质，以补充必需氨基酸，鱼肉、虾肉和畜肉正是优质的蛋白质来源，亦是老年食品原材料的首选。老年食品还需要提供富含不饱和脂肪酸的脂肪及各种维生素、矿物质，并且还需要含有一定量的膳食纤维，其有助于优化肠道功能，提高老年人对食物的吸收能力，并能使肉糜制品的质构特性和保水性得到改善。但目前市场上的肉糜类制品脂肪含量偏高，且不含膳食纤维等老年人必需的营养素。因此，对鱼糜进行复配植物膳食纤维（如菊粉、南瓜粉）开发具有高营养价值，口感丰富，易吸收咀嚼的鱼肉肠是非常必要的。可以通过添加植物的活性物质来提升鱼糜的营养价值和贮藏期，如刺梨中含量较高的黄酮、多酚具有抗氧化活性，可将其添加到鱼肉香肠中用来延长产品的货架期，但是目前国内外还未见报道；还可以通过添加药食同源的功能性食材研制发酵鱼肉香肠，对鱼肉肠的感官品质和风味会产生很大的影响，但是对鱼肉香肠的储藏期影响不是很大。

2. 婴幼儿

DHA 和 EPA 对婴儿体格发育、神经心理发育和远期健康效应都有着重要影响，母乳是婴幼儿优质营养素摄取的来源，尤其是脂类物质，但不同泌乳期的脂肪酸比例不一样，为了保证婴幼儿营养素的稳定摄取，从丰富的渔业资源中开发合理配比的 DHA 和 EPA 的婴幼儿佐食是迫切需要的。

3. 孕妇

营养是孕期保健的重要内容，孕妇的营养不仅关系孕妇自身的健康，而且与胎儿的生长发育、出生后的健康以及成年后的疾病发生都有明显的关系。研究显示，妊娠期热量摄入过多或过少、三大营养素水平失衡以及包括铁、钙、叶酸在内的多种微量营养素缺乏，都可以通过改变胎儿的下丘脑-垂体-肾上腺素轴应答、氧化应激状态以及表观遗传学等机制，永久改变后代对疾病的易感性，增加成年期慢性疾病的发生。鱼类不仅含有高质量的蛋白质，其肝脏中也含有丰富的维生素和矿物质，如维生素 A、铁元素和叶酸，是孕妇保证营养，避免贫血的绝佳食物。并且，动物性食品中的铁元素比植物性的吸收率更高。

目前补铁剂已发展了三代，第一代补铁剂是以硫酸亚铁为主的无机铁盐；第二代为可溶性的小分子有机酸铁盐螯合物，如琥珀酸亚铁、富马酸亚铁、甘氨酸亚铁等。除此之外，近年来一些如多肽铁螯合物、血红素铁、多糖铁、富铁酵母等新型大分子复合物相继被报道。多肽铁螯合物可以通过肽转运体系被机体吸收，直接进入血液循环系统。铁螯合肽可以从豆类、米渣、水产鱼类等食品原料中获取，然后将其与铁元素进行螯合，故相较于氨基酸螯合铁，多肽螯合铁具有更高的安全性及更高的应用价值。

4. 免疫低下人群

维生素 A 影响骨的成长、再生，胚胎形成，造血、免疫功能维持，上皮细胞分化增殖，维生素 A 摄取不足或过高均能影响这些组织细胞生理过程。维生素 E 既是营养素又能作为抗氧化剂使用。辅酶 Q_{10} 具有抗氧化和清除自由基，抗肿瘤和提高人体免疫力，缓解疲劳和提高运动能力，防老抗衰以及保护心血管等多种保健功效。除了药用外，辅酶 Q_{10} 可以作为某些高级化妆品的添加剂及食品中的添加剂等，作为人体最重要的辅酶之一，在药物和化妆品方面有广泛的应用但由于其易溶于脂而难溶于水的物理性质，很难添加应用在各种食品和饮料中。目前已有学者成功利用固体分散体技术、环糊精包合技术、纳米粒、微囊技术等来改善辅酶 Q_{10} 的水溶性和增强贮存过程中的稳定性，并通过复配的方式发挥其生理活性。鱼的内脏含有丰富的辅酶 Q_{10}，我国共批准含有辅酶 Q_{10} 的国产保健食品产品 94 个，主要有片剂、胶囊、软胶囊剂型。浙江医药股份有限公司对于冷水溶性辅酶 Q_{10} 微粒的制备及其稳定性进行了研究，水溶性的微胶囊克服了脂溶性的辅酶 Q_{10} 在饮料等食品方面添加的不足之处，具有更易被人体吸收，生物利用度更大的优点。秦天苍等开发出了适宜中老年人及运动员的辅酶 Q_{10} 食用油，扩大了辅酶 Q_{10} 在食品中的应用范围。鱼类是提取维生素 A、维生素 E、辅酶 Q_{10} 的资源之一，是开发具有抗氧化功能，提升机体免疫力的功能性食品的优质原料。

5. 运动人群

某些海洋鱼类能通过增强机体内糖原的储备，减少运动后疲劳机体中血乳酸浓度和血尿素氮产生。因此，充分利用这一功能特性，研发相应的抗疲劳功能性食品，可以在一定程度上改善人体疲劳状态，由此可见，天然海洋鱼类制备抗疲劳类产品具有良好的市场开发前景。牛磺酸作为食品添加剂已经添加在婴幼儿配方奶粉、保健食品、饮料中，已被大量研究证实能通过提高超氧化物歧化酶（SOD）和谷胱甘肽（GSH）活力、降低肝组织丙二醛（MDA）含量减轻活性氧自由基对机体产生的氧化损伤，从而达到缓解疲劳的功效，鱼作为牛磺酸的重要来源之一，也是抗疲劳功能性食品的代表成分之一，可以通过鱼源牛磺酸与植物蛋白质复配开发相关功能性食品。

（三）海洋特殊膳食食品产业的创新发展

特殊医学用途配方食品是指在医生指导下服用的、具有特殊用途的食品。我国自 1995 年以来一直致力于开展营养代餐方面的研究，目前已研制出适用于不同疾病和不同病程的临床代餐食品，例如具有治疗糖尿病功能的南瓜、山药营养代餐粉和低热量的大豆分离蛋白营养代餐粉等产品。2016 年 7 月 1 日，我国正式实施了《特殊医学用途配方食品注册管理办法》，标志着特殊医学用途配方食品的标准化之路正式开启。但目前以海洋食品为原料生产特殊医学用途配方食品较少，这为发展海洋特殊膳食食品产业提供了良好的契机。

动植物复配高蛋白营养代餐液适用于术后病人无法进食常规食物、老人咀嚼能力低下、需要均衡膳食的情况，近几年研究表明，高蛋白液体膳食替代品可有效减少热量摄入和体重增加，代餐饮食能有效改善超重或肥胖 2 型糖尿病患者的血糖、血脂水平，减轻体质量，缩小腰围，利于糖化血红蛋白达标和提高患者的依从性和满意率，在多方面达到干预及治疗的效果。鱼中含有的优质蛋白质可与大豆蛋白质等进行复配开发一款营养全面的临床代餐食品。

参考文献

[1] 林倩倩，朱国平.北极阿拉斯加水域鱼类生态特征及其重要性评价[J].水产学报，2019，43(07)：1581-1592.

[2] De Robertis A，Taylor K，Wilson C D，et al. Abundance and distribution of Arctic cod Boreogadus saida and other pelagic fishes over the U.S. Continental Shelf of the Northern Bering and Chukchi Seas[J]. Deep-Sea Research Part Ⅱ，2017，135：51-65.

[3] 陈永俊，林龙山，廖运志，等.白令海和楚科奇海鱼类种类组成及其对生态环境变化的响应[J].海洋学报（中文版），2013，35（02）：113-125.

[4] 刘澧津.鲑鳟鱼类养殖技术之一——北极红点鲑生物学特性及其养殖技术[J].中国水产，2002（10）：46-47+63.

[5] 邹磊磊，密晨曦.北极渔业及渔业管理之现状及展望[J].太平洋学报，2016，24（03）：85-93.

[6] 张春光.南极的动物世界[J].生物学通报，1992（06）：8-10+49.

[7] Eastman J T. The nature of the diversity of Antarctic fishes[J]. Polar Biology，2005，28（2）：93-107.

[8] Van de Putte A P，Van Houdt J K J，Maes G E，et al，High genetic diversity and connectivity in a common mesopelagic fish of the Southern Ocean：The myctophid Electrona antarctica[J]. Deep-Sea Research Part Ⅱ，2011，59：199-207.

[9] Andriashev A P. Possible pathways of Paraliparis（*Pisces：Liparididae*）and some other North Pacific secondarily deep-sea fishes into North Atlantic and Arctic depths[J]. Polar Biology，1991，11（4）：213-218.

[10] Coppe A，Agostini C，Marino I A M，et al.，Genome evolution in the cold：Antarctic icefish muscle transcriptome reveals selective duplications increasing mitochondrial function[J]. Genome biology and evolution，2013，5（1）：45-60.

[11] Near T J，Pesavento J J，Cheng C H C. Phylogenetic investigations of Antarctic notothenioid fishes（Perciformes：Notothenioidei）using complete gene sequences of the mitochondrial encoded 16S rRNA[J]. Molecular Phylogenetics and Evolution，2004，32（3）：881-891.

[12] 许强华，吴智超，陈良标.南极鱼类多样性和适应性进化研究进展[J].生物多样性，2014，22（01）：80-87.

[13] 张坤诚.南极的鱼类[J].海洋科学，1985（01）：63-64.

[14] Kock K H，Everson I. Shedding new light on the life cycle of mackerel icefish in the Southern Ocean[J]. Journal of Fish Biology，2003，63（1）1-21.

[15] 刘子俊，朱国平.南极冰鱼年龄与生长的研究进展[J].生态学杂志，2015，34(06)：1755-1761.

[16] 虞宝存，朱文斌，陈峰，等. 犬牙南极鱼类渔业资源利用现状[J].河北渔业，2013（07）：12-14.

[17] 缪圣赐，邱卫华，周雨思，等. 南极周边海域犬牙鱼资源及其渔业概况[J].渔业信息与战略，2015，30（01）：61-65.

[18] 汤元睿，谢晶.金枪鱼气调保鲜技术的研究进展[J].食品科学，2014，35（09）：296-300.

[19] 罗殷，王锡昌，刘源.金枪鱼加工及其综合利用现状与展望[J].安徽农业科学，2008（27）：11997-11998+12003.

[20] 罗殷，王锡昌，刘源.金枪鱼保鲜方法及其对品质影响的研究进展[J].水产科技情报，2008（03）：116-119.

[21] 徐慧文，谢晶.金枪鱼保鲜方法及其鲜度评价指标研究进展[J].食品科学，2014，35（07）：258-263.

[22] 陈页，陈瑜，何鹏飞，等. 浅谈金枪鱼罐制品加工过程中的关键技术研究发展[J].山东化工，2020，49（10）：58-59.

[23] 刘燕，王锡昌，刘源.金枪鱼解冻方法及其品质评价的研究进展[J].食品科学，2009，30（21）：476-480.

[24] 李波，阳秀芬，王锦溪，等. 南海大眼金枪鱼（Thunnus obesus）摄食生态研究[J].海洋与湖沼，2019，50（02）：336-346.

[25] 李军，李志凌，叶振江.大眼金枪鱼渔业现状和生物学研究进展[J].齐鲁渔业，2005（12）：35-38+7.

[26] 刘秋狄，叶振江，刘元刚.南方蓝鳍金枪鱼渔业和生物学的研究进展[J].海洋科学，2007（12）：88-94.

[27] 南海所对野生黄鳍金枪鱼幼鱼的驯养研究取得新进展[J].水产科技情报，2020，47（04）：236.

[28] 孟晓梦，叶振江，王英俊.世界黄鳍金枪鱼渔业现状和生物学研究进展[J].南方水产，2007（04）：74-80.

[29] 朱伟俊，许柳雄，江建军，等. 北太平洋长鳍金枪鱼渔业生物学特性的初步研究[J].大连海洋大学学报，2015，30（05）：546-552.

[30] 江建军. 北太平洋长鳍金枪鱼年龄与生长研究[D]. 上海：上海海洋大学，2017.

[31] 朱江峰，戴小杰，官文江.印度洋长鳍金枪鱼资源评估[J]. 渔业科学进展，2014，35（01）：1-8.

[32] 范永超，戴小杰，朱江峰，等. 南太平洋长鳍金枪鱼延绳钓渔业 CPUE 标准化[J].海洋湖沼通报，2017（01）：122-132.

[33] 李长乐. 不同处理方式对鲣鱼肌原纤维蛋白性质与结构的影响[D].上海：上海海洋大学，2018.

[34] 陈洋洋. 中西太平洋鲣鱼渔情预报研究[D].上海：上海海洋大学，2018.

[35] 缪圣赐.澳大利亚计划将 2009 年的马苏金枪鱼蓄养产量增至 10000t[J].现代渔业信息，2009，24（08）：34.

[36] 缪圣赐.2009 年度全球马苏金枪鱼的 TAC 和 2008 年度相同为 11435t[J].现代渔业信息，2009，24（08）：34-35.

[37] 王雪松，谢晶.不同冻结方式对竹筴鱼品质的影响[J].食品与发酵工业，2020，46（11）：184-190.

[38] 蒋日进. 东海竹筴鱼的摄食习性[C]//中国水产学会. 中国水产学会学术年会论文摘要集：2012 年卷. 北京：海洋出版社，2012：227.

[39] 陈必文，张敏，汪之和.竹筴鱼资源的利用和加工产品及其生产工艺[J].水产科技情报，2005（05）：36-38.

[40] 晏然，范江涛，徐珊楠，等.基于地统计学南海北部近海竹筴鱼空间分布特征[J].热带海洋学报，2018，37（06）：133-139.

[41] 朱蓓薇.聚焦营养与健康，创新发展海洋食品产业[J].轻工学报，2017，32（01）：1-6.

[42] 刘子飞，孙慧武，蒋宏斌，等. 我国水产加工业发展现状、问题与对策[J].中国水产，2017（12）：36-39.

[43] 黄剑彬，成芳.鱼类初加工装备与自动监控技术研究进展[J].食品与机械，2019，35（08）：204-208+215.

[44] 牟群英，李贤军.微波加热技术的应用与研究进展[J].物理，2004（06）：438-442.

[45] 胡晓亮，王易芬，郑晓伟，等. 水产品解冻技术研究进展[J].中国农学通报，2015，31（29）：39-46.

[46] Chen Y X，He J L，Li F，et al. Model food development for tuna（*Thunnus Obesus*）in radio frequency and microwave tempering using grass carp mince[J]. Journal of Food Engineering，2021，292：110267.

[47] 李昌文.微波技术在肉类工业中的应用[J].肉类研究，2011（02）：53-54.

[48] 王亚盛.冷冻水产品复合相介电特性与射频解冻研究[J].食品科学，2007（07）：501-504.

[49] 张林青.基于射频加热的食品解冻技术研究[D]. 济南：山东大学，2015.

[50] 王文月，陈杭君，李冬梅，等.现代海洋食品产业科技创新发展现状与政策建议[J].食品科学，2020，41（05）：338-344.

[51] 莫星忧，伍彬，吕柏东.鱼类精深加工技术研究进展[J].食品安全导刊，2020（12）：160-163.

[52] 潘禹希，于婉莹，赵文宇，等.鲢鱼糜和海参浆复配 3D 打印食品材料[J].现代食品科技：2020，36（08）：175-183+30.

[53] 薛山.基于质构品质降维分析法优化番茄皮渣鱼丸加工工艺[J].肉类研究，2020，34（01）：51-58.

[54] 陈莹莹，涂桂飞，栾东磊.基于三文鱼介电特性的模拟食品研发[J].食品与发酵工业，2019，45（22）：117-123.

[55] 鲍佳彤，杨淇越，宁云霞，等.老年营养鱼肉肠的研发及营养学评价[J].肉类研究，2019，33（05）：29-35.

[56] 张园园.鱼肉香肠的研究进展[J].肉类工业，2020（03）：47-51.

[57] 周锦，荣爽，王瑛瑶，等.我国不同泌乳期母乳的脂肪酸构成特征研究[J].食品工业科技，2020，41（19）：251-259+265.

[58] 金超，杨勤兵，李世阳，等. 孕期全程营养管理对孕期并发症和妊娠结局的影响[J].中国食物与营养，2020，26（07）：72-76.

[59] 管玲娟，曹丛丛，屠飘涵，等. 缺铁对肠道免疫功能的影响及新型补铁剂的研究进展[J].食品与发酵工业，2020，46（19）：264-270.

[60] 萨翼.从抗氧化保健食品看食品在功能产品的应用[J].食品与机械，2020，36（10）：1-5.

[61] 万艳娟，吴军林，吴清平.辅酶 Q10 生理功能及应用研究进展[J].食品工业科技，2014，35（14）：390-395.

[62] 赵雨茜，熊何健，苏永昌，等. 抗疲劳功效的天然海洋活性物质研究进展[J].食品安全质量检测学报，2019，10（01）：158-164.

[63] 白海军，李志江.牛磺酸-水解大豆蛋白复合体系对运动性疲劳大鼠的影响[J].食品科学，2021，42（09）：145-150.

[64] 朱蓓薇.聚焦营养与健康，创新发展海洋食品产业[J].轻工学报，2017，32（01）：1-6.

[65] 张晓彤，吴澎.代餐食品的研究进展[J].食品工业科技，2020，41（12）：342-347.

[66] 张江涛，王越群，毕园，等. 三文鱼骨胶原低聚肽钙增加 SD 大鼠的骨密度[J].现代食品科技，2020，36（02）：179-185.

[67] 周垚卿，董静雯，何强.鱼类主要副产物的提取与利用[J].食品安全质量检测学报，2019，10（13）：4284-4289.

[68] 李平兰，张璐，张黎，等. 发酵鲟鱼骨汁饮料技术[J].中国水产，2017（07）：98-99.

[69] 刘欣荣，郭芮，申亮，等. 胶原蛋白肽红枣汁复合饮料的研制[J].包装工程，2020，41（07）：50-57.

[70] 窦鑫，黄克辉，魏涯，等. 海鲈鱼鳞胨工艺技术优化及品质分析[J].食品与发酵工业，2020，46（22）：147-152.

[71] 黄海燕，林丹，肖春华，等. 即食卤制巴沙鱼鱼鳔加工工艺优化研究[J].现代食品，2020（04）：71-75.

[72] 周纷，张艳霞，张龙，等. 鱼类加工副产物的食用化及其在鱼肉重组制品中的应用[J].食品科学，2019，40（11）：295-302.

[73] 姚飞，陈复生.再生蛋白纤维研究进展[J].食品与机械，2019，35（10）：160-164.

[74] 公维洁，朱德誉.马面鱼皮可食性胶原蛋白膜的制备[J].农产品加工，2020（14）：23-25.

[75] 郑子懿，李琳，苏丹，等. 鱼类内脏蛋白的开发和应用研究进展[J].食品科学，2019，40（17）：295-301.

[76] 刘磊，孙卫东，张业辉，等. 罗非鱼鳞胶原蛋白复合凝胶的防辐射作用及理化性质研究[J].现代食品科技，2019，35（08）：91-97.

[77] 周婉，李芸，马也，等. 虾青素-胶原蛋白耦合物改善小鼠皮肤光老化作用研究[J].中国海洋药物，2018，37（03）：59-65.

[78] 李玉玲，范志强，刘雯恩，等. 鱼鳔胶原蛋白的研究进展[J].大连海洋大学学报，2020，35（01）：31-38.

[79] 王荣业.聚焦营养与健康创新发展海洋食品产业[J].产业创新研究，2018（04）：115-117.

[80] 陈选，陈旭，韩金志，等. 海洋鱼源抗菌肽的研究进展及其在食品安全中的应用前景[J].食品科学，2021，42（09）：328-335.

[81] 杨敏，吴兆明，李晶晶，等. 鱼皮胶原蛋白寡肽的生物活性及应用研究进展[J].食品科学，2018，39（05）：304-310.

[82] 夏琛，崔心禹，项婷，等. 棕榈油酸功能的研究进展[J].中国油脂，2020，45（02）：39-43.

[83] 郭梦，武瑞赟，马俪珍，等. 鱼糜制品及其凝胶特性研究进展[J].中国水产，2020（02）：83-85.

[84] 毕继才，时娟，李洋，等. 鱼肉辣椒酱开发研究[J].中国调味品，2020，45（04）：141-143+157.

[85] 吴涵，施文正，王逸鑫，等. 腌制对鱼肉风味物质及理化性质影响研究进展[J]. 食品与发酵工业，2021，47（02）：285-291+297.

[86] 胡锦鹏，吴曼铃，时瑞，等. 乳酸菌在发酵鱼制品加工中的应用研究概述[J].食品与发酵工业，2020，46（09）：285-289.